综 放 开 采
"组合短悬臂梁－铰接岩梁结构"
形成机理与应用

闫少宏　于　雷　刘全明　著

煤 炭 工 业 出 版 社

·北　京·

内 容 提 要

本书是研究综放开采顶煤与顶板活动规律的专著。作者抓住综放开采采厚大、顶板活动空间大、顶煤体力学变形特征在围岩活动规律与"支架－围岩"相互作用关系中起关键作用的特点，深入研究了综放开采顶煤运移规律。从综放工作面顶板控制的角度，给出了综放开采直接顶、基本顶的新定义；从上位顶板对综放支架有无作用力的角度提出了"有变形压力岩层"与"无变形压力岩层"。在此基础上研究了综放开采上位岩层形成"组合短悬臂梁－铰接岩梁结构"的机理，得出了综放支架工作阻力下限值的计算公式及影响因素。将此理论应用于浅埋煤层综放开采中，得出了不同地质条件下覆岩所成结构与液压支架工作阻力下限值的确定方法。

本书可作为从事采矿工程专业的大、中专生和研究生的参考书，也可供有关科研人员、工程人员参考。

Executive Summary

This book is on studies of movement regularities of top coal and roof in top coal caving mining. In top coal caving mining, mining thickness and space for roof movement is large, and top coal deforms under mechanics. These play a key role in the interactions between surrounding rocks and hydraulic supports. Based on these properties, the author proposed new definitions of basic roof and immediate roof in top coal caving, "rock strata with deformation pressure" and "rock strata without deformation pressure" depending on whether or not forces are posed on hydraulic supports from the strata. The author then studied the mechanism of "combined short cantilever beams – hinged rock beams structure" formed by the upper rock strata. From this mechanism, the author proposed the calculation formula and influence factors on lower limit value of hydraulic supports in top coal caving. Applying the theory in top coal caving mining for shallow coal seam, the author also proposed the determination methods on both structures of overlying strata and the lower limit value under different geological conditions.

This book can be used as a reference book for both college students and field engineers in coal mining industry.

前　　言

　　井下采矿必然引起作业空间周围岩体的运动，这类由于采矿行为而引起扰动的岩层称之为采动岩层，包括底板、顶板至地表。尽管运动的量化程度受开采参数、围岩组成、地应力等主要因素影响，但因采矿行为而诱发的围岩体运动是必然的。随着开采范围的扩大，围岩体运动范围也依次扩大。从采场横向看，部分岩体在重组平衡过程中产生冒落，部分围岩打破暂时的平衡后重组新的平衡；从采场纵向看，岩层运动范围逐渐上移和扩大，最后波及地表，引起地表沉陷，这是采矿行为所引起的围岩体运动的一般性"动态"过程，也是采动岩层运动的基本特征。

　　采场和巷道支护的基本观点是，维护周围的围岩体在作业时间内暂时相对稳定而不垮落，但在采煤作业完成后能及时垮落。井工作业对于围岩稳定性的要求是"临时的""暂时的"，只要在作业时间内不发生围岩的垮落，就能满足采矿的要求，而且从控制的角度，更希望作业完成后又能及时垮落，以保证顶板安全，这是井下采动岩层控制的第一个特点。就是在作业时间内要控制岩层"暂时的稳定性"；作业完成后，又要及时垮落，即"及时的垮落性"。

　　作业空间围岩的运动必然产生水平位移和垂直位移，而岩体是易拉耐压的地质体，极易产生拉裂，这些拉裂块体间与支护体间相互作用，可形成一种暂时稳定结构，这种结构可保护采矿作业空间的安全。也就是说采矿行为导致围岩体出现拉裂，从力学观点讲已符合了某种破坏准则，但由于在支护体与岩块间相互作用而形成的结构呈现出暂时的稳定，对采矿空间不带来顶板灾害，这就是采动岩层的第二个特点，即"力学上破坏的煤岩体与支护体间可形成暂时的稳定结构"。

　　随着采矿作业的不断推进，采空面积的扩大，围岩的位移量逐渐增加，因此围岩的状态将由一种稳定的结构向非稳定的结构转化，这也是采动岩层的第三特点，即采动岩层的状态随着采矿作业的推进呈现"动态"的转化，即"由暂时的稳定状态向非稳定状态转化"。

暂时的稳定结构保护采矿作业空间的安全，因此研究暂时稳定采动岩层结构的平衡条件及影响因素，显然是重要的。一旦分析清楚平衡条件及可控性影响因素的量化关系，就可采取有效的措施控制采动岩层向非稳定状态转化。采动岩层控制理论研究的核心就是要研究其暂时稳定结构的平衡条件，以此为依据采取相应的控制措施防止非稳定现象的发生，这是我们采矿学者研究岩层控制的基本思想。

综放开采是厚及特厚煤层回采的新型工艺，我国自1982年试验以来已有30多年的历史，经过大量的研究与实践有了长足发展，并日臻完善，为我国煤矿实现高产高效做出了巨大贡献。由于这种采煤工艺一次开采厚度大、采空区顶板活动空间大，其顶板活动规律和矿压显现呈现了与中厚煤层综采相异的特点。按以前人们对于采场矿压规律的认识来看，必然产生强烈的矿压显现，但实际情况是：在大采高综放实践之前即煤层厚度小于10 m时，矿压显现并不强烈，有些矿井矿压实测结果还没有上分层综采矿压大；大采高综放实践后，即一次开采厚度大于10 m的工作面，却表现出剧烈的矿压显现现象。这些与中厚煤层矿压显现相异的特点以及在不同采厚下综放开采工作面所表现的相异特点，促使了广大学者对此问题的强烈兴趣和责任，以期获得更深层次的认识，寻求这种采煤工艺下顶板岩层暂时稳定的条件，以确定此条件的综放液压支架工作阻力下限值和岩层控制措施。

正是基于上述目标，作者通过深入分析综放开采基本顶－直接顶－顶煤－支架－底板支撑体系与中厚煤层综采基本顶－直接顶－支架－底板的不同，紧紧抓住顶煤体的变化特征及其对综放开采上位顶板结构形成的作用，先后提出了综放开采上位岩层形成"挤压拱"平衡结构和"组合短悬臂岩梁－铰接岩梁"结构的观点。

本专著较深入地阐述了"组合短悬臂梁－铰接岩梁"模型的形成机理、平衡条件及支架工作阻力下限值的计算，以期对综放液压支架工作阻力参数的确定与工程实践起到指导作用。

采动岩层活动规律与控制是矿山压力与控制学科研究的核心，其难度是很大的，能逐渐定量并达到应用尤为困难。尽管作者及团队在这一方面做了很大的努力，但依然有许多问题尚未解决，特别是一些参数的确定一直有困惑，影响了实际应用。在此作者也希望有更多的学者一起相互借鉴，相互努力，以促进这一基础学科的发展。

感谢博士生导师陆士良、吴健教授，硕士生导师石平五教授长期以来给予的精心指导，感谢我的研究生们的共同努力。感谢中国煤炭科工集团有限公司、天地科技股份有限公司提供的良好工作环境与研究条件。

由于著者水平有限，书中不足之处，欢迎批评指正。

著　者

2017 年 5 月

Preface

Mining activities incur rock movement in the surrounding area underground. Rock strata disturbed by mining are called mining strata, which ranges from floor, roof and to the surface. Subject to variable factors such as mining parameters, rock composition, and ground stress, underground surrounding rock movement is hard to quantify, but it exist anyhow. The rock movement expands with the range of mining area. Horizontally, some rocks collapse while others get new balances through restructuring. Vertically, strata movement goes upward, spreading to larger area, and in some cases even to the surface, causing subsidence. The whole dynamic process of surrounding rocks caused by mining activities is the basic feature of movement of mining strata.

Fundamental philosophy of underground support at mining areas and roadways is keeping surrounding rocks from collapse while maintaining them in temporary stability during operation time. Requirement for underground surrounding rock stability is temporary. As long as the rocks do not collapse just during operation, the conditions for mining can be satisfied. From the point of view of strata control, timely collapse after operation is more desirable because that will make the working face safe from large roof caving. That keeping the strata in temporary stability during operation while after that making the strata collapse timely marks the first feature of underground mining strata control.

Surrounding rocks in the operation area move both horizontally and vertically. Being resistant to top pressure, there tend to appear tension cracks in rock masses. Supporting tools protect the mining area by interacting with these cracked rock masses and creating a temporary stable structure. In other words, the mining activities caused tension fractures in surrounding rocks and the existing mechanics are interrupted in some extent. But because of the temporary stable structures formed between supporting tools and rock masses, the mining area can be protected from roof falling.

That is the second feature of mining strata control—creating temporary stable structures with supporting tools by interacting with mechanically disturbed coal and rock masses.

With the advancing of mining operation, the goaf area expands and displacement of surrounding rocks increases gradually. The status of surrounding structures turns from being stable to unstable. That is the third feature of the mining strata—the dynamic conversion from temporary stability to instability with the advancing of mining operation.

Since structures under temporary stability protect the mining area, it is important to study the balance conditions and influence factors in the structures, accordingly taking measures to keep the mining strata from being unstable. Balance conditions for the temporary structures are just the core of study on mining strata control. Based on such studies, measures can thus be taken to prevent roof disasters. That is just the basic philosophy of strata control in mining study.

Fully mechanized top coal caving for thick or ultra—thick coal seams dates back to 1982 in China. The technique has played an important role in improving coal production and efficiency in China. Through much studies and practices, it has been much improved. In top coal caving, the mining thickness is bigger, and the moving space of roof in gob areas is larger. Roof movement and strata behaviors are different with those in the long wall mining of sub—thick coal seams. According to the rule of underground pressure, people used to presume that strata behaviors must be intense in top coal caving. While in real practice, the strata behavior is by no means intense when coal seams are less than 10 meters thick. Field measured pressure in some top coal caving mines is even less than that in the upper layer of long wall multi—layer mining. However, when the mining thickness is larger than 10 meters, which is called top coal caving with large mining height, the strata behavior are severe. Different with ordinary long wall mining in sub—thick coal seams, and also variable at top coal caving in different thickness, the dramatic characteristics of strata behavior in top coal caving with large mining height prompted strong academic interest and responsibility among scholars, to explore the temporary balance conditions, to ascertain the lower limit of working resistance for hydraulic support, and to seek strata control measurement in top coal caving with large mining height.

To achieve such goal, the author has analyzed the difference between the support systems composed by main roof, immediate roof, top coal, hydraulic support and floor in top coal caving and the support system in sub – thick long wall mining. Focusing on the changes of top coal and its impact to upper roof, the author proposes the concepts of "squeezing arch balance structure" among upper strata in top coal caving and the structure of "combined short cantilever rock beams – articulated rocked beams".

In this book the author tries to elaborate the formation of the structure, its balance conditions, and calculation of lower limit of working resistance for hydraulic supports, hoping that will help in mining engineering and in determination of working resistance for top coal caving hydraulic supports.

Control of mining strata movement is at the core in mining pressure study, which is not an easy job. But it is even harder to quantize the movement and put it into application. Many questions are still on the list to be solved. In particular some parameters are always puzzling in actual applications. The author is looking forward to joint efforts from fellow scholars to tackle the difficulties and promote the study of mining strata control.

By this book, the author would like to thank doctorial supervisor Prof. Lu Shiliang, Prof. Wu Jian, and postgraduate supervisor Prof. Shi Pingwu for their years of guidance, and also to appreciate my postgraduate students for their hard work. The author is also grateful to China Coal Technology & Engineering Group Corp. and Tiandi Science & Technology Co., Ltd for providing sound working and research condition.

Comments and suggestions are welcome for any deficiencies in this book.

The author

May 2017

目　　次

Contents

1 绪 论

1.1 概述

我国是产煤大国，2015 年我国煤炭产量和消费量分别为 3.75 Gt 和 3.96 Gt。虽然 2016 年煤炭产量和消耗量已连续第三年下降，但是 2016 年我国煤炭消费量仍占能源消费总量的 62.0%。根据国家能源局等部委预计，到 2020 年，煤炭占我国一次能源消费的比重在 60% 左右。因此，在今后相当长的一段时间里，煤炭仍然是我国主要能源，其在国民经济建设中仍具有重要的战略地位。党中央、国务院对煤炭工业的发展也高度重视，提出加快大型煤炭基地建设，形成 13 个亿吨级大型煤炭基地。

在煤炭资源的分布中，厚煤层的可采储量占全国可采储量的 45% 左右，每年地下开采的厚煤层煤炭约占全国煤炭产量的 40% ~50%，因此研究与实施先进的厚煤层开采技术在煤炭开采中具有重要意义。综放开采技术自 20 世纪 50 年代末问世以来，经过数十年的试验和使用，在全世界近 10 个国家得到发展。20 世纪 70 年代和 80 年代初，在法国、匈牙利和前南斯拉夫综放开采成为厚煤层开采的主要方法之一。后来，受客观条件的限制、环境保护的要求以及传统综采的效益优势等因素的影响，综放开采在国外未能进一步发展。

在借鉴国外开采厚煤层技术的基础上，我国于 1982 年开始研究厚煤层综放开采技术，并于 1984 年首次在沈阳蒲河矿厚煤层进行了综放开采工艺试验，即将厚煤层分层开采改为整层综放开采，但未获成功。1986 年在窑街二矿急倾斜特厚煤层中试验了水平分段综放开采。1987 年和 1988 年分别在平顶山一矿和阳泉一矿试验成功了缓倾斜中硬煤层的综放开采，随后又在郑州米村矿"三软"不稳定特厚煤层和乌兰矿大倾角（倾角为 30°~35°）厚煤层中试验成功。随着综放开采技术在我国大同、潞安、阳泉、郑州、兖州、石炭井、邢台、辽源、窑街、乌鲁木齐、铁法、抚顺、平顶山、徐州、新集、铜川等矿区的推广应用，以及取得的明显经济效益，综放开采工艺越来越显示出独有的优势，其优势主要表现在以下几个方面：

（1）高产高效。由于综放开采实现了采放平行作业，一个工作面相当于多个工作面，单产和效率均可提高 80%~120%。

（2）巷道掘进率低。一般要比分层开采低 50%~60%，可大大缓解采掘接续紧张的局面，并改善巷道维护，同时生产也能相对集中。

（3）工作面搬家次数少。一般百万吨工作面的搬家次数较分层开采可减少一半以上。

（4）大量节省劳力投入，大幅提高矿井和原煤工效。

（5）节省电力消耗。因综放开采顶煤是靠矿山压力破碎的，无须外加动力，所以与分层机采相比，吨煤可节约电耗 15～20 kW·h。

（6）减少材料消耗。与分层开采相比可大大减少坑木、金属网、截齿和油脂消耗等。据估计，节约的材料消耗费用可使工作面吨煤直接成本下降 5%～10%。

（7）综放开采可以大幅降低原煤成本，多数矿井吨煤成本可降低 10～15 元。

（8）块煤率有所提高。我国多数矿井的块煤销售价格高于末煤，放顶煤时块煤多于机采，因而可提高块煤率，即提高矿井的经济效益。

（9）对地质条件、煤层赋存条件有很大的适应性。实践证明，综放开采可通过调节采放比（缓倾斜煤层）来适应层厚的变化（5～20 m），以便实现连续开采。在破碎顶板或周期来压明显和稳定顶板条件下可减轻矿压显现程度，减少顶板事故。

综放开采对于厚煤层有着巨大的优越性及广阔的前景，将成为我国厚煤层开采技术发展的重要（甚至是全局性）方向。

为了完善综放开采技术体系，确定合理的开采参数和寻求有效的安全措施，达到高产高效和安全之目的，多年来，广大科研人员与现场人员紧密合作，围绕综放开采工艺和安全两大问题进行了详细、深入的研究，取得了长足的进展。

1.2 综放开采技术发展

1.2.1 综放开采技术的历史沿革

综放开采的思路源于厚煤层开采的初期，即高落式采煤。早在 19 世纪，手工挖煤是先在煤层下部用手镐破煤，然后用锤楔崩落上部的煤炭。20 世纪初欧洲就使用了房式和仓式放顶煤开采，并作为复杂地质条件下的一种特殊采煤方法。我国对厚煤层开采也一直沿用高落式采煤，由于这种方法安全性差，以后改为分层开采法，即先采出一部分，随即充填，经过若干时间岩层、煤层密合压实后再行开采。

随着长壁采煤法的发展，20 世纪 30 年代出现了分层采煤法，如欧洲盛行的上行充填采煤法，我国 20 世纪 50 年代推广的倾斜分层、水平分层采煤法等，这些采煤方法虽然有较高的煤炭采出率，但工序复杂，成本高。为此法国等国开始应用单体支柱加顶梁长壁和短壁放顶煤采煤法，20 世纪 50 年代后期，我国开滦、潞安等矿区曾试验用木支柱、金属支柱上下分层开采，初期用一台输送机运煤，以后发展为两台，一台用于前方采煤，一台在后方回收顶煤，直到 20 世纪 90 年代我国河南等地的部分煤矿仍在使用这种方法，且改进为单体液压支柱护顶。但单体液压支柱的稳定性差，劳动强度大，安全性受限制，产量和效率也不高。

20 世纪 60 年代，欧洲液压支架发展迅速，综合机械化采煤逐渐占据主导地位。1957 年苏联首次使用 KTY 掩护式液压支架开采倾角为 5°～18°、厚 9～12 m 的特厚煤层，工作面先采顶分层并铺底网，然后采底层，向中层煤打眼爆破，通过 KTY 液压支架顶梁上的天窗将煤炭放入工作面输送机。1964 年，法国将节式自移液压支架改装成香蕉型放顶煤支架（图 1-1）后，布朗齐矿区的达尔西 D 矿试验成功了一次采全厚的综合机械化放顶煤开采，简称综放开采。由于装备了前后两部输送机，采煤工作面的条件得到显著改善，安全有了保证，实现了采放平行作业。到 20 世纪 70 年代初，综放开采沿着两条思路继续发展：一是波兰、匈牙利等国家在 KTY 液压支架基础上把放煤口位置由顶梁前部改在顶梁后部，并使用液压支柱控制开闭，其特点是工作面用一部输送机，尾梁封闭，如匈牙利的 VHP 型综放支架（图 1-2）；二是法国、德国、英国、西班牙等国家采用的在香蕉型放顶煤支架基础上不断发展起来的综放技术，工作面前后布置两部输送机，放煤口用千斤顶带动开闭，如英国道梯公司的 400 t 掩护式综放支架等。

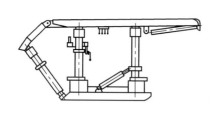

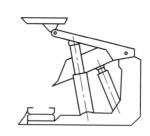

图 1-1 法国香蕉型放顶煤支架　　　图 1-2 匈牙利 VHP 型综放支架

　　表 1-1 列有国外综放开采使用的几种主要架型。到 20 世纪 80 年代初，国外的综放开采已经发展到一定规模，取得了较好的技术经济指标，见表 1-2。

1.2.2 我国综放开采技术的发展状况

　　我国于 1982 年开始研究厚煤层综放开采技术，并于 1984 年进行综放开采工艺与装备的井下工业性试验。多年来，我国综放开采从无到有，从试验到推广，发展迅速。综放开采技术改进了我国厚煤层开采方法，经济效果显著。可以说，发展综放开采是对厚煤层传统采煤方法的一次革命。

表 1-1 国外主要综放支架架型

国 别	型 号	架 型	年 份
苏联	KTY	单输送机顶梁开天窗	1957
匈牙利	VHP 730	单输送机掩护梁开天窗	1982
法国	BANANA	双输送机单铰接门式	1963
美国		双输送机底开门插板式	1977
法国	MB170	双输送机四连杆插板式	1978
德国	1000kN - 19/28	双输送机四连杆掩护梁开天窗	1982
英国	4L - 4000kN - 19/28	双输送机掩护梁开天窗	1983
法国	FBS - 4 - 340	双输送机掩护梁开天窗	1980

表1-2　国外综放工作面主要技术经济指标

国　别	矿　区	煤厚/m	平均月产/10⁴ t	平均日产/t	工效/(t·工⁻¹)	工作面采出率/%
南斯拉夫	居尔杰维克	25	1.38	460	15.3	85
法国	布朗齐	6～8.5	4.96	2255	33.6	90
捷克	齐尔盖	8.3	1.26	505	8.03	76
	诺瓦尔	4.5	2.06	789	17.5	83.5
	汉德罗瓦	7.95	2.36	746	15.95	74.1
匈牙利	奥依柯	7	3.39	1349	26.1	91
俄罗斯	库兹巴斯	5.37	1.56	706	9.8	91.9

我国综放开采的发展大体经历了试验探索、推广应用和创新提高3个阶段。

1.2.2.1　试验探索阶段（1984—1990年）

缓倾斜综放开采试验首先于1984年在沈阳蒲河矿进行，全部使用国产设备，取得了正反两方面的经验。这些经验很快在后来的急倾斜煤层综放试验中得到借鉴，且使其获得成功并推广应用，表1-3是我国20世纪80年代中期急倾斜放顶煤工作面技术经济指标。1987年平顶山一矿引进匈牙利综放设备进行试验。急倾斜综放开采试验首先于1986年在窑街二矿进行并获得成功，随后在辽源梅河矿和乌鲁木齐六道湾矿进行试验，效果都较好，梅河矿取得了水平分层综放工作面年产0.6 Mt的好成绩。1987年在乌鲁木齐召开了放顶煤开采技术研讨会，促进了综放开采的发展。1988年和1989年阳泉一矿和潞安王庄矿先后进行了综放开采试验，1990年阳泉一矿8603工作面月产达0.14 Mt，综放队年产1.04 Mt，比该矿分层综采工作面的产量和效率提高一倍以上，其技术经济指标见表1-4。同时，郑州米村矿、抚顺老虎台矿、龙凤矿分别在"三软"不稳定煤层和水砂充填采空区遗留的水平煤柱里探索与试验综放开采，均取得成果或进展。

这一阶段进行了缓倾斜与急倾斜两种开采条件下综放开采工艺和高、中、低位3种综放支架的工业性试验，试验结果体现出综放开采的生产潜力。

表1-3　急倾斜放顶煤工作面主要技术经济指标

矿　区	煤厚/m	分段高度/m	平均月产/10⁴ t	工作面采出率/%	工效/(t·工⁻¹)
窑街	25	10	1.9	86.9	12.44
辽源	55	12.5	3.5	75.2	18.9
六道湾	33.2	10	2.01	78.3	12.9
梅河	17.5		6.84	77.4	19.05
平庄	20	10	2.1	79.5	13.9
华亭	51.5	6	1.86	85	9.15

表 1-3（续）

矿 区	煤厚/m	分段高度/m	平均月产/10^4 t	工作面采出率/%	工效/（t·工$^{-1}$）
靖远	10	10	0.81	78.9	5.98
新窑	16.9	8	2.06	83.3	6.69
通化	15.4	6	0.73	80.3	4.18
萍乡	26.4	9.5	0.74	82.4	8.78

表 1-4 阳泉一矿 8603 工作面综放开采技术经济指标

年 份	平均月产/t	平均工效/（t·工$^{-1}$）	工作面平均采出率/%	最高日产/t	最高月产/t	最高年产/t
1990	86293	35.58	78.69	7121	142999	1040230
1991	95638	36.864	85.08	7336	160010	1331200
1992	81292	35.58	82.19	7854	164664	1262890
1993	92504	36.236	81.26	10647	201241	1480000
1994	76971	30.987	82.18		167973	1375350

1.2.2.2 推广应用阶段（1990—1995 年）

1990 年之后，一批缓倾斜厚煤层正规采区开始推广综放开采技术，以此取代分层综采，以阳泉、潞安、兖州为代表，各自均有综放队年产突破百万吨。1993 年潞安王庄矿综放队月产达 0.31 Mt，年产 2.53 Mt，工效为 100 t/工。1994 年煤炭工业部进一步加强综放工作的指导，成立了综放开采技术专家组，煤炭工业部领导多次对综放工作作出重要指示，确定了综放示范点及一批综放开采技术攻关课题，组织综放专家组编制综放暂行规定，并于 1995 年正式颁发了《综合机械化放顶煤开采技术暂行规定》。这一阶段的特点是：

（1）认识上有了突破。通过实践，从上到下逐渐统一了对综放开采方法的认识，认为综放开采是采煤技术的革新，是一种高产高效的采煤方法，是实现工作面高产高效的有效措施。《综合机械化放顶煤开采技术暂行规定》使综放开采的生产有章可循。综放开采技术被列在"九五"期间煤炭工业科技进步重点课题之首。

（2）产量和效益有了突破。综放工作面最高月产：1990 年为 0.143 Mt（阳泉），1991 年为 0.203 Mt（潞安），1993 年为 0.31 Mt（潞安）。综放工作面最高年产：1992 年为 2.25 Mt（潞安），1993 年为 2.53 Mt（潞安），1994 年为 2.72 Mt（兖州），1995 年为 3.006 Mt（兖州）。1994 年、1995 年全国综放产量分别达到 36.8 Mt 和 45.56 Mt，年递增 8.0 Mt，两年合计全国综放产量超过前 10 年全国综放累计产量。1995 年采用综放技术的单位有 30 个局（矿）、71 个综放队。1995 年全国 65 个年产百万吨以上的综采队中综放队为 23 个，其中年产 2 Mt 以上的 9 个综采队中综放队为 6 个，年产 3 Mt 以上的 2 个综采队中综放队为 1 个。同时，综放开采单产高、效率高、成本低、效益好、安全可靠，已成为煤矿扭亏增盈的主要技术措施之一。

（3）一些条件复杂煤层的综放开采技术有了突破。郑州米村矿在"三软"不稳定煤层坚持综放开采试验，1988 年开始试验，1992 年基本成功，1995 年综放工作面突破年产 1 Mt，并在超化、裴沟和王庄等矿推广应用。铁法小康矿投产后改原设计分层开采为综放开采，对软岩巷道支护和防火技术攻关后综放生产正常，效果显著。实践证明，对于"三软"不稳定煤层，综放开采是提高经济效益和采出率的有效途径。与此同时，在倾斜和急倾斜特厚煤层采用水平分层综放开采、对地质构造复杂的小块段采用短工作面综放开采、用综放开采回收矿井残留煤柱都取得了较好的效果。对坚硬煤层的综放开采也开始进行探索试验。

（4）综放开采技术难题的攻关有了较大进展。在综放专家组的指导下，煤炭部确定的 13 项重点攻关课题和 5 个综放示范点基本达到了阶段目标。全国有综放开采工作面的局（矿）都从自身实际出发，组织科技攻关，解决了一批综放开采技术问题，从而推动了综放开采总体水平的提高。

1.2.2.3 创新提高阶段（1996 年至今）

从 1996 年至今，在对综放开采认识上、在生产指标和效益上、在条件复杂煤层的综放开采技术上都有所突破，综放开采技术难题攻关取得一批先进成果，综放开采的安全生产优势深入人心，促进了煤炭生产企业的积极性。国家也加大了对综放开采技术的研究和投入，为综放开采的发展创造了良好的外部环境。经过煤炭生产单位和科研部门的共同努力，综放开采技术进一步提高。1997 年全国综放总产量为 66.09 Mt，76 个年产百万吨综采队中综放队有 27 个，占总数的 1/3，前 10 名中有 8 个是综放队。

科研人员结合兖州矿区的实际，组织开展了缓倾斜厚煤层高产高效综放开采成套技术与装备的研究。总结综放开采实践中积累的正反两方面的经验，研制了完全适合综放开采的新型放顶煤支架及其相关配套设备，进一步研究了综放工艺和提高采出率的相关技术。经过努力，综放开采产量和效率逐年提高。综放队最高年产量 1997 年达 4.1 Mt，1998 年达 5.01 Mt，1999 年达 5.05 Mt，2000 年达 5.12 Mt，2001 年达 5.51 Mt。最高日产达 20000 t 以上，创出了一系列综放开采新纪录。

与此同时，科研人员还重点开展了特殊条件厚煤层综放开采关键技术及装备的研究。如"三软"不稳定厚煤层综放开采工艺、设备配套及厚煤层煤厚探测技术的研究取得进展。对大同硬煤厚煤层综放开采的机理进行了研究，对辅助爆破和设备配套进行攻关，取得了良好效果。对高瓦斯易燃煤层综放开采安全保障技术的研究也有了良好开端。一些难采煤层及边角煤、小块段等的综放开采也有了较大发展。加之轻型放顶煤支架的研制成功，扩大了综放开采的适用范围，使一些经营陷入困境的厚煤层矿井在采用综放开采后得到了不同程度的缓解。

随着我国对综放开采工艺认识的深入和综采装备向高可靠性、大能力方向的快速发展，综放工作面开采参数、开采技术指标也日渐提高，综放工作面开采强度不断加大，出现了潞安、兖州、阳泉、朔州等以综放开采为主的大型高产高效矿区，工作面年产量突破了 6.0 Mt，但在局部高瓦斯矿区（如潞安屯留矿），受综放工作面通风断面的限制，风排瓦斯不能解决工作面瓦斯超限的问题，已严重影响生产，因此加大工作面通风断面成了综放工作面进一步提高产量的重要途径。适当加大综放工作面的回采高度，不仅可以提高工作面通风断面，而且有利于采放相对平衡，提高煤炭产量及采出率，增加矿压破煤作用，提高综放开采厚度上限值。

在借鉴我国大采高综采、综放开采技术与装备研发成果的基础上，煤炭科学研究总院开采研究分院于 2002 年提出了大采高综放开采方法，即将割煤高度 3.5～5.0 m 的综放开采定义为大采高综放开采。2006 年 7 月，山西潞安屯留矿首次进行了大采高综放开采现场试验，割煤高度 3.6 m，工作面配备 ZF7000/19.5/38 型放顶煤支架、SGZ900/2×700 型前、后刮板输送机，实现了工作面最高日产 24188 t 的生产能力；2008 年神华集团柳塔矿进行了大采高综放的实践，液压支架高度为 4.2 m、工作阻力 10200 kN，回采期间工作面最高日产 2.7 万 t，最高月产 64 万 t，达到了单面年产 8.0 Mt 的生产能力。

经过近 10 年的发展，国内大采高综放开采液压支架工作阻力从 7000 kN 增至 21000 kN，支架高度由 3800 mm 提高至 5200 mm，工作面生产能力达到 1000 万 t 以上。其中“十一五”期间，大同塔山矿 8105 工作面进行了 20 m 特厚煤层大采高综放开采试验，工作面配备了支护高度 5.2 m、工作阻力 15000 kN 的 ZF15000/28/52 液压支架及 SGZ1000/1710 前部刮板输送机、SGZ1200/2000 后部刮板输送机。试验期间最高日产达到 3.94 万 t，工作面年产量达到 1084.9 万 t。

2010—2013 年，内蒙古不连沟煤矿及神华黄玉川煤矿相继开展了大采高综放开采实践，其中 2010 年内蒙古不连沟煤矿 6201 工作面配备 ZF13800/27/43 大采高综放液压支架、SGZ1000/2×1000 前部刮板输送机、SGZ1200/2×1000 后部刮板输送机，回采期间，工作面最高日产突破 3 万 t，月产超 80 万 t，工作面回收率达 87%，工作面年产已达到 10.0 Mt 的水平；2013 年，神华黄玉川煤矿 216 上 01 工作面将大采高综放液压支架工作阻力增至 21000 kN，工作面配备 ZF21000/25/42D 液压支架、SGZ1000/2×1000 前部刮板输送机、SGZ1200/2×1000 后部刮板输送机，回采期间，工作面日推进 3～6 刀。

2014—2015 年，陕西榆林地区（双山煤矿、神树畔煤矿、麻黄梁）开始了大采高综放开采，其中双山煤矿 310 工作面配备 ZFY17000/27/50D 液压支架、SGZ1000/2×1000 前部刮板输送机、SGZ1200/2×1000 后部刮板输送机，工作面实际割煤高度达到 4.8～4.9 m，回采期间，工作面日推进 8～10 刀，推进步距 6.4～8.0 m，月推进平均 200 m 左右，工作面产能达到 7.0 Mt 以上。

总结国内大采高综放开采应用，可以看出国内大采高综放工作面液压支架支护高度为 3.8～5.2 m（目前，龙王沟煤矿正在进行 5.3 m 大采高综放支架设计），工作阻力

7000～21000 kN，有的工作面生产能力达到了 10.0 Mt 以上。大采高综放开采主要适用于三种煤层开采条件：①厚度 10 m 以下、高瓦斯厚煤层综放开采；②厚度 10 m 左右及以上、硬度较大的难冒煤层；③10～20 m 范围一次采全厚的特厚煤层。其中 10 m 以上硬煤层大采高综放开采主要应用于山西大同（同煤塔山煤矿、同忻煤矿等）陕西榆林（双山煤矿、神树畔煤矿、千树塔煤矿、麻黄梁煤矿）及邻近榆林的鄂尔多斯市准格尔旗地区（神华黄玉川煤矿、不连沟煤矿、龙王沟煤矿）。

1.3 综放开采典型工艺模式

回采工艺是综放开采成功的关键。我国通过近 30 多年的实践，探索出了适用于缓倾斜中硬煤层、缓倾斜坚硬煤层、缓倾斜"三软"煤层、大倾角煤层、较薄厚煤层及特厚煤层等典型高产高效综放开采工艺模式。这些工艺可供类似条件煤层进行综放开采时借鉴。

1.3.1 缓倾斜、中硬、冒放性好煤层综放开采工艺模式

采用这类综放开采工艺的矿区覆盖面最广，如兖州矿区、潞安矿区、阳泉矿区等。

这类矿井综放工作面的地质条件一般为：属缓倾斜稳定煤层，煤厚 5.5～10 m，煤的坚固性系数 $f = 1.5～2.5$。顶煤在矿山压力作用下能自行垮落，直接顶也基本能随采随冒，垮落的高度相当于或大于煤层厚度。

回采工艺方式：工作面内实行采放平行作业，有的地方将工作面一分为二，下半部割煤，上半部放煤，或上半部割煤，下半部放煤；有的中部进刀单向割煤，有的端部进刀单向割煤，有的端部进刀双向割煤。

【实例 1】阳泉一矿 8603 综放工作面开采实践（1990 年左右）。

阳泉一矿 8603 综放工作面开采 15 号煤层，煤厚 5.4～7.93 m，平均厚 6.38 m，倾角一般在 3°～7°，煤层中硬，$f = 2～3$。工作面直接顶为黑色页岩，平均厚度在 1.72 m 左右，岩性较软、破碎，具有随采随冒的特点，为Ⅱ级中等稳定顶板；基本顶为深灰色石灰岩与钙质页岩，呈互层状岩性，较硬，厚度为 8～12 m，来压强度为Ⅱ级；直接底为深色砂质页岩，厚度为 2～6 m。

工作面斜长 116 m，割煤高度为 2.5 m，放煤高度为 3.88 m。工作面内实行采放平行作业。在反复试验的基础上，采用了单轮间隔放煤和 1.2 m（2 倍采煤机滚筒截深）的放煤步距。

阳泉一矿 8603 综放工作面采用上述放煤方式后收到了明显的效果，月产量、推进度、工效等都有了大幅提高，使工作面月产原煤首次达到 0.1～0.15 Mt，年产量达到 1.2～1.8 Mt，工作面采出率达到 80%～85%。

【实例 2】潞安王庄矿 6111 综放工作面开采实践（1992 年）。

6111 综放工作面 3 号煤层埋藏深度为 243～265 m，煤层厚度为 6.7 m，倾角为 2°～6°，坚固性系数 $f = 1.5～2.5$。煤层伪顶为厚 0.25 m 的碳质泥岩，易冒落；直接顶为厚

10.75 m 的泥岩或砂质泥岩，节理较发育；基本顶为厚 3.8 m 的砂岩；底板为厚 3.3 m 的砂质泥岩。工作面走向长度 2310 m，可采长度 1975 m；工作面斜长 177~181 m，平均180 m。

该工作面综放支架为 ZZP4800/17/33 型，前部刮板输送机为 SGZ-764/500 型，采煤机为 MXA-300/3.5 型，后部刮板输送机为 SGZ-730/400 型。

采用分段顺序单轮放煤，一刀一放，工艺流程为：割煤→移架→放煤→拉后部刮板输送机→推前部刮板输送机。

6111 综放工作面试生产 4 个月，历时 126 d，生产原煤 878400 t，创出了最高日产 14900 t、最高月产 274000 t 的好成绩，平均月产 220000 t，计算年产量可达 2.5 Mt 以上。

【实例 3】兴隆庄矿 4326 综放工作面开采实践（2002 年）。

兴隆庄矿 4326 综放工作面斜长 305 m，推进距离 1410 m，埋藏深度 469.7~517.3 m，地质构造简单，煤层厚度为 7~10 m，煤层坚固性系数 $f=2.3$。煤层顶板为 2.4 m 厚的粉砂岩，向上依次为粉细砂岩（厚度为 6.2 m）、中砂岩（厚度为 11.7 m）；煤层底板为 0.6 m 厚的泥岩，向下为粉砂岩（厚度为 6.5 m）。

割煤高度为 3 m，放煤高度为 5.6 m，采放比为 1:1.867。工作面采用端部斜切进刀单向割煤或中部进刀单向割煤，一采一放单轮顺序放煤方式。

4326 综放工作面工业性试验期间的主要技术经济指标见表 1-5。

表 1-5　4326 综放工作面主要技术经济指标

月份	产量/t	进尺/m	生产天数	采出率/%	日产量/t		回采工效/(t·工⁻¹)	
					平均	最高	平均	最高
1	631668	184.7	31	86.84	20376	22368	313.5	343.6
2	505902	153	24.5	86.94	20649	24047	317.8	369.39
3	574026	176.1	28.5	88.51	20141	20769	309.9	319.3

1.3.2　缓倾斜、"三软"、厚煤层综放开采工艺模式

该模式主要困难在于煤软、顶软、底软，回采时易发生片帮、冒顶和支架下陷，因此防止端面顶煤片帮、冒顶和支架下陷是成功开采这类煤层的关键。

这类煤层基本地质条件是：煤层厚度变化大，煤层坚固性系数 f 小于 1.5，形态呈粉末状，顶板易垮落。实测表明：顶煤在工作面煤壁前方约 10 m 的位置就发生移动，在支架后方的破断角大于 90°，端面破碎度比中硬煤层大很多。数值模拟表明，在端面上方易出现拉应力区，易发生片帮冒顶。图 1-3 和图 1-4 是郑州米村矿 15011 "三软"综放工作面端面顶煤破碎度实测和应力有限元数值模拟图。

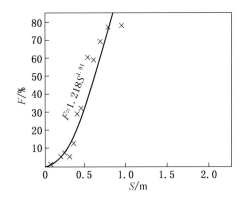

图 1－3 15011"三软"综放工作面
端面顶煤破碎度实测图

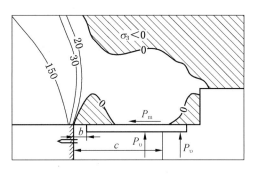

图 1－4 15011"三软"综放工作面顶
煤应力有限元数值模拟图

理论研究表明：影响端面顶煤稳定性的主要参数有四个，即支架垂直作用力 P_v、支架水平作用力 P_m、端面距 b、支架合力作用点距煤壁的距离 c。提高支架垂直作用力、支架水平作用力、缩小端面距和支架合力作用点距煤壁的距离可大大改善端面顶煤稳定性，其中端面距对顶煤稳定性的影响尤为明显。

有的矿井采取俯斜开采，并在特别破碎区域采取化学加固的方法控制端面顶煤发生片帮冒顶。一般开采条件采取合理的支架结构和采煤工艺就可解决这个难题。

合理的支架结构应是：

（1）整体顶梁、长侧护板（与顶梁长度大体相同）、内伸缩前探梁具有防护片帮的作用，以使顶煤全封闭。

（2）前立柱向前倾斜，支架具有较高的指向煤壁的水平工作阻力，以降低无立柱空间下位顶煤内的拉应力，并给裂隙面施加一个正应力。

（3）后立柱具有抗拉和抗压双重作用，以保证支架顶梁对端面顶煤的支撑力，减少无立柱空间的挠曲。

合理的回采工艺应是：

（1）及时移架，即采煤机前滚筒过后立即移架，有的地段顶煤先冒落后可提前移架，擦顶移架，移架后再伸出前探梁，遮盖住端面顶煤，达到全封闭顶煤的要求。

（2）采取移架后伸出前伸缩梁，给煤壁一个水平推力，防止片帮，然后推刮板输送机的作业方式，保持无立柱空间基本不变和支架合力作用点与煤壁的距离基本不变，以保证对端面顶板、顶煤的支撑力基本不变。

这种采煤工艺首先在郑州矿区试验成功，之后在类似的矿井进行了推广，形成了"三软"煤层综放开采的工艺模式。

目前这种工艺在我国靖远魏家地矿、安徽新集矿等相继采用，取得了明显的技术经济效益。

【实例】郑州米村矿 15011 综放工作面开采实践（1990 年左右）。

郑州米村矿开采豫西二₁ 煤层。15011 综放工作面煤层埋藏深度为 130~160 m，厚度为 3.5~14.6 m，平均厚 8.4 m，煤层倾角为 3°~11°，坚固性系数 $f = 0.3~0.5$，煤的密度为 1.4 t/m³。伪顶为厚 0.3~0.8 m 的碳质泥岩；直接顶为 I 级不稳定性顶板，上部靠近风氧化带为风化泥岩，中下部为砂质泥岩，厚 3.6~8 m，平均厚 5.8 m；基本顶为中粒砂岩，厚 4.9~15.7 m，平均厚 10.3 m；煤层底板为砂质泥岩，平均厚 4.1 m，遇水易膨胀。

该工作面采用倾斜长壁后退式综放开采，一次采全厚。工作面斜长 78 m，俯采长度为 795 m，采煤机割煤高度为 2.5 m，放煤高度为 5.9 m。

采取以上工艺和措施后，该工作面基本控制住顶煤，使其不发生端面冒顶和煤壁片帮。在"三机"配套不很合理的情况下实现月产 70000 t。

该开采实例对"三软"厚煤层综放开采实现高产高效具有指导意义。

1.3.3 大倾角厚煤层综放开采工艺模式

倾角大带来的技术问题是设备易发生下滑并发生倾倒，因此防止设备下滑和稳定是综放开采成功的关键。

1992 年，石炭井乌兰矿在倾斜特厚煤层中进行综放开采并取得成功，随后，鹤岗矿务局南山矿、淮南新集矿、平顶山矿务局十三矿等相继采用国产设备进行了大倾角煤层综放开采试验并获成功。

实践表明：采取有效的工作面设备布置方式，加强设备间的相互锚固，并辅以合理的回采工艺，可解决这一问题。

设备布置与锚固措施如下：

（1）工作面全长布置端头支架、过渡支架、基本支架。

（2）加强设备间的相互锚固，要求支架底座中槽与推移刮板输送机横梁之间的间隙很小，在设备前移过程中，移前后部刮板输送机时以支架为锚固导向，移支架时以前后部刮板输送机为锚固导向。

（3）工作面可调一定伪斜角。

采放工艺：

（1）采煤机由下向上割煤，由上向下装煤，不采用双向割煤方式。

（2）由下向上顺序移架，采煤机割煤后前滚筒一走立即前移支架，移架遵循由下向上顺序移架、擦顶移架、及时移架三个原则。

（3）由下向上顺序推前部刮板输送机。

（4）由下向上单轮顺序放煤，可得到较高的顶煤回采率和较低的含矸率。

【实例】石炭井乌兰矿 5321 综放工作面开采实践（1992 年）。

石炭井乌兰矿 5321 综放工作面斜长 44.5 m，走向长 166.5 m，煤层平均厚 8 m，煤层倾角为 17°~32°，最大达 37°，坚固性系数 $f = 0.6~1.2$。直接顶为褐灰色薄层状泥质粉砂岩,平均厚 4.36 m;基本顶为浅灰色中厚层状细砂岩,平均厚 6.38 m;直接底为灰色中厚层状细砂岩,平均厚 7.21 m。

工作面内布置 27 架 ZFSB3200 - 16/28 型基本支架,在上下两端分别布置两架 ZTG3400 - 20/30 型过渡支架,在工作面运输巷和回风巷内布置一组 ZTE8900 - 20/30 型端头支架,实现工作面端头放煤。采用 MXP240 型窄机身采煤机,前后刮板输送机均为 SGD630/110 型。

5321 综放工作面在工业性试验期间采出率达 77.7%,工效为 19.4 t/工,吨煤成本比分层开采降低 14 元。

1.3.4 缓倾斜硬厚、高韧性煤层综放开采工艺模式

这类煤层在我国兖州矿区鲍店矿、铜川矿区、大同矿区、陕西彬县矿区、靖远矿区、宁夏灵州矿区、新疆矿区等广泛赋存。

这类煤层综放开采的主要特点是:

(1)顶煤抗压强度普遍偏高,大部分煤层单轴抗压强度都在 25 MPa 以上,即煤层坚固性系数 f 大于 2.5,有的煤层坚固性系数达到 4.0。

(2)煤层裂隙不发育,整体性比较好。

(3)有的煤层硬度虽然不是很大,但顶煤的韧性大,即顶煤在达到破坏强度前变形量较大,顶煤冒落特点是滞后垮落和冒落块度大。图 1 - 5 是一般脆性煤与高韧性煤 $\sigma - \varepsilon$ 变形曲线的比较。

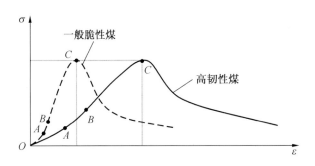

图 1-5 一般脆性煤与高韧性煤的 $\sigma - \varepsilon$ 变形曲线

(4)煤层厚度一般在 7 m 以上,有的工作面煤层厚度达到 20 m 左右,顶煤表现出硬、厚、难冒的特点。

(5)煤层顶板一般较厚、较硬,矿压显现上具有较明显的来压现象。

这类煤层综放开采成功的技术关键是采取人工方法改善顶煤的冒放性,使顶煤在支架前移后能随采随冒,且块度不应太大,以便顺利放出。

实践中主要有两种人工提高顶煤冒放性的措施:一种是人工爆破;另一种是工作面超前预注高压水后再进行人工爆破。

人工爆破方法有在顶煤中作单工艺巷、双工艺巷超前爆破的方法，称为超前预爆破；有在工作面架间与架端爆破的方法，称为工作面爆破。

两种方法各有优缺点。超前预爆破可提前作业，不与工作面回采工序相互影响，但作业工程量大，效果不如工作面爆破。工作面爆破有架间爆破和架端爆破两种方法，这种方法直接，效果明显，但技术上必须保证爆破半径不会与采空区沟通，否则产生的火花有可能引燃采空区瓦斯。

超前预注水的目的主要是利用高压水的致裂作用使完整的顶煤形成裂缝，进而形成大块，之后人工爆破改善其冒放性。

【实例1】大同忻州窑矿8911工作面开采实践（1998年）。

大同忻州窑矿8911工作面煤厚5.2～9.3 m，平均厚7.06 m。煤质坚硬，单轴抗压强度为37.43 MPa，煤层裂隙不发育。伪顶为深灰色粉砂岩，厚0.1～0.25 m；直接顶为黑色粉砂岩，厚1.2～3.5 m；基本顶为中粗砂岩，钙质胶结，致密坚硬，平均厚16 m；底板为深灰色粉砂岩。工作面斜长150 m，走向长度为522 m。

工作面选用MXA - 600/3.5型双滚筒采煤机，采用了96架ZFS6000/22/35型低位放顶煤支架、7架ZFSG6000/22/33型过渡支架、4架ZFSD5600/22/35型端头支架，前部刮板输送机为SGZ - 164/400型，后部刮板输送机为SGZ - 764/630型。

工作面布置4条巷道，两条底层巷分别为工作面的运输巷和回风巷，两条顶层巷为实施预爆破弱化顶煤的工艺巷，其深孔布置如图1 - 6所示。炮眼采用三角形布孔，孔距2 m，孔径60 mm，孔深35 m。用3 kW岩石电钻打孔，每条工艺巷1台，每班每台成孔2个，选用3号抗水煤矿铵梯炸药，药卷直径为50 mm，每卷长0.5 m，重1 kg，每米钻孔药量为2 kg，采用径向不偶合轴向连续装药结构，封孔长度为6 m，采用BF - 200型起爆器起爆电雷管和导爆索，一次起爆6个孔，起爆位置超前工作面20 m。

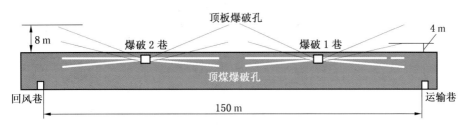

图1-6　采用爆破巷进行顶煤、顶板的松动预爆破示意图

8911工作面实施预爆破技术后取得了较为满意的冒放效果，顶煤放出率达71%，工作面采出率达80.37%，平均月产108000 t，较未实施预爆破的8920工作面顶煤放出率提高了34.7%，较采用矩形布孔的8916工作面顶煤放出率提高了6.4%。

【实例2】彬县下沟矿ZF1802综放工作面开采实践（2001年）。

下沟矿ZF1802综放工作面主采8号煤层，埋深约为350 m，平均倾角为7°，煤层半均厚16.8 m，含三层夹矸，厚度为0.05~0.4 m。岩性为泥岩与泥质粉砂岩。直接顶由深灰色砂质泥岩、灰色砂岩及细砂岩互层组成，厚5~7 m；基本顶由粗砂岩、粉沙岩和砂质泥岩互层组成，结构致密，厚7.0~15.9 m；底板为碳质泥岩和铝土泥岩，平均厚14 m，遇水膨胀。

工作面走向长度为1000 m，其中已采顶分层长度为370 m，未采顶分层长度为630 m；工作面倾斜长度为90 m，工作面割煤高度为2.6 m，割深0.6 m。已采顶分层放煤高度为7.6 m，未采顶分层放煤高度为10.2 m，采放比分别为1:2.9和1:3.9。ZF1802综放工作面采用综放一次采全厚全部垮落后退式采煤工艺，两刀一放。其回采工艺流程为：割煤→移架→推前部刮板输送机→拉后部刮板输送机→割煤→移架→推前部刮板输送机→放顶煤→拉后部刮板输送机→割煤（开始第二循环）。

采用架端爆破方法。在实测打眼数量、深度、装药量、封孔长度、打眼爆破时间及放煤效果的基础上，优化了炮眼布置方式和工人的劳动组织，即利用检修班时间，在前部刮板输送机两支架伸缩梁间向采空区方向打70°~75°的斜钻孔，孔深为就近煤层厚度的2/3，孔间距分别为3 m和1.5 m，即1~10号、51~61号支架每架一眼，11~50号支架每两架一眼。每孔装药长度为孔长的1/2，钻孔机具为强力深孔煤电钻。架端爆破示意如图1-7所示。

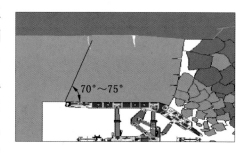

图1-7 架端爆破示意图

实践证明，采取架端爆破方式与不爆破相比顶煤采出率提高了26.41%，顶煤采出率能够达到85%左右，最高月产172000 t，最高日产7800 t；工作面管理有序，打眼爆破与工作面检修平行作业，从未发生一次顶板事故和爆破诱发的安全事故。

【实例3】灵州磁窑堡二矿首采综放工作面开采实践（2004年）。

磁窑堡二矿首采综放工作面开采侏罗纪延安组2号煤层，煤层平均埋深为200 m，煤层厚度为7.14~13.46 m，平均厚度为10.28 m，含1~3层夹矸，集中分布在煤层下部；煤层平均倾角为12°；煤层单向抗压强度为13.9~20.9 MPa，单向抗拉强度为0.89~1.48 MPa，表现为较高韧性，节理裂隙不发育。伪顶为灰色碳质泥岩，厚度为0.05~0.25 m；直接顶为3.81 m的厚粉砂岩和细砂岩，坚固性系数f=3.5~5；基本顶为8.6 m厚的粉砂岩，坚固性系数f=5.5；直接底为0.7 m厚的粉砂岩；基本底为5 m厚的细砂岩。

首采综放工作面走向长610 m，倾斜长145 m，割煤高度为2.9 m，放煤高度为7.38 m。采用ZFS5800/18/32型四柱支撑掩护式反四连杆大插板低位放顶煤液压支架。

工业性试验结果表明，通过对高韧性顶煤实施上述预爆破技术方案，采用一刀一放、双口双轮顺序放煤，顶煤在切顶线处能及时冒落，且冒落块度适中。从统计结果看，最高采出率为82.3%，最低采出率为72.1%，平均采出率为78.7%，因此采取工艺巷深孔爆破改善高韧性顶煤的冒放性是可行且行之有效的。

1.3.5　缓倾斜较薄厚煤层综放开采工艺模式

厚度为 3.5～6 m 的煤层虽属厚煤层，但属厚煤层的下限域，从综放开采的角度我们称之为较薄厚煤层。在我国邢台、邯郸、峰峰、鹤壁、徐州、开滦、淮南、大屯煤电公司、水城等矿区这类煤层广泛赋存。

较薄厚煤层综放开采的主要特点是：

（1）煤层厚度虽然不大，但在工作面区域内厚度变化大。

（2）直接顶能随采随冒，且块度小，支架前移后流动性好，有利于提高顶煤的采出率。

（3）工作面断层较多，顶煤厚度小，裂隙发育完整性差，易发生片帮冒顶，一旦有冒顶发生，有时会波及直接顶的冒落并且在工作面倾斜方向冒落范围很大。

（4）工作面矿压显现明显，但支架压力不大。

这类煤层综放开采成功的技术关键是防止端面顶煤片帮冒顶和设备下滑。主要技术措施是采用结构合适的综放支架并配合合理的采煤工艺：

（1）采用轻型综放支架，重量较轻，使用方便。

（2）采用整体顶梁双侧护板，全封闭顶煤。

（3）采用擦顶移架、及时移架方式。

（4）控制采高，不使顶煤过薄而漏顶。

（5）控制每次放煤量，不把支架顶梁上的顶煤放空。

（6）尽可能缩小工作面端面距。

（7）倾角较大的工作面要安设端头支架，采取由下向上的作业方式以防止设备下滑。

【实例】邯郸云驾岭矿 12110 轻放开采试验工作面开采实践（1997 年）。

云驾岭矿 12110 轻放开采试验工作面走向长 375 m，倾斜长 60 m。开采煤层为 2 号煤层，平均煤厚 3.6 m，煤层倾角为 12°～14°。煤层伪顶为约 0.25 m 厚的粉砂岩，直接顶为 2.3 m 厚的粉砂岩，基本顶为细粒砂岩（厚 12.8 m），底板为砂泥岩互层（厚 2.85 m），基本底为粉细砂岩（厚 6.7 m）。

1996 年，针对云驾岭矿地质条件、技术管理水平和安全条件，北京开采研究所与邯郸矿务局合作，首次在 4 m 左右的煤层试验轻放开采技术，突破了以前综放开采煤厚的下限，丰富了综放开采理论。工作面采用 4MG－200W1 型双滚筒采煤机、ZFB2400/16/24 型单摆杆轻型低位放顶煤支架，前部刮板输送机为 SGB－630/220 型，后部刮板输送机为 SGB－630/150 型。

该项目自 1996 年 3 月启动至 1998 年 5 月验收时为止，工作面平均日产 800 t，最高日产 1358 t（工作面斜长 60 m），工作面直接工效为 23.8 t/工（分别为高档工作面、炮采工作面工效的 2.3 倍和 2.8 倍）；工作面采出率为 91.4%；吨煤成本比炮采工作面和高档工作面降低 12.63 元和 9.44 元；巷道掘进率比分层开采巷道降低 45%；瓦斯绝对涌出量为 0.23 m³/min，相对涌出量为 0.62 m³/t，粉尘浓度平均为 13.9 g/m³，瓦斯浓度、粉尘浓度与分层开采相比，没有明显增加。该项目的试验成功为 3.5 ~ 6 m 的较薄厚煤层采用轻型支架综放开采技术实现高产高效起到了良好的推动作用。

1.3.6 急倾斜水平分段放顶煤开采工艺模式

这种采煤方法是针对倾角在 50° 以上、厚度大于 10 m 的急倾斜厚煤层而言。基本特点是将顶煤按一定段高水平分层，沿工作面走向布置，沿走向推进，将倾斜的工作面布置方式变为水平布置方式，大大减少了工作面设备与工艺管理的难度，如图 1 - 8 所示。

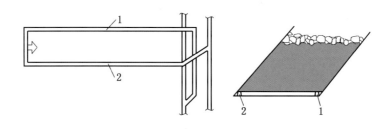

1—回风巷；2—运输巷

图 1 - 8　急倾斜水平分段综放开采示意图

1986 年，窑街二矿率先在 55°、20 m 左右的特厚煤层中试验水平分段综放并获成功。之后，靖远矿务局王家山矿、辽源矿务局、平庄矿务局、乌鲁木齐矿务局和华亭矿也相继采用这种采煤方法开采 45° 以上的特厚煤层，均取得了较好的技术经济效果。

这种采煤方法成功的技术关键：确定合理阶段高度与提高煤炭采出率。

（1）确定合理阶段高度，使顶煤在顶板作用下能随采随冒，并能使靠近底板三角区的顶煤尽可能多的放出。

（2）靠近底板三角区的顶煤易形成死角，可采取局部松动爆破法多回收顶煤，但参数与施工应合理，防止引起采空区瓦斯爆炸。

（3）工作面长度较短，可采取单电动机垂直布置方式，实现工作面全长放煤。

【实例 1】窑街二矿 4022 - 3 工作面开采实践（1990 年左右）。

窑街二矿 4022 - 3 工作面煤层平均厚度为 25 m，平均倾角为 55°。煤层坚固性系数 $f = 1.2 ~ 1.9$，密度为 1.4 m³/t。直接顶为石英砂岩和腐泥煤，厚度为 3.4 m，再上部为油母页岩，厚度为 11 m；底板为碳质砂岩，平均厚度为 1.8 m，再下部为煤三层和细砂岩，平均厚度为 3 m。

4022 - 3 工作面采用水平分段综采放顶煤采煤法。工作面斜长约 25 m，沿走向推进长 660 m，分段高度为 10 m，其中采煤机采高为 2.5 m，放落的顶煤高度为 7.5 m。回采工艺过程：割煤→移前部刮板输送机→移后部刮板输送机→放顶煤。采用由煤层底板向顶板方向逐架顺序、等量多轮放煤。

与水平分层金属网假顶采煤法相比，该采煤方法不但工人劳动强度小，生产安全性好，而且劳动工效高，4022-3 工作面平均工效达 16.8 t/工左右，同时还能降低巷道掘进率和材料消耗。

【实例 2】乌鲁木齐六道湾矿综放工作面开采实践（1995 年）。

六道湾矿开采急倾斜近距离煤层群，可采煤层 22 层，划为四个组，其中一组、二组为特厚煤层，三组、四组为薄及中厚煤层。综放工作面布置在二组煤 B4+5+6 煤层中，该煤层地质结构简单，赋存稳定，煤层走向北偏东 60°，煤层厚度为 35~48 m，倾角为 65°~69°。该煤层坚固性系数 $f = 0.7~3$，其中 B4+5 煤层节理、层理发育，易垮落，B6 煤层整体结构性好，顶煤破碎，冒落困难，可放性差。综放工作面长 30~39 m，走向长 350~700 m，采用水平分段布置方式。

该煤层自然发火系数 $\Delta T = 48~52$，属易自然发火煤层，因此自然发火成为制约综采放顶煤技术应用的关键难题。现已采完 8 个工作面，生产原煤约 2.81 Mt，1995 年单面年产量达到 35.8 万 t。

1.3.7　35°~55°急倾斜煤层长壁综放开采工艺模式

这类厚煤层长壁综放开采的主要特点是：

（1）煤层倾角大，设备会产生向下的下滑力和偏转弯矩，有下滑和倾倒趋势。

（2）工作面支护系统稳定性差。

（3）综放工艺复杂，难度大。

（4）瓦斯积聚、防火问题不易解决。

实践中解决上述问题主要是采取特殊巷道布置系统、特殊支架和特殊采煤工艺。

1. 采取特殊巷道布置系统

巷道布置系统如图 1-9 所示。主要特点是：

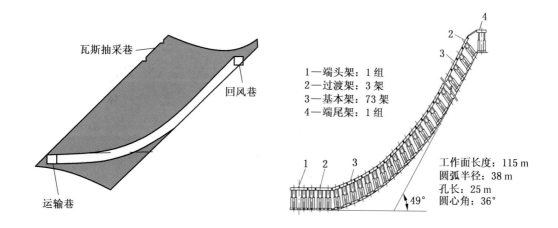

1—端头架：1 组
2—过渡架：3 架
3—基本架：73 架
4—端尾架：1 组

工作面长度：115 m
圆弧半径：38 m
孔长：25 m
圆心角：36°

图 1-9　巷道布置系统

（1）将工作面运输巷靠近煤层顶板布置。

（2）回风巷采用巷道底部宽度 1/2 破煤层底板三角岩布置方式，消除了急倾斜煤层工作面煤层底板布置使端尾留下三角底煤的问题，也使端尾支架水平布置于岩石上，提高了支护系统的稳定性，同时又提高了底煤的采出率。

（3）采用圆弧竖曲线将运输巷与工作面相连的布置方式，开切眼与运输巷平缓过渡，使难以解决的复杂的倾角较大工作面端头支护问题大大简化。

开切眼倾斜－圆弧过渡－水平布置方式技术特点：

（1）改善了支架受力状态。基本支架与端头支架由线接触变为面接触，减少了对端头支架的侧推力，提高了支护系统的稳定性。

（2）急倾斜工作面过渡支架处于平面上，使长期难以解决的端头复杂支护得到简化。

（3）改善了刮板输送机的运行条件，解决了刮板输送机与转载机在平面上的搭接问题。

（4）消除了下出口的台阶，从根本上解决了急倾斜工作面下出口的行人、运料、煤尘飞扬、通风不畅等问题。

2. 采取特殊支架

（1）支架在宽度方向上设计为上窄下宽，顶梁采用侧护板大行程窄顶梁结构，侧护板为双活动结构，可随时根据接顶情况调节顶梁宽度。

（2）加高加长侧护板，从而使支架与支架间的接合面加大。当支架发生一定倾斜时，本架仍与邻架可靠接触，减少支架的扭动和咬架。

（3）过渡支架处于水平面上，基本支架处于圆弧面上，其间由底调装置来防止支架底座的下滑。

3. 采取特殊采煤工艺

由上向下单向割煤；由下向上清浮煤；由下向上拉架推刮板输送机，防止支架倒滑；由下向上推刮板输送机可使刮板输送机上窜；分段、间隔顺序加折返式放煤。

【实例】王家山矿 44407 综放工作面开采实践（2002 年）。

靖远煤业有限责任公司王家山矿 44407 综放工作面埋藏深度为 260～320 m，煤层倾角为 38°～49°，平均为 43.5°；煤层厚度为 13.5～23 m，平均为 15.5 m。煤的坚固性系数 $f=1$，煤层裂隙发育程度为 2 类。直接顶为 3.8 m 厚的泥岩、粉砂岩，基本顶为20.5 m 厚的中粗细砂岩，直接底为 0.8 m 厚的泥岩，基本底为 17.5 m 厚的粗砂岩。

该工作面设计走向长为 605 m，可采走向长为 590 m，倾斜长为 115 m。割煤高度为2.6 m，放煤高度为 12.9 m，采放比为 1：4.96。

2003 年 4、5、6 三个月为工业性试验期，在此期间生产原煤 192900 t，平均月产64300 t，最高月产 70681 t，最高日产 3045 t，最高班产 1185 t，工作面回采工效为45.6 t/（工·日），采出率为 82.27%。

1.3.8 大倾角 3.5~10 m 巷柱式放顶煤开采模式

这种开采模式主要适用于煤层厚度为 3.5~10 m、煤层倾角大于 25°的厚煤层。其主要特点是将大倾角煤层进行水平分段,在每个阶段上、下部分别沿走向布置一条巷道(图 1-10),上部用作回风巷道,下部用作运输巷道,构成全负压通风系统,利用矿山压力或人工爆破落煤、机械化遥控装煤、刮板输送机搭接带式输送机运煤,从而实现连续开采的一种新型采煤法,其布置系统如图 1-11 所示。

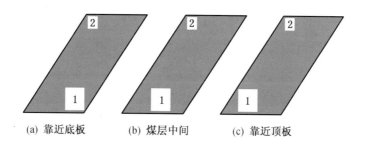

(a) 靠近底板 (b) 煤层中间 (c) 靠近顶板

1—阶段运输巷 2—阶段回风巷

图 1-10 巷道布置方式

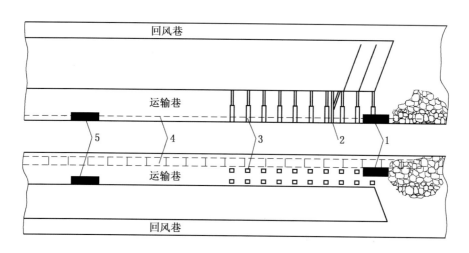

1—装煤机;2—钻机;3—单体液压支柱;4—刮板输送机;5—通风机

图 1-11 巷柱式放顶煤布置系统

这种采煤方法的关键是确定阶段高度和实现机械化装煤。

1.3.9 大采高综放开采工艺模式

大采高综放工作面割煤高度加大,放煤高度相应减小,不仅可增大工作面通风断面、降低工作面风阻、缩短放煤时间、提高工作面回收率,而且能充分发挥大功率高可靠性大采高采运设备的优势,为工作面支架后部通风与放煤提供空间,为工作面放煤口附近瓦斯稀释提供保证,利于工作面实现安全均衡生产。特别是 2016 年施行的《煤矿安全规程》第115条规定，缓倾斜、倾斜厚煤层采放比大于1∶3，且未经行业专家论证的严禁采用综放开采。因此，对于煤层厚度大于14 m的煤层，大采高综放开采技术将成为其实现安全高效、一次采全厚的唯一技术途径。

鉴于大采高综放开采的显著优点和我国厚煤层资源丰富的优势，我国越来越多的矿井开始采用大采高综放技术，其前景非常广阔，大采高综放开采已成为我国厚煤层开采技术发展的重要方向。目前我国10 m以上特厚煤层大都采用这种采煤方法，并随着采煤装备的迅速发展，这种采煤方法得到了快速推广和应用，如我国的大同塔山煤矿、平朔安家岭煤矿、甘肃华亭煤矿、陕西彬县下沟煤矿等。

【实例1】双山煤矿大采高综放开采实践。

1. 煤层地质条件

双山煤矿现主采3号煤层，目前正在进行310工作面回采，工作面北邻311综放工作面，南邻309工作面采空区，西邻3号煤辅运大巷，东临双山煤田边界。工作面煤层厚度8.16~11.38 m，平均厚度9.9 m，采用大采高综采放顶煤进行回采，设计割煤高度4.8 m，放煤高度5.1 m，倾向长度278 m，推进长度2553 m，埋藏深度约170~208 m，倾角0°~3°，煤层易自燃。煤层上方为0.1~0.3 m厚的泥岩伪顶，直接顶为泥质粉砂岩，厚度1.9~2.5 m，之上为分砂质泥岩，厚度12~15 m，底板为炭质泥岩，厚度2.5~3.0 m。

2. 工作面参数及主要设备

工作面参数及主要设备见表1-6。

表1-6 双山煤矿310综放工作面参数及主要设备

设备名称	型 号	功率/kW	备 注
基本支架	ZFY17000/27/50D		17000 kN 1.12~1.2 MPa
过渡支架	ZFG17600/29.5/50D		17600 kN 1.05~1.19 MPa
端头支架	ZTZ21320/27/50		21320 kN 0.5 MPa
采煤机	MG900/2210-WD	2210	
前部刮板输送机	SGZ1000/2×1000	2×1000	2000 t/h
后部刮板输送机	SGZ1200/2×1000	2×1000	2400 t/h
转载机	SZZ1350/700	700	2400 t/h
破碎机	PLM4000	400	4000 t/h
带式输送机	DTL140/3×355	3×355	2000 t/h

3. 工作面产能及存在的问题

1）工作面产能及开采成本

工作面日推进 8~10 刀，推进步距 6.4~8.0 m，月推进平均 200 m 左右，工作面产能可达 7.0 Mt 以上。工作面实体煤侧 0~100 m 范围内采用高能气体压裂进行架间顶煤弱化，顶煤弱化后，支架上方顶煤放煤效果得到了一定程度的回收，工作面临空侧及中部未进行顶煤弱化，但该区域顶煤放煤效果较好，支架尾梁后方绝大部分见有明显垮落矸石。工作面顶煤回收率达到 80%~86%。

2）存在的问题

工作面开采期间，煤壁仅邻空侧存在片帮现象，片帮量在 0.2~0.3 m，其回采期间存在的主要问题为工作面来压显现强烈。

【实例 2】千树塔煤矿大采高综放开采实践。

1. 煤层地质条件

千树塔煤矿现主采 3 号煤层，目前正在进行 11301 综放工作面回采，工作面煤层厚度 9.75~11.21 m，平均煤厚 10.61 m。采用综采放顶煤进行回采，设计割煤高度 4.0 m，放煤高度 6.6 m，倾向长度 200 m，推进长度 1935 m，埋藏深度约 217 m，倾角 0.6°，煤层易自燃。煤层直接顶为泥岩，厚度 0.59~0.69 m，之上为长石砂岩，厚度 10.67~22.65 m，底板为粉砂质泥岩，厚度 1.1~2.26 m。

2. 工作面参数及主要设备

工作面参数及主要设备见表 1-7。

表 1-7　千树塔煤矿 11301 综放工作面参数及主要设备

设备名称	型　号	功率/kW	备　注
基本支架	ZF16000/24/45		16000 kN 1.5~1.55 MPa
过渡支架	ZFG16000/26/43		16000 kN 1.24~1.30 MPa
端头支架	ZTZ20000/25/43		20000 kN 0.48 MPa
采煤机	MG750/1860	1860	
前部刮板输送机	SGZ1000/1400	2×700	2200 t/h
后部刮板输送机	SGZ1200/1400	2×700	2500 t/h
转载机	SZZ1200/525	525	3000 t/h
破碎机	PLM3500	2×250	
带式输送机	DSP120/200/3×400	3×400	2000 t/h

3. 工作面产能及存在的问题

1）工作面产能及开采成本

工作面日推进 8~10 刀，工作面产能达到 4.0 Mt/a。为提高顶煤回收率，在顶煤体中分别布置两条平行于顺槽的工艺巷，在工艺巷内布置平行于工作面的钻孔进行爆破，弱化顶煤，弱化后工作面顶煤回收率达到了 75% 左右。

2）存在的问题

周期来压期间，两条工艺巷附近的工作面矿压显现较为强烈，表现为煤壁片帮及支架安全阀开启；工作面两端头有明显悬顶，其悬顶长度滞后工作面 10 m 左右。

【实例 3】柳巷煤矿大采高综放开采实践。

1. 煤层地质条件

柳巷煤矿现主采 3 号煤层，目前正在进行 30106 工作面开采，工作面东侧为长城保安煤柱，南侧为一采区 30104 工作面（未开采区），西侧为大巷保护煤柱，北侧为 30108 工作面（未开采区）。工作面煤层厚度 9.87~11.77 m，平均厚度 10.5 m，采用综采放顶煤回采，设计割煤高度 3.8 m，放煤高度 6.7 m，倾向长度 145 m，推进长度 1637 m，埋藏深度约 258~272 m，倾角 0°~7°，煤层易自燃。煤层直接顶为泥岩，厚度 0.8~8.5 m，平均 4.6 m，之上为粉砂岩，厚度 16~26 m，平均 24 m，底板为泥岩，厚度 4.3~10.5 m。

2. 工作面参数及主要设备

工作面参数及主要设备见表 1-8。

表 1-8　柳巷煤矿 30106 综放工作面参数及主要设备

设备名称	型　　号	功率/kW	备　　注
基本支架	ZF15000/26.5/40		15000 kN 1.4 MPa
过渡支架	ZFG13000/26/40		13000 kN 1.08~1.12 MPa
端头支架	ZTZ20000/25/38		20000 kN 0.96~1.02 MPa
采煤机	MG650/1630-WD	1480	
前部刮板输送机	SGZ-900/1050	2×525	1800 t/h
后部刮板输送机	SGZ-1000/1400	2×700	2500 t/h
转载机	SZZ1200/525	525	3000 t/h
破碎机	PLM3500	250	3500 t/h
带式输送机	DY1200/80/250×2	2×250	

3. 工作面产能及存在的问题

1）工作面产能及开采成本

现矿井已开采 3 个综放工作面，工作面采用固体产气预裂剂在架间进行顶煤弱化，支架插板后方可见有明显矸石，放煤效果较好，顶煤回收率在 80% 以上。

2）存在的问题

工作面回采期间，端头处顶煤、顶板不易回落，因此，需进行顶板弱化处理。

【实例 4】大同塔山煤矿大采高综放开采实践。

1. 煤层地质条件

一盘区 8105 工作面与上覆 15 号侏罗纪煤层间距为 314～320 m，开采的 3～5 号煤层为合并层，煤层赋存稳定，煤层厚度 9.42～19.44 m，平均 14.5 m，属复杂结构煤层，含 4～14 层夹矸，下部煤层节理较发育，煤层坚固性系数 $f = 2.7～3.7$。煤层倾角 3°～5°，平均 4°，直接顶赋存不稳定，厚度不均匀，以岩浆岩、泥岩、硅化煤交替赋存，厚度为 2.57～6.43 m，平均 4.49 m，普氏系数为 6.0～6.5；基本顶为粉砂岩、细砂岩与含砾粗砂岩，厚度为 11.8～39.55 m，平均 22.93 m。8105 工作面可采走向长 2722 m，倾斜长度 207 m。工作面割煤高度 4.2 m，放煤高度平均 10.3 m。

2. 工作面参数及主要设备

工作面参数及主要设备见表 1-9。

表 1-9 大同塔山煤矿 8105 综放工作面参数及主要设备

设 备 名 称	型 号	功率/kW
采煤机	MG750/1915-GWD	1915
前部刮板输送机	SGZ1000/1710	2×855
后部刮板输送机	SGZ1200/2000	2×1000
转载机	PF6/1542	450
破碎机	SK1118	400
带式输送机	DSJ140/350/3×500	3×500
输送带巷头转载机	AFC	600
输送带巷头破碎机	MMD706 系列 1150 mm	400
中部液压支架	ZF15000/28/52 支撑掩护式	—
过渡支架	ZFG15000/28.5/45H	—
端头支架	ZTZ20000/30/42	—

3. 工作面产能及存在的问题

8105 工作面开采期间，采用了一刀一放 0.8 m 的放煤步距，多轮间隔顺序多口放煤，顶煤回收率达到 84% 以上，工作面年产量达到 1084.9 万 t。

【实例 5】同忻煤矿大采高综放开采实践。

1. 煤层地质条件

同忻煤矿主采石炭二叠纪 3～5 号煤层，其中 8105 工作面位于 3～5 号煤层北一盘区，煤层为复杂结构，煤层坚固性系数 $f = 1～3$，厚度 13.12～22.85 m，平均 16.85 m，倾角1°~3°。工作面长200 m，工作面连续推进长度为1757 m。工作面直接顶为3.2 m的炭质泥岩，老顶为11.4 m厚的粉细砂岩，属于坚硬顶板，冒落性较差。工作面采用综合机械化放顶煤回采工艺，割煤高度3.9 m，平均放煤11.59 m。

2. 工作面参数及主要设备

工作面参数及主要设备见表1－10。

表1－10　同忻煤矿8105综放工作面参数及主要设备

设 备 名 称	型 号
采煤机	SL500
前部刮板输送机	JTAFC1050
后部刮板输送机	JTAFC1050
中部液压支架	ZF15000/27.5/42 支撑掩护式
过渡支架	ZFG13000/27.5/42H
端头支架	ZTZ20000/30/42

3. 现场回采情况

工作面日产量稳定在30500 t以上，实现年产量1006.7万t。工作面基本顶初次来压步距约130.8 m，周期来压步距为18.3 m左右。

【实例6】屯留煤矿大采高综放开采实践。

1. 煤层地质条件

S2202工作面为屯留煤矿首个大采高综放工作面，开采3号煤层，煤层埋深500~732 m，平均590 m，为陆相湖泊型沉积。煤层厚度较稳定，为5.34~7.25 m，平均6.24 m；煤层倾角为0°~14°，煤层单向抗压强度为7.91~13.63 MPa。顶板一般为泥岩、粉砂质泥岩，底板为黑色泥岩、粉砂岩，老底为中细粒砂岩。夹矸0~3层，一般1层，厚0.27 m，属结构简单至较简单煤层。工作面走向长1100 m，倾斜长220 m，一次采全高，工作面设计割煤高度为3.6 m，工作面沿底板推进，循环进度0.8 m，采放比为1:0.78。

2. 工作面参数及主要设备

工作面参数及主要设备见表1－11。

表1－11　屯留煤矿S2202综放工作面参数及主要设备

名 称	数 量	备 注
ZF7000/19.5/38型放顶煤支架	144	按面长220 m
MGTY400/900－3.3D采煤机	1	3300 V
SGZ900/2×700型中双链铸焊封底式前部刮板输送机	1	3300 V

表 1-11（续）

名 称	数量	备 注
SGZ900/2×700 型中双链铸焊封底式后部刮板输送机	1	3300 V
SZZ1200/400 型转载机	1	3300 V
PLM3500 型破碎机	1	3300 V
DSJ1400/200/3×400 型可伸缩带式输送机	2	1140 V
BRW400/31.5×4A 型乳化液泵	2	运输顺槽
XR-WS2500 型泵箱	1	运输顺槽
BPW/Z320/10 型喷雾泵站（包括泵箱）	2	运输顺槽

3. 现场开采情况

S2202 工作面在工业性试验期间，最高日产 24188 t，最高工效 183.24 t/工，平均工效 45.31 t/工。另外，在后期 S1201 大采高综放工作面实现日产 1.5~2.0 万 t，未发生瓦斯超限及积聚现象。

【实例 7】不连沟煤矿大采高综放开采实践。

1. 煤层地质条件

不连沟井田位于准格尔煤田最北部，6 号煤层是本井田的主要可采煤层，全井田可采，资源储量为 900.72 Mt，占总资源储量的 64%。矿井设计年产 10.0 Mt。

6 号煤层可采厚度 6.05~35.50 m，平均 16.5 m，属稳定~较稳定煤层，割煤高度一般控制在 4 m 以内。该煤层尤其是煤层顶部结构复杂，夹矸最多达 22 层，最少 3 层，平均 9 层；夹矸总厚度最大 8.89 m，最小 0.45 m，平均 2.63 m。煤层倾角 3°~5°，煤层瓦斯含量低，属容易自燃煤层，各煤层的自然发火期一般为 40~60 d。

煤层顶部单轴抗压强度平均为 21.47 MPa；煤层中上部单轴抗压强度平均为 10.22 MPa；煤层底部单轴抗压强度平均为 15.17 MPa，煤层表现出"顶部较硬—中部较软—底部次硬"的特征。6 号煤层顶底板岩性大部分为泥岩、黏土岩、炭质泥岩，其次为砂岩。煤层夹矸的岩性多为泥岩、砂质泥岩、黏土岩，部分为炭质泥岩。

2. 工作面参数及主要设备

工作面参数及主要设备见表 1-12。

表 1-12 不连沟煤矿 6 号煤层综放工作面参数及主要设备

名 称	型 号	数量	备 注
基本支架	ZF13800/27/43 正四连杆	128 架	宽度 1750 mm
排头支架	ZFP13800/23/40 反四连杆	8 架	宽度 1750 mm
过渡支架	ZFG13800/27/43 正四连杆	4 架	宽度 1750 mm
端头支架	ZFT27600/23/40 中置式	1 组	下端头

表 1－12（续）

名　称	型　号	数　量	备　注
超前支架		1组	回风顺槽
采煤机	JOY，7LS6C，2045 kW	1台	
前部刮板输送机	SGZ1000/2×1000 中双链铸焊封底式	1部	φ48×152
后部刮板输送机	SGZ1200/2×1000 中双链铸焊封底式	1部	φ48×152
转载机	SZZ1350/600 整体焊接箱式结构桥式	1部	转载和皮带自移
破碎机	JOY，PLM4000 型轮式	1部	
带式输送机	DSJ140/250/3×450	1部	带式输送机及带面
乳化液泵站	KAMART，4×280 kW $P=37.5$ MPa　$Q=430$ L/min	4泵2箱	
喷雾泵站	KAMART，3×150 kW $P=14.3$ MPa　$Q=500$ L/min	3泵1箱	

3. 现场应用情况

不连沟煤矿 6 号煤层首采大采高综放工作面开采期间统计的最高日产突破 3 万 t，月产超 80 万 t，工作面回收率达 87%，工作面年产已达到 10.0 Mt 的水平。大采高综放开采在不连沟煤矿得到了成功应用。

【实例 8】酸刺沟煤矿大采高综放开采实践。

1. 煤层地质条件

酸刺沟煤矿 $6_{上}105-2$ 综放工作面主采 6 上煤，煤层顶板多为粗粒砂岩、细粒砂岩，局部为泥岩；底板多为泥岩、砂质黏土岩，局部为粗粒砂岩。煤层自然厚度 7.0～20.8 m，平均 12.7 m，煤层倾角 0°～5°，为近水平煤层，煤层平均埋深 204 m。该工作面走向长度 1356 m，倾向长度 245 m，采用综采放顶煤走向长壁采煤法，全部垮落法处理采空区顶板。前期割煤高度为 3.5 m，后期调整为 3.8～4.0 m，属于大采高综放工作面；放煤步距前期为 0.865 m，后期调整为 1.4 m，采放比为 1:2.1。

工作面基本支架采用 ZF15000/26/42 型四柱支撑掩护式低位放顶煤支架，共 136 架，额定工作阻力 15000 kN，额定初撑力 31.4 MPa，立柱缸径 360 mm，支架中心距 1750 mm。

2. 工作面参数及主要设备

工作面参数及主要设备见表 1－13。

表 1－13　酸刺沟煤矿 $6_{上}105-2$ 综放工作面参数及主要设备

设备名称	型　号	功率/kW	备　注
基本支架	ZF15000/26/42		15000 kN
过渡支架	ZFG15000/27/46		15000 kN
端头支架	ZFT23700/26/50		23700 kN

表 1-13（续）

设 备 名 称	型 号	功率/kW	备 注
采煤机	MG750/1815-GWD	1860	
前部刮板输送机	SGZ1000/2×855	2×855	2500 t/h
后部刮板输送机	SGZ1200/2×1000	2×1000	3000 t/h
转载机	SZZ1350/700	700	4000 t/h
破碎机	PCM525	525	4500 t/h

3. 工作面回采情况

工作面初采过程中，老顶来压非常强烈，期间共造成 6 个支架大柱损坏，5 个伸缩梁油缸崩裂，立柱穿透顶梁，部分支架被压死，支架损坏严重，支架已不能满足工作面正常生产的要求，导致工作面停产。为此，现场采用了调高支架安全阀开启压力及采空区实施留条形间隔煤垛技术。

【实例 9】神华集团柳塔矿硬煤大采高综放开采实践。

1. 煤层地质条件

柳塔矿 08 工作面回采 12 煤层，煤层可采厚度 3～8.5 m，平均 7.3 m。一般含夹矸一层，厚 0.05～0.28 m，夹矸岩性为粉砂质泥岩、泥岩。顶板岩性多见泥质粉砂岩、细砂岩，底板主要为砂岩、细砂岩及泥质粉砂岩。

工作面地面标高 1236.68～1257.29 m，煤层底板标高 1145.75～1155.80 m，走向长 978.5 m，倾斜长 274.95 m。12 煤层 08 工作面平均煤厚 7.3 m，倾角 1°～3°，工作面沿煤层倾斜布置走向推进，沿 12 煤底板回采，割煤高度一般控制在 4 m 以内，遇地质条件变化时，适当调整。采用走向长壁后退式综合机械化放顶煤采煤方法，全部垮落法管理顶板。

2. 工作面参数及主要设备

工作面参数及主要设备见表 1-14。

表 1-14 柳塔矿 08 工作面参数及主要设备

名 称	型 号	数 量
采煤机	SL750-3.3D	1
基本支架	ZFY10200/25/42	
过渡支架	ZFG/10000/23/37	
前部刮板输送机	SGZ1000/2×1000	1
后部刮板输送机	SGZ1000/2×1000	1
转载机	SZZ1200/525	1
破碎机	PCM400	1

3. 工作面回采情况

08 工作面累计生产原煤 2.96 Mt，最高月产 64 万 t，最高日产 2.7 万 t，工作面净回收率达 86.7%，采区回收率达 76.04%，原煤含矸率为 9.38%，外在水分 10.6%，工作面达到了年产 8.0 Mt 的生产能力，安全无事故。

1.4 综放开采矿压显现特点

1.4.1 综放工作面支架载荷与采厚之间的关系

与中厚煤层综采相比，综放工作面支架载荷不因采厚的增大而大幅提高。

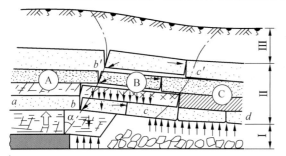

图 1－12 中厚煤层开采后岩层运动动态图

煤层开采后，采场围岩的原始平衡状态被打破，岩层将要下沉破坏，在工作面前方煤壁、支架、采空区冒落矸石作用下达到新的平衡。图 1－12 为中厚煤层开采后岩层运动动态图，图中 A 为煤层支撑影响区，B 为岩层离层区，C 为重新压实区；Ⅰ、Ⅱ、Ⅲ 分别为垮落带、裂隙带与弯曲下沉带。在垮落带中，破断后的岩块呈不规则垮落，排列极不整齐，碎胀系数比较大，一般可达 1.3～1.5，但经重新压实后碎胀系数可降到 1.03 左右。此区域与开采煤层相连，通常我们称为直接顶，支架应承担这部分岩层重量。裂隙带的岩层排列整齐，往往能形成某种平衡结构。国内研究最为典型的平衡结构为裂隙带岩层相互咬合而形成的砌体梁和传递岩梁力学模型。随着工作面的推进，基本顶岩层发生回转或错动，将直接影响工作面顶板状态及支架工作阻力。弯曲下沉带的岩层在基本顶平衡结构作用下一般对采场不产生直接影响。

归纳起来，中厚煤层综采围岩活动规律有以下几个特点：

（1）直接顶随采随冒，支架应承担其重量。基本顶岩层能形成砌体梁结构和传递岩梁结构，基本顶回转通过不可压缩的直接顶对支架产生作用。

（2）基本顶周期性的回转、垮落，使工作面形成周期性的矿压显现。

为了适应基本顶岩层这种"大结构"的运动特点，有效维护安全的生产空间，人们一直致力于支架－围岩相互作用关系的研究：一是寻求支架合理的支护强度，对顶板进行有效控制；二是寻求有效的支架结构形式，达到维护顶板的目的，保证工作面不片帮、不冒顶，维护工作面安全。

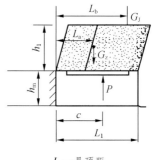

L_1—悬顶距

图 1－13 中厚煤层
开采支架工作
阻力计算模型

半个多世纪以来，人们主要根据图 1 – 13 所示力学模型来确定工作面支架工作阻力，即

$$P = \frac{G_z L_a + G_J L_b}{c} \tag{1-1}$$

式中　P——支架工作阻力；

　　　G_z——直接顶载荷；

　　　G_J——基本顶载荷；

　　　c——支架合力作用点距煤壁距离；

　　　L_a——直接顶重心与煤壁距离；

　　　L_b——基本顶载荷作用点与煤壁距离。

直接顶载荷 G_z 与其厚度有关，直接顶厚度按式（1 – 2）计算，即

$$h_z = \frac{h_m}{K_P - 1} \tag{1-2}$$

式中　h_m——采厚；

　　　h_z——直接顶厚度；

　　　K_P——直接顶冒落后的碎胀系数，一般取 1.25 ~ 1.5。

若简化认为直接顶重心、支架合力作用点与基本顶合力作用点在同一位置，即 $L_a = L_b = c$，则

$$P = G_z + G_J \tag{1-3}$$

由式（1 – 3）可以看出，支架工作阻力由直接顶载荷与基本顶载荷两部分组成。

在考虑直接顶及基本顶来压，支架工作阻力一般按下式估算，即

$$P' = n h_z \gamma$$

式中　n——基本顶来压与平时来压强度的比值，称动载系数，此处取 2；

　　　P'——支架工作阻力；

　　　γ——岩石容重。

因此

$$P' = 2\left(\frac{h_m}{K_P - 1}\right)\gamma = 2(2 \sim 4)h_m \gamma = (4 \sim 8)h_m \gamma \tag{1-4}$$

$$P = P' S_{支架} \tag{1-5}$$

式中　$S_{支架}$——支架的控顶面积。

由式（1 – 4）得到的估算结果基本可以满足中厚煤层综采所需工作阻力。但依然与实际测定结果有一定的误差，很多学者发表过大量的关于合理确定支架工作阻力的研究报告，但由于式（1 – 4）十分简单，可操作性好，而且当采高小于 3 m 时，根据式（1 – 4）计算所得支架工作阻力的安全系数都是很高的，人们对误差也是容忍的。这种容忍态度在客观上妨碍了煤矿用近代固体力学的新成就去发现传统理论基础存在的问题和研究新

的长壁工作面支架—围岩关系的力学机理，建立新的确定合理支架工作阻力的原则。

另一实用和以统计为基础的综采支架工作阻力确定方法：按基本顶来压当量 P_e 为指标，将基本顶分为Ⅰ级、Ⅱ级、Ⅲ级、Ⅳ级，其来压当量 P_e 值由基本顶初次来压步距 L_f、直接顶充填系数 N 和煤层采高 h_m 按式（1－6）确定，分级指标见表1－15。

表1－15 基本顶分级指标

基本顶级别	Ⅰ级	Ⅱ级	Ⅲ级	Ⅳ 级	
				Ⅳ$_a$	Ⅳ$_b$
分级指标	$P_e \leqslant 895$	$895 < P_e \leqslant 975$	$975 < P_e \leqslant 1075$	$1075 < P_e \leqslant 1145$	$P_e > 1145$

$$P_e = 241.31\ln L_f - 15.5N + 52.6h_m$$

Ⅰ、Ⅱ、Ⅲ、Ⅳ级基本顶支架工作阻力下限为

$$P_s = 72.3h_m + 4.5L_p + 78.9B_c - 10.24N - 62.1 \qquad (1-6)$$

式中　P_s——支架工作阻力下限；

　　　　B_c——控顶宽度，m；

　　　　L_p——基本顶周期来压步距，m；

　　　　N——直接顶充填系数；

　　　　h_m——采高，m。

对于Ⅳ级基本顶，应同时按式（1－7）验算其沿米支护强度下限，即

$$P'_s = (241.31\ln L_f + 52.6h_m - 15.5N - 455)B_c C_k \qquad (1-7)$$

式中　P'_s——额定沿米支护强度下限，kN/m；

　　　　C_k——备用系数，Ⅳ$_a$级基本顶取 $C_k = 1.2 \sim 1.3$；Ⅳ$_b$级基本顶取 $C_k = 1.4 \sim 1.6$。

由此得液压支架额定工作阻力为

$$P = \frac{P_s S_c B_c}{K_s} \qquad (1-8)$$

式中　P——液压支架工作阻力，kN；

　　　　S_c——液压支架中心距，m；

　　　　K_s——液压支架的支撑效率。

液压支架的支撑效率可根据架型和工作高度在以下范围内选择：支掩式掩护支架 $K_s = 0.65 \sim 0.75$，支顶式掩护支架 $K_s = 0.8 \sim 0.9$，支撑掩护式支架 $K_s = 0.8 \sim 0.95$，支掩式支架 $K_s = 0.9 \sim 0.96$。

由式（1－4）～式（1－8）可以看出：

综采支架工作阻力与采厚成正比，采厚越大，支架所需工作阻力越大。若综放开采按采厚计算，则支架工作阻力非常大。但实际测定表明，有的综放工作面支架载荷不高

于分层开采时支架受力,举例如下:

(1) 阳泉四矿 8312 综放工作面实测。煤层采厚 5.75 m,直接顶为 1~2 m 的黑色泥岩,基本顶为 3.12 m 的石灰岩。采用综放开采,支架型号为 ZFS4400 - 1.65/2.6,支架初撑力为 4000 kN,额定工作阻力为 4400 kN。支架工作阻力测定结果见表 1 - 16。

表 1 - 16 支架工作阻力测定结果

指 标	支架平均工作阻力 ± 均方差/kN			支架工作阻力占额定值的百分率/%		
	初撑力	时间加权阻力	循环末阻力	初撑力	时间加权阻力	循环末阻力
非周期来压期间	1040 ± 500	1444 ± 683	1829 ± 814	26	33	42
周期来压期间	1432 ± 598	2600 ± 331	3475 ± 540	36	59	79

支架支护面积为 6 m²,按式(1 - 4)计算,支架工作阻力应为 2160~4320 kN/架,但由表 1 - 24 可知,实际支架工作阻力仅为 1444~2600 kN,只达到此值的 60%~70%。

(2) 潞安王庄矿 4309 综放工作面实测。采厚 7.26 m,直接顶厚 3 m,基本顶为 12 m 的中粒砂岩。支架采用 ZFD400 - 17/30 型,初撑力为 3600 kN,额定工作阻力为 4000 kN。测定结果:支架整架平均工作阻力为 1797 kN,大部分支架载荷只是额定工作阻力的 60%,仅相当于该条件下 1~2 倍煤层厚度的重量。

(3) 扎赉诺尔灵北矿综放工作面实测。采厚为 6.6 m,煤的坚固性系数 f 为 1.6,实测初撑力为 1276 kN/架,工作阻力为 1950 kN/架。

(4) 铁法大明二矿综放工作面实测。采厚 6.5 m,煤的坚固性系数 f 为 2~3,实测初撑力为 1901 kN/架,工作阻力为 2155 kN/架,循环末阻力为 2313 kN/架。

(5) 郑州米村矿、徐州权台矿、阳泉一矿综放工作面实测。表 1 - 17 是郑州米村矿、徐州权台矿、阳泉一矿综放工作面与分层开采工作面支架载荷比较表。

表 1 - 17 综放与分层开采工作面支架载荷比较

矿 名	米村矿		权台矿	阳泉一矿	
煤层条件	软煤层			中硬煤层	
采煤方法	综 放	分 层	综 放	分 层	
采厚/m	8.5	2.8	6.4	2.8	
每架支架计算工作阻力/kN	10455	3444	9024	3948	
实测每架支架平均工作阻力/kN	2910	2990	1636	1672	

(6) 兖州矿区综放工作面实测。表 1 - 18 是兖州矿区综放工作面支架载荷实测结果。与分层开采相比,综放工作面来压强度比相同条件单一煤层和一分层工作面低。统计表明,综放工作面来压前支架工作阻力一般为 2700~3400 kN/架,来压时工作阻力一般为 3400~3800 kN/架。如 5306 综放工作面,支架工作阻力平均值为 2767 kN/架,来

压时为3629 kN/架，比相邻5301～5304四个一分层工作面支架平时平均工作阻力分别低3.7%、2.6%。

表1-18 兖州矿区综放开采支架载荷与活柱下缩量实测

矿名	工作面编号	来压类别	来压阶段	初撑力 实测值/(kN·架⁻¹)	初撑力 占额定/%	工作阻力 实测值/(kN·架⁻¹)	工作阻力 占额定/%	支护强度 实测值/kPa	支护强度 占额定/%	活柱下缩量/mm	顶板下沉量/mm	煤壁片帮/mm 平均	煤壁片帮/mm 最大
兴隆庄矿	4314	初次来压	来压前	2264	51.3	2982	57.3	420	48.2	2.5	4.3	44	
			来压时	3004	68.1	4091	78.7	530	60.9	4.7	13.6	92	500
			来压时/来压前	1.33	1.33	1.37	1.37	1.26	1.26	1.88	3.2	2.1	
		周期来压	来压前	2870	65.1	3291	63.3	428	49.1	6.93	9.98	135.2	
			来压时	3558	80.7	4045	77.8	494	56.8	15.26	22.53	211.3	1000
			来压时/来压前	1.24	1.24	1.23	1.23	1.15	1.16	2.2	2.26	1.56	
	5313	初次来压	来压前	1152	26.1	1681	32.3	280	48.4	2.77		137	600
			来压时	1972	44.7	2123	40.8	354	60.2	10.9		2.9	
			来压时/来压前	1.71	1.71	1.26	1.26	1.26	1.24	3.94		0.02	
		周期来压	来压前	1172	26.6	1836	35.3	306	35.2	2.95	3.93	149	
			来压时	2291	51.9	2531	48.7	422	48.5	5.28	8.27	185	800
			来压时/来压前	1.95	1.95	1.38	1.38	1.38	1.38	1.79	2.1	1.24	
	5306	初次来压	来压前	2287	51.9	2512	48.3	419	48.4	5.43		67	
			来压时	2706	61.4	3123	60.1	521	60.2	25.5		161	550
			来压时/来压前	1.18	1.18	1.24	1.24	1.24	1.24	4.7		2.4	
		周期来压	来压前	2351	53.3	2767	53.2	461	53	4.74	6.11	151	
			来压时	2913	66.1	3629	69.8	605	69.5	15.9	21.6	198	800
			来压时/来压前	1.24	1.24	1.31	1.31	1.31	1.31	3.35	3.53	1.31	
鲍店矿	1308	初次来压	来压前	2608	59.1	3066	58.4	365	42	1.85	2.61	36.4	433
			来压时	3191	72.4	3725	71.6	414	47.6	15.8	16.2	73	800
			来压时/来压前	1.22	1.22	1.21	1.23	1.13	1.13	8.54	6.21	2.01	1.85
		周期来压	来压前	2798	63.4	3397	65.3	557	64	92.3	13.6	68.7	540
			来压时	3577	81.1	3831	73.7	628	72.2	17.5	18.5	105	733
			来压时/来压前	1.28	1.28	1.13	1.13	1.13	1.13	0.2	1.36	1.53	1.36
东滩矿	1430上	初次来压	来压前	1758	44.4	1861	36.5	317	36.5	2.6		75	
			来压时	1760	44.6	2000	40.0	348	40	3.4		165	500
			来压时/来压前	1.00	1.00	1.07	1.10	1.10	1.10	1.31		2.2	
		周期来压	来压前	2094	53.1	2570	50.4	438	50.3	3.4		150	
			来压时	2412	61.2	3452	67.7	588	67.6	6.4		250	700
			来压时/来压前	1.15	1.15	1.34	1.34	1.34	1.34	1.88		1.67	

上述测定结果表明：

（1）综放支架载荷与采厚并非呈正比线性关系，因而按式（1-4）估算误差较大。

（2）综放支架载荷大小不仅与上位岩层运动变形有关，而且与直接顶（综放开采时即为顶煤）的整体力学性质有关，因此深入研究顶煤的力学特性对于研究综放开采支架-围岩相互关系有重要意义。

1.4.2　综放开采顶板来压及其结构特点

（1）综放开采工作面无明显周期来压。综放开采工作面顶板周期来压显现不明显，有的工作面虽有来压现象，但顶板来压强度与来压步距较综采明显减弱。

（2）综放开采顶板下沉量增大，活柱下缩量增加。

（3）综放开采支架受力一般前柱高于后柱，支架四连杆受力与普通综采有所不同。

表1-19是兖州矿区综放开采支架前、后柱工作阻力对比。从表中可以看出综放开采支架受力有以下特点：①综放工作面支架工作阻力前柱一般高于后柱；②综放工作面支架四连杆受力与普通综采有所不同。

东滩矿的实测表明，前连杆受拉力，受力范围一般在400～3500 kN之间；后连杆受压力，受力范围一般在100～1200 kN之间。米村矿"三软"煤层放顶煤工作面支架前后柱受力的实测表明，后柱与前柱受力比值大于80%的占11%～23%；比值小于50%的占27%～67%，平均为40%；比值小于30%的占42.23%，说明近一半的支架后立柱仅是前立柱受力的1/3，甚至更小。这是由于支架上方靠近采空区的顶煤破碎充分，特别是放煤时靠近采空区的侧向约束逐渐减弱，使得顶板应力向煤壁方向转移，造成了前柱受力大于后柱的情形，特别是顶煤较软时更为严重。

表1-19　兖州矿区综放开采支架前、后柱工作阻力对比

矿　名	工作面编号	来压阶段	工作阻力/kN		
			前　柱	后　柱	前柱-后柱
兴隆庄矿	5306	来压前	739	527	212
		来压时	973.5	689	284.5
鲍店矿	4314	来压前	1603.5	1482.5	121
		来压时	1830.5	1878.5	-48
兴隆庄矿	5313	来压前	1010	770.6	239.4
		来压时	1263.3	1054.2	209.1
东滩矿	143$_上$07	来压前	1186	908	278
		来压时	1354	1058	296

法国在厚度分别为12.3 m与4.5 m的放顶煤工作面进行了顶底板移近量的观测，

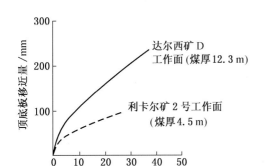

图 1－14 综放开采顶底板移近量随不同煤厚的变化情况

其测定曲线如图 1－14 所示。由图可以看出，随工作面推进，顶底板移近量变化很大，几乎呈直线增加。

（4）支护方式不同，支架的工作阻力不同，支架载荷也不同，一般为 $P_{液压} > P_{单体} > P_{摩擦} > P_{木}$。表 1－20 是邢台矿不同支护形式工作面支架阻力实测结果对照表。这种现象实际上反映了"硬支多载"的特性，从另一角度讲，支架更重要的作用是维护工作面顶板（顶煤）暂时的完整性。

表 1－20　邢台矿不同支护形式工作面支架阻力实测结果对照表

采煤方法	倾斜分层		综放	轻型综放
	顶分层	底分层		
支架形式	两柱掩护式		单输送机高位放煤	单摆杆
额定工作阻力/($kN \cdot 架^{-1}$)	3200	3200	2000	1800
采高/m	2.8	2.9	6	6.7
时间加权平均工作阻力/（$kN \cdot 架^{-1}$）　来压前	2260	2315	1405	783
来压时	1844	1837	1602	1133
动载系数	1.23	1.26	0.88	0.69

（5）综放开采围岩（顶煤、顶板）活动范围在横向与纵向加大，基本顶平衡结构向高位转移，中厚煤层中直接顶、基本顶的概念在综放开采时有所变化：

①综放开采工作面前方支承压力范围增大，峰值降低。

②顶煤强度不同，顶煤位移始动点不同，一般软煤位移始动点超前硬煤位移始动点。郑州米村矿在"三软"煤层综放工作面测定顶煤位移始动点在工作面前方 17.5 m，阳泉一矿在 8605 中硬煤层工作面测定为 9.12 m，大同忻州窑矿在硬煤工作面测定为 5 m；汾西水峪矿工作面因顶煤中有间距不等、厚度不同的夹矸层存在，顶煤冒放性差，顶煤位移始动点在工作面前方 10 m 左右。

③综放开采基本顶平衡结构将向高位转移。综放开采由于一次开采厚度大，顶板活动空间大，这样随着工作面推进，顶板将大幅下沉、回转，结构面间产生挤压变形，当挤压面应力超过其抗压强度时，将产生失稳，下位顶板冒落，碎胀后充填采空区；当采空区充填到一定程度后，碎胀矸石将对上位顶板岩层产生支撑，这样上位岩层在工作面前方煤体、支架与采空区碎胀矸石支撑作用下形成平衡结构。

上述这些新的矿压显现特点表明，综放开采围岩活动规律与单一煤层综采有所不同，应根据综放开采围岩运动特点研究顶煤、顶板活动规律，提出支架设计准则与顶煤维护准则，为综放开采的实践服务。

1.4.3 不同煤层厚度的矿压显现特点

1. 煤层厚度小于 10 m 时的矿压显现特点

1984—2003 年综放开采的煤层厚度大都小于 10 m，人们对于这类煤层综放开采的矿压显现特点的认识有以下几点共识：

（1）综放开采与单一煤层综采相比，在顶板、煤层条件、力学性质相同情况下支承压力分布范围大，峰值点前移，支承压力集中系数没有显著变化。

（2）综放工作面来压强度缓和，周期来压不明显，来压步距减小，动载系数不大，支架工作阻力不高于单一厚煤层综采工作面的工作阻力。

（3）综放工作面煤壁易发生片帮冒顶，采高越大越严重。

（4）围岩活动范围明显加大，采厚越大，围岩活动范围在工作面横向与纵向越大，但顶板岩层依然可形成平衡结构，保护工作面的安全。

（5）相似顶板条件下顶煤越厚，矿压显现越小。

2. 煤层厚度大于 10 m 时的矿压显现特点

2003 年前后，有一些煤厚大于 10 m 的矿井进行了综放开采的实践。当时由于煤机装备的快速发展和人们对于综放开采顶板活动规律的深入认识，煤炭科学研究总院提出了大采高综放开采工艺，并迅速在 10 m 以上煤层得到了应用，同时也在实践中发现这类煤层的综放工作面矿压显现与以前综放工作面相比有着明显的不同，工作面出现了矿压显现异常强烈的现象，有的工作面支架工作阻力即使达到了 13000 kN，煤壁片帮冒顶、支架顶梁损坏、四连杆损坏、底座损坏、压架挑顶的现象也时有发生。表 1-21 是部分综放工作面基本条件及矿压显现对照表，图 1-15 是某特厚煤层综放工作面工作阻力为 13000 kN 时的支架损坏实拍图。

(a) 损坏的支架

(b) 柱窝损坏

(c) 立柱压裂

(d) 底座撕开

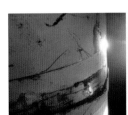

(e) 支柱爆缸   (f) 柱窝穿透   (g) 支架"压死"

图 1-15 某特厚煤层综放工作面工作阻力为 13000 kN 时的支架损坏实拍图

表 1-21 部分综放工作面基本条件及矿压显现对照表

工 作 面	屯留矿 S2202	兴隆庄矿 4326 综放工作面	华亭矿 250101	塔山矿 8102	塔山矿 8103
埋深/m	550~570	469.7~517.3	719.3	300~500	300~500
工作面长/m	200	305	201	230	230
走向长/m	2430	1410	2458	1331	2793
煤层倾角/(°)	0~14	0~11	5~8	1~3	0~3
煤厚/m	5.34~7.25, 平均 5.99	7~10, 平均 8.6	平均 18.5	11.1~31.7, 平均 19.4	12.7~26.2, 平均 18.46
采高/m	3.5	3	3	3.5	3.5
煤层坚固性系数	0.7~1.3	2.3	1~3	2~4	2~4
顶底板条件	基本顶为中砂岩，直接顶为泥岩，直接底为砂质泥岩	基本顶为中砂岩，直接顶为粉细砂岩	直接顶为粉砂岩，基本顶为中砂岩，直接底为粉砂岩	直接顶为细中砂岩，基本顶为粉砂岩，直接底为细砂岩	直接顶为煌斑岩、高岭质泥岩、粉砂岩，基本顶为砂岩，直接底为高岭质泥岩、碳质泥岩
支架型号	ZF7000/20/38	ZFS6800/18/35	ZF7500/18/35	ZF10000/25/38	ZF13000/25/38
支护强度/MPa	0.76~0.87	0.80~0.83	0.92~1.02	1.04	1.23
矿压显现特征	矿压显现缓和	矿压显现缓和	工作面于 2005 年 10 月 20 日投产，截止到 2006 年 6 月 15 日，工作面 136 架支架中有 104 架出现了不同程度焊缝开焊、连杆断裂和立柱损坏等问题，严重影响工作面的正常回采。安全阀频繁开启卸载，经常造成支架"压死"现象	工作面推至 107.7 m 时顶板发生第一次大面积来压，18~60 架安全阀开启，立柱最大下缩量达 30 cm，共有 14 根立柱压坏。工作面推进到 141.5 m 时 60~114 架安全阀开启，顶板下沉量达 80 cm，片帮深度为 1~1.2 m，88~102 架之间共有 21 根立柱被压坏	截至 2008 年 6 月 20 日，工作面共推进 1507.8m，剩余可采走向长度为 960m。自开采以来共计经过了 96 次来压，其中压力显现比较强烈的有 31 次，严重时损坏支架顶梁、四连杆、底座，压架挑顶现象时有发生

总结起来有以下几个特点：

（1）工作面超前支承压力不仅分布范围大，峰值点前移，而且支承压力集中系数也较大。

（2）矿压显现异常强烈，有的工作面每架工作阻力即便达到 13000 kN，损坏支架顶梁、四连杆等现象仍时有发生。

（3）工作面存在小大周期来压现象。小周期来压时仅局部来压，来压动载系数小，工作面矿压显现不明显；大周期来压期间矿压显现覆盖整个工作面且显现强烈。

（4）采厚越大，围岩活动范围在工作面横向和纵向越大。当煤层埋深较浅时，顶板岩层无法形成稳定的铰接平衡结构来保护工作面的安全。

可以看出，10 m 以上特厚煤层综放开采对综放开采矿压显现规律的认识和顶板活动规律的认识提出了新的课题，需要人们在原来认识的基础上深入研究这一课题，为综放支架工作阻力的确定和顶板控制建立基础性支撑。

1.5　综放采场上覆岩层结构特征研究现状

国外对于综放开采的研究体系性较差，理论研究较少，而且主要集中在为数不多的顶煤运移规律和顶煤冒放性等方面的实测研究，对顶板结构、采场矿压、顶板控制等更深层次的研究较少。我国自综放开采试行以来，对于上覆岩层活动规律进行了大量研究，取得了许多有益认识。

康立军研究员将顶板运动划分为不充分采动和充分采动两个阶段，指出不充分采动阶段基本顶周期来压主要是不规则垮落带已断裂成悬臂梁的顶板与其上部悬露的两端固支梁断裂、回转的合成或单独作用的结果，而充分采动阶段基本顶周期来压主要是规则垮落带顶板周期性断裂、回转及砌体梁失稳的结果，不充分采动阶段的周期来压强度高于充分采动阶段的周期来压强度。通过阳泉四矿综放工作面顶板运动规律研究，对顶板运动的这两个阶段作了进一步的描述。在不充分采动阶段，垮落带顶板和弯曲离层顶板的变形和断裂起始点位于煤壁前方或控顶区内，并随层位的升高向采空区方向转移；规则垮落带顶板在断裂、变形过程中可形成砌体梁式平衡结构；规则垮落带顶板和弯曲离层顶板的断裂、垮落对工作面压力显现有明显影响。在充分采动阶段，裂隙带顶板的断裂起始点位于采空区内，断裂岩块间能形成稳定的挤压平衡结构。裂隙带顶板的变形、断裂对工作面压力显现无影响。规则垮落带顶板的初始位移点和断裂起始点主要位于煤壁前方或控顶区内，断裂岩块与母体及采空区岩块间可形成砌体梁式平衡结构。

拱－梁式结构中的拱结构是动态非对称压力拱（图 1 - 16），上覆岩层的运动实质上是拱向梁的运动转换过程。拱－梁

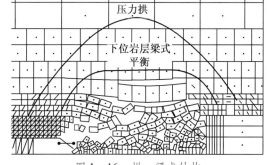

图 1 - 16　拱－梁式结构

转换的实现是以拱顶的升高为条件，初采时形成的压力拱一般是在基本顶初次来压后才运动转化为临界拱－梁结构。充分采动后压力拱不复存在。同时研究认为，基本顶岩层块体的运动同直接顶块体一样，经历了变形－离层－失稳的过程，只不过基本顶在各阶段持续的时间更长，失稳后块体排列更为规则；初次来压前，基本顶前半岩梁较后半岩梁运动具有一定的滞后性，且基本顶周期来压时不仅包括其下位岩层的周期垮落，而且包括其上位岩层的垮落；影响顶板拱－梁式结构分层运动的主要因素是顶板岩层断裂角、放煤步距、顶板岩层块体尺寸、岩体强度、顶煤厚度和采空区充填系数。

无拉应力梁式力学结构即梁式自稳结构，其力学特点是：岩梁由众多的断裂岩块组成，断裂岩块的长度具有随机性和不确定性，其值远小于通常所说的周期来压步距；岩梁自身不具有抗拉能力，但在轴向挤压力的作用下不仅能表现出承载，而且具有比一般塑性体较大的抵抗变形能力。

闫少宏研究员早期基于综放开采上覆岩块运动特点引入了有限变形力学理论，提出了高位岩层形成宏观连续的挤压拱式平衡结构。该拱随采场推进有规律地开裂，"蛇形"向前，在横向保持很好的力传递关系。其变形作用效果必然产生两种运动：一是产生自身结构面间的挤压变形运动；二是促使下位岩层的变形运动，而下位岩层以悬臂梁形式运动并通过顶煤对支架产生作用。基于有限变形力学应力速率法，提出了挤压拱内结构面稳定性的定量判别式，并根据结构面极限挤压角的概念及挤压角与层面弯矩的关系，分析了综放开采上覆岩层平衡结构向高位转移的原因。近年来，随着大采高综放开采的提出，闫少宏研究员基于大采高综放矿压显现的新特点，在原有综放开采顶煤顶板活动规律认识的基础上提出了综放开采上位岩层普遍存在组合短悬臂梁－铰接岩梁的结构模型，此模型很好地解释了有些工作面来压不明显、有些工作面来压强烈的规律，同时也很好地解释了综放开采上位直接顶、基本顶范围明显加大的原因。

西安科技大学邓广哲通过综放工作面现场实测和立体相似模拟分析，探讨了综放采场上覆岩层运动的拱结构特征及其矿压控制规律，借鉴拱壳结构力学分析手段，对综放采场上覆岩层形成拱结构从宏观上作了初步分析，认为上覆岩层形成拱结构必须具备一定的外在条件，当不能出现稳定拱脚时拱结构就失稳，同时认为拱结构的破断垮落具有突发性。张顶立等认为在煤层之上 $1 \sim 1.2M$（M 为煤层采出厚度）范围内的直接顶板垮落后可形成不稳定的"类拱"式结构，其失稳具有随机性，而在此范围以上的直接顶岩层垮落后由于回转空间小，可形成较为稳定的"类拱"式结构（图 1－17），这种"类拱"式结构随工作面的推进不断地形成和失稳，从而造成工作面周期性变化的压力显现。当采场上方存在较坚硬的直接顶时，其周期性折断并伴随"类拱"式结构的失稳，也可造成综放采场的周期来压。"类拱"式结构的跨度相对较小，直接顶周期来压步距一般不大。同时认为在综放工作面上方仍然存在着稳定的砌体梁结构，其形成的位置远离煤层，基本顶断裂和失稳的位置远离采场。在距煤层 $1.5 \sim 2M$ 范围以上岩层中如存在较坚硬的顶板岩层，则可形成稳定的砌体梁结构，如图 1－18 所示。该砌体梁结构的形成和失稳对采场无直接影响，其影响实质是回转过程中促使其下部"类拱"式结构失稳的高度增加，导致工作面来压。

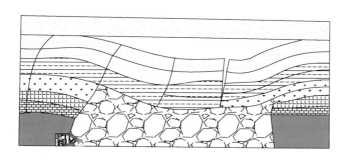

图 1-17　直接顶中的"类拱"式结构

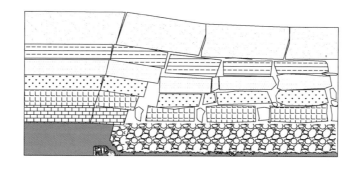

图 1-18　基本顶中的砌体梁结构

姜福兴提出了采场覆岩空间结构的概念，并根据采场不同的开采边界，认为基本顶及上方岩层破裂后将在采场周围形成"O"型、"S"型、"θ"型和"C"型 4 类三维结构，如图 1-19 至图 1-22 所示。采区与矿井范围内覆岩空间结构的形式最初是由设计阶段决定的，最终是由开采活动实现的，是随着开采阶段不断变化的；采区与矿井范围内覆岩空间结构的形式是由顶板性质、埋深、工作面和采区之间煤柱及断层煤柱等决定的，是随着开采阶段的不同而变化的。

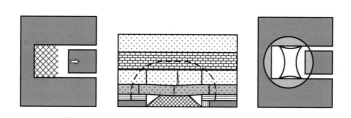

图 1-19　中间无支撑的"O"型覆岩空间结构示意图

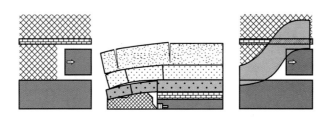

图1-20 "S"型覆岩空间结构示意图

图1-21 中间有支撑的"θ"型覆岩空间结构示意图

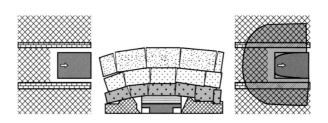

图1-22 "C"型覆岩空间结构示意图

针对采场上覆坚硬厚岩层的运动特点,史红将坚硬岩层简化为两端嵌固梁结构模型,对基本顶初次破断前坚硬厚岩层的破断规律进行了分析。利用岩层中应力场的分布,提出了坚硬厚岩层3种破坏方式的力学判断方法,并应用此方法对基本顶初次断裂形态和来压步距进行了预测。

太原理工大学贾喜荣教授基于弹性板与铰接板结构力学模型,把中厚煤层开采中采场矿压计算的分析方法推广到综放工作面顶板来压计算中。针对顶板岩层的结构特征和开采技术条件,将自身发生破断后毫无自承能力的岩层(非承载层)定义为直接顶,发生破断后虽能形成承载结构,但又不足以承担自身的全部荷重的岩层(过渡层)定义为基本顶,发生破断后完全能承担自身载荷的岩层(完全承载层)定义为顶板上覆岩层;提出了完全承载层、过渡层和非承载层的基本判据。

谢广祥教授认为在采场围岩空间存在高应力束组成的"应力壳","应力壳"中的最大主应力高于壳体内外岩层中的主应力。"应力壳"承担并传递上覆岩体荷载和压力,是最主要的承载体,其下基本顶平衡结构仅承担部分荷载。基于"应力壳"的发现及对其力学特征的分析，揭示了综放采场围岩三维力学特征的采厚效应、柱宽机制、推进速率响应，综放矿压显现趋于缓和的力学本质及有利于减缓动力灾害的作用机理。"应力壳"特征如图 1-23 和图 1-24 所示。

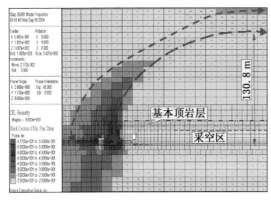 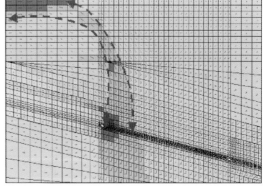

图 1-23　工作面中部沿走向围岩主应力场　　　图 1-24　工作面前方 150 m 围岩主应力场

　　此外，一些学者采用微震监测技术、相似材料模拟、数值模拟、理论分析和现场实测等方法也在综放采场矿山压力理论及顶板运动规律方面做了许多卓有成效的工作。

　　综上所述，以上研究成果都是根据当时矿压显现特征，基于梁、拱、壳模型，采用理论分析或相似（数值）模拟的手段，通过推测建立上覆岩层结构模型，然后进行现场验证得出的，且稳定的结构都在上位岩层中形成，这些结构变形、断裂对工作面压力显现无影响或影响不大。研究成果的不同之处在于研究手段、方法和切入点不同，但各结构模型的最终目的都是为了解释综放开采矿压现象，指导矿井安全高效生产。不可否认，我国学者对综放开采上覆岩层结构特征进行了深入的研究，取得了大量卓有成效的研究成果。

1.6　综放开采支架-围岩关系研究现状

　　从工作面推进方向上看，整个采场上覆岩层中邻近煤层的岩层是由煤壁—工作面液压支架—采空区冒落矸石组成的支撑体系所支撑。从垂直方向看，支架作为支护结构处于一个由围岩组成的体系中，形成了由基本顶—直接顶（包括顶煤）—支架—底板组成的相互作用的统一体系，其中支架是该体系中的主动因素，其支护效能的发挥受围岩运动状态的制约，而其工作状态又反过来影响对顶板的支护效果。因此，关于顶板运动与支架支护间的相互影响规律的研究一直深受国内外学者的重视。

　　法国 J. P. 皮凯认为作用在支架上的载荷等于支架顶梁上部煤体的重量，支架载荷不大。英国学者威尔逊提出如图 1-25 所示的支架-围岩关系，在没有考虑 Q 对支架影响的前提下给出了支架-围岩关系，即 $P = \dfrac{Wl_1}{l}$，$W = L_d h_2 \gamma$，$l_1 = \dfrac{1}{2}(L_d + h_2 \cot\alpha)$，式中

P 为支架支撑合力，W 为支架必须支撑的岩重，L_d 为控顶距，h_2 为煤层厚度，l 为 P 作用点与煤壁的距离，l_1 为 W 与煤壁的距离，Q 为基本顶对直接顶的作用力。

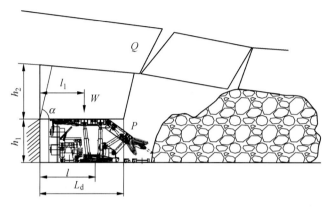

图 1－25　支架－围岩关系

20 世纪 80 年代后国外综放技术开始萎缩，90 年代只有极少数矿井使用，故国外对综放开采支架－围岩关系的研究也极少。

我国应用综放技术的矿区对综放工作面支架阻力与控顶效果、地质条件变化对支架稳定性的影响进行了广泛的现场实测，总结出了适合各矿区条件的支架选型原则和支架阻力的确定方法。同时，我国一些学者基于综放开采实践，以直接顶（含顶煤）的力学特性和稳定性为主要研究内容，以确定端面顶煤的稳定性和支架阻力之间的关系为重点，对综放采场支架－围岩关系进行了大量的研究。

钱鸣高院士根据综放开采实测结果与传统理论相差较大的问题，以砌体梁的关键块作为直接顶上部边界条件，认为支架阻力主要是砌体梁的 $S-R$ 运动引起的对直接顶的松脱体压力和回转变形压力。直接顶的变形致使砌体梁对直接顶的回转变形载荷被破碎了的直接顶（含顶煤）所吸收，从而导致了在该情况下 $P-\Delta L$ 关系中类双曲线关系不再存在。根据支架与围岩体系各组成分的力学性质和作用影响程度，建立了采场支架与围岩整体力学模型（图 1－26），为进一步研究采场支架与围岩关系奠定了基础。

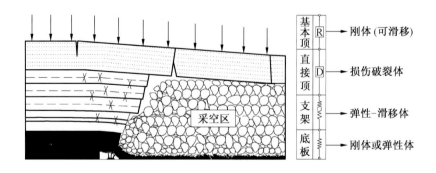

图 1－26　综放采场支架－围岩整体力学模型

随着综放技术的发展，采场整体力学模型得到了进一步的完善和应用。刘长友教授综合运用现场实测、有限元数值计算、相似材料模拟方法，深入研究了采场直接顶的整体力学特性及其对支架－围岩关系的影响。通过把直接顶视为可变形体，研究了直接顶的变形破坏特征、直接顶的结构力学特征和刚度特征，给出了直接顶刚度的计算方法，并根据采场"四边形"直接顶的刚度特征，将直接顶划分为似刚性、似零刚性和中间型刚度 3 类。当直接顶刚度为零刚性时，支架处于"给定载荷"或"限定载荷"工作状态；当直接顶刚度为似刚性时，支架处于"给定变形"工作状态；当直接顶刚度为中间型刚度时，$P - \Delta L$ 曲线呈典型双曲线关系；当直接顶刚度为似零刚度时，合理工作阻力的确定主要取决于它对端面稳定性的影响。

针对直接顶（含顶煤）厚度的变化也是影响直接顶承载特性的重要因素，曹胜根教授提出了直接顶临界高度的概念，认为当直接顶厚度超过临界厚度时，$P - \Delta L$ 的双曲线非常平缓，即支护阻力与基本顶回转角的改变对顶板下沉量的影响很小。

史元伟研究员提出并分析了直接顶临界厚度及其影响因素，认为如果临界厚度大于实际厚度，或工作面前方直接顶进入塑性区，则进入控顶区后将失去抗弯承载能力，工作面支架－围岩力学关系将发生显著变化。反之，则将保持一定的变形能力。

方新秋博士通过离散元软件模拟研究了支架架型对端面顶板稳定性的影响，认为软煤条件下最重要的是控制端面距，端面距必须严格控制在极限端面距内；中硬煤条件下极限端面距较大，端面距与支架工作阻力应合理搭配；硬煤则应以提高顶煤冒放性为研究重点。

黄侃博士在研究软煤层开采中支架与围岩力学作用关系时发现，提高支架工作阻力可以缩小端面顶煤内最小主应力的拉应力范围，提高端面煤体的自承能力，限制顶煤位移及破坏。但支架工作阻力的增大，对改善端面无支护区的下沉量作用是有限的。太原理工大学靳钟铭教授认为："两硬"条件下综放工作面既保持了坚硬顶板的显现特征，又具有综放工作面顶煤垫层作用下的显现特征，支架合理工作阻力应以悬梁力学模型为基础，用垫层效应系数来修正。

中国矿业大学吴健教授认为传统的矿山压力理论无法解释综放开采的支架—围岩相互作用关系，工作面支架—围岩关系中起重要作用的支架主要参数为支架垂直支撑力、支架水平支撑力、支架合力作用点与煤壁的距离和端面距。这些参数的影响有的十分明显，有的在交互作用时方能表现出影响显著性。

杨培举博士认为综放工作面支架与围岩相互作用系统的核心就是支架与顶煤的相互作用。硬煤条件下，直接顶的回转变形受支架与顶煤系统的作用，其下层面回转角度一般小于基本顶回转角度；而在中硬煤和软煤条件下，直接顶可等值传递基本顶的回转变形给顶煤与支架系统。通过把直接顶作为支架顶煤系统的上部边界，建立了反映两柱掩护式综放支架与围岩作用关系的力学模型。

姜福兴等认为特厚煤层综放工作面正常推进过程中工作面支架为"给定载荷"状态，

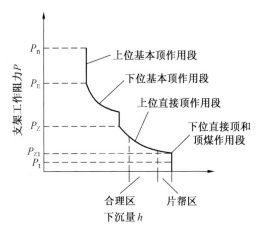

P_t—顶煤作用力；P_{Z1}—下位直接顶作用力；

P_{Z2}—上位直接顶作用力；P_E—下位基本

顶作用力；P_n—上位直接顶作用力

图1－27　特厚煤层综放工作面

支架－围岩关系曲线

即支架承担全部厚度的顶煤作用力、全部厚度下位直接顶岩层的作用力和部分上位直接顶岩－矸结构的部分作用力。支架工作阻力与上覆岩层下沉量的关系如图1－27所示，支架工作阻力与上覆岩层下沉量呈双曲线关系，当上覆岩层下沉量较大时，工作面煤壁易形成片帮区；上覆岩层下沉量较小时，虽然有利于控制片帮，但需要的支架阻力增大。

康立军研究员认为综放支架与顶板之间的相互作用是通过顶煤实现的，顶煤的力学性质、破坏特征和采出率直接影响顶板的运动、冒落特征、顶板运动对支架的作用效果和作用方式，同时，支架与顶板的相互作用又促进了顶煤变形和破裂的发展。

毛德兵研究员在综放开采支架与顶煤相互作用关系分析的基础上，利用顶煤残余强度变化规律解释了国内综放开采支架阻力的不唯一性，提出了综放工作面支架阻力确定的基本原则。

闫少宏研究员认为，在大采高综放开采条件下，大范围顶板岩层的下沉运动将使控顶区的顶煤在垂直方向产生压缩，在水平方向上产生位移，最后形成可完全传递顶板变形压力的似刚性顶煤体。

总结上述关于综放支架与围岩相互作用关系的主要研究成果，可以得到如下一般性规律：

（1）顶煤是综放支架与围岩相互作用系统的"核心"。

（2）顶煤的变形特性与回收对上覆岩层运动规律和结构特征将产生明显影响。

（3）上覆岩层在高位仍可形成某种结构，对工作面安全形成保护，综放支架的作用就要适应和保护这种动态平衡结构的稳定，从而保证工作面的作业安全。

采场支架－围岩关系的研究为综放支架设计与选型、改善支架－围岩状况和有效控制顶板（包括顶煤）提供了理论依据，同时也为综放开采支架－围岩相互作用关系的进一步研究奠定了基础。此外，综放采场支架－围岩关系的研究使综放开采技术成为一项具有中国特色的高产高效采煤方法，引领世界厚煤层开采技术水平。当然，采场支架－围岩关系理论的研究也是一个不断发展的课题，随着工程实践和理论研究的深入会逐渐由定性化过渡到定量化。

1.7　综放支架工作阻力的确定

液压支架的工作阻力是采场支护的重要参数之一，对矿压控制有着重要的影响，因而国内外学者都十分重视对它的研究。液压支架工作阻力的确定方法较多，较常用的有岩石自重法、工程类别法、数值模拟法及根据支架－围岩关系的理论分析成果建立力学模型来求解支架工作阻力的方法等。

英国的威尔逊、捷克的鲁包密尔－希斯卡、奥地利的哈卜尼希、法国的 J. F. 拉富克斯及苏联巴斯煤科院奥尔洛夫等采用不同手段和方法给出了支架工作阻力公式，但这些公式多是基于综采工作面提出的，而针对综放支架工作阻力的确定方法在国外文献中几乎未提及。由于综放工作面支架担负着工作面支护、设备推（拉）移的功能，是保证工作面安全开采的重要设备，因此自国内进行综放开采以来，支架工作阻力的确定一直是综放工作面设备选型中最主要的问题之一，在综放开采技术研究过程中形成了多种计算方法。

于海湧教授从综放工作面存在的实际问题出发，以现场观测和相似模拟为基础，建立了顶煤垮落前的力学模型；利用块体力学计算出综放支架顶梁所受到的外力，利用松散介质力学分析了综放支架掩护梁上所承受的外力，提出了计算支架合理工作阻力的方法和具体公式。王庆康认为大于 $2 \sim 2.5M$ 的岩层运动对支架没有影响，需要通过考虑附加载荷的影响来确定支架的工作阻力。靳钟铭教授认为支架工作阻力应考虑 3 部分，即顶煤和直接顶重量、基本顶活动的动载荷及冒落矸石重量，此外还应该考虑 $1.5 \sim 2$ 的安全系数。张顶立提出了综放支架的载荷由松脱体压力和基本顶回转变形压力所确定，并给出了积分表达式。史元伟基于对顶煤自承能力的认识，把直接顶（包括顶煤）分为全穿透型和半穿透型两种类型，并分别给出了确定初撑力及额定工作阻力的公式。刘长友认为直接顶为可变形体，并建立了采场直接顶为似刚性、似零刚性和中间型刚度条件下采场支架围岩的整体力学模型，并给出了确定支架阻力的方法。杨培举在两柱掩护式综放支架与围岩作用关系力学模型基础上，给出了不同硬度煤层条件下两柱掩护式综放支架合理工作阻力的计算方法。康立军研究员认为顶煤的承载能力受主控破裂带的产状及力学性质控制，提出了中硬及中硬以下顶煤综放支架外载及工作阻力的计算方法和计算公式。毛德兵研究员通过分析综放支架支护强度确定方法存在的问题，认为相对于其他方法，数值模拟分析法是确定支架合理工作阻力的最有效方法。闫少宏研究员早期运用损伤力学研究了顶煤的破裂过程，认为支架承受上覆岩层的外载等于促使顶煤在竖直方向变形的压力，并给出了定量的计算公式；随后，闫少宏、毛德兵等研究员提出了综放开采支架工作阻力理论计算公式中参数确定的反分析数值模拟法，再据现场实测结果，统计回归得出了较为实用的支架工作阻力计算公式。近年来，随着大采高综放开采的提出，闫少宏研究员通过理论分析提出了大采高综放开采组合短悬臂梁－铰接岩梁结构模型，并给出了综放支架所受载荷的解析计算式。

综上所述，确定综放工作面支架工作阻力的方法主要有以下三种：

（1）建立在支架工作阻力构成分析基础之上的顶板结构分析估算法。

（2）建立在支架与围岩相互作用关系基础之上的数值模拟分析方法。

（3）工程类比法。

这三种方法各有优缺点，应相互借鉴并根据大量实测数据确定相关参数。

2 综放开采顶煤与顶板运移规律实测研究

综放开采顶煤运移经历了裂隙的产生、张开、闭合、放出等复杂过程，认识这一过程，掌握顶煤运移规律，对于研究顶煤在外力作用下的变形、破坏发展过程，从而研究顶煤的可放性、顶煤的控制、顶煤的采出率、支架－围岩相互作用关系等都有非常重要的意义。在最早试验综放开采的法国布朗基煤田，人们就进行了现场顶煤运移的观测，得到了很多启发。我国自引进综放开采技术以来，许多专家学者非常重视顶煤运移规律的研究，采用现场实测、理论分析与有限元数值模拟相结合的方法，取得了许多重要认识。

煤层与顶板条件不同，顶煤运移规律就不同，即使顶板条件相似，但如果煤层厚度、坚固性系数、节理裂隙发育程度不同，其顶煤运移规律也不相同。另外，支架类型、放煤工艺等也不同程度地影响着顶煤运移与冒放规律。我国有的学者根据煤层坚固性系数 f 和放采比 $\eta\left(\eta=\dfrac{h_f}{h_m},\ h_f\ 为放煤高度，h_m\ 为割煤高度\right)$ 将综放开采的煤层进行了分类，其分类情况见表 2 – 1 和表 2 – 2。

表 2 – 1　按煤的坚固性系数划分煤层

煤类型	软　煤	中硬煤	硬　煤
坚固性系数 f	$f < 1$	$1 \leqslant f \leqslant 2.5$	$f > 2.5$

表 2 – 2　按放采比划分煤层

类　型	软薄厚煤层	厚煤层	特厚煤层
放采比 η	$\eta < 1$	$1 \leqslant \eta \leqslant 3$	$\eta > 3$

综放开采顶煤运移实测采用深孔测点跟踪法。在工作面回风巷不同层位顶煤与顶板中布置钻孔，置入带有细钢丝的逆止爪或压缩木，每天测定外露于巷道中的钢丝量，用前一天的外露量减去当天的外露量便可计算出当天随工作面推进顶煤与顶板不同层位距离工作面煤壁不同位置的位移。

针对不同条件，分别进行了"三软"煤层、中硬煤层、含夹矸煤层、硬煤层的顶煤与顶板运移现场实测，并对不同条件的实测结果进行了比较分析。

2.1 郑州米村矿15011综放工作面顶煤与顶板运移实测

2.1.1 地质条件

2.1.1.1 工作面位置、顶煤及顶底板赋存条件

米村矿15011综放工作面位于15采区最西部，工作面左侧为13采空区，右侧为已采工作面。综放工作面与15回风上山平行，相距26 m，煤层埋藏深度为130～160 m，工作面位置如图2-1所示。

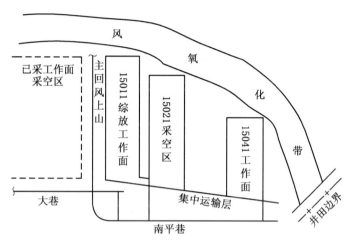

图2-1 15011综放工作面位置图

15011综放工作面煤层厚3.5～14.6 m，平均厚8.4 m；煤层坚固性系数 f 为0.3～0.5，属软煤；煤的视密度为1.4 t/m³；伪顶为碳质泥岩，厚0.3～0.8 m，易于冒顶；直接顶为Ⅰ级不稳定性的风化泥岩，中下部为砂质泥岩，厚3.6～8 m，平均厚5.8 m；基本顶为中粒砂岩，厚4.9～15.7 m，平均厚10.3 m；煤层底板为砂质泥岩，平均厚4.1 m。煤层综合柱状图如图2-2所示。

2.1.1.2 地质构造

15采区受向斜的影响，煤层底板产状变化较大，一般走向160°～180°，倾向南西，倾角3°～8°。总体上看，工作面地质构造比较简单，没有大的断裂构造发生，只在工作面的中部及上部发育有两个短轴向斜。

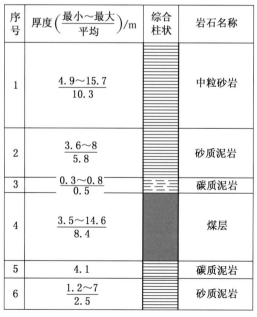

序号	厚度（最小～最大/平均）/m	综合柱状	岩石名称
1	4.9～15.7 / 10.3		中粒砂岩
2	3.6～8 / 5.8		砂质泥岩
3	0.3～0.8 / 0.5		碳质泥岩
4	3.5～14.6 / 8.4		煤层
5	4.1		碳质泥岩
6	1.2～7 / 2.5		砂质泥岩

图2-2 15011综放工作面煤层柱状图

2.1.2 开采条件

工作面采用倾斜长壁后退式综放开采，全部垮落法管理顶板。工作面长 78 m，俯采长 795 m，采厚为 8.4 m，其中割煤高度为 2.5 m，放煤高度为 5.9 m，采放比为 1∶2.36。

选用 ZFS4400－19/28 型放顶煤支架，采煤机为 ML3P－170 型双滚筒采煤机，前部刮板输送机为 SGD－630/220 型，后部刮板输送机为 SGD－630/150C 型。

2.1.3 观测方法

顶煤与顶板运移观测采用深孔测点跟踪法。在顶煤、顶板中钻孔径为 75 mm 的深孔，将优质水曲柳制作好的压缩木安装在设计的顶煤、顶板位置，当顶煤和顶板发生位移时带动压缩木及引线一起移动。每天按工作面生产循环测量标志点发生的位移量，这样可观测顶煤与顶板的位移变化情况。

在回风巷侧共布置三个测站（图 2－3 和图 2－4），每个测站观测范围为 28 m，三个测站观测范围为 84 m。

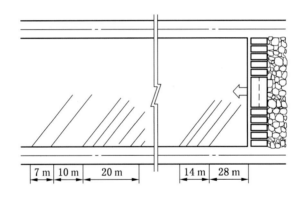

图 2－3 压缩木测点水平布置图

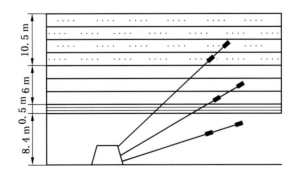

图 2－4 压缩木测点剖面布置图

2.1.4 顶煤与顶板运移实测结果分析

表 2－3 和图 2－5 是米村矿 15011 综放工作面顶煤位移实测数据和位移曲线。

表 2 - 3　米村矿 15011 综放工作面顶煤位移实测结果

距煤壁距离/m		17.95	13.7	12.34	8	6	4	2	0	−2	−4	−6	−8
h = 5 m	位移总量/mm			20	14.5	19.5	30	57	126	845			
	位移增量/mm				5	10.5	27	69	719				
	位移速度/(mm·m^{-1})					5.25	13.5	34.5	359.5				
h = 6 m	位移总量/mm		5		39.8	87.75	115.25	137.75	450.25	1046.5	1905.75	2592	3814
	位移增量/mm					47.95	27.5	22.5	312.5	596.25	859.25	686.25	1222
	位移速度/(mm·m^{-1})					23.97	13.75	11.25	156.25	298.12	429.62	343.12	611
h = 7 m	位移总量/mm	10			31	43	236.5	777.5	1740	2462.5	3085	3317.5	5840
	位移增量/mm					11	193.5	541	962.5	722.5	622.5	232.5	2522.5
	位移速度/(mm·m^{-1})					5.5	96.75	270.5	481.25	361.25	311.25	116.25	1261.25

注：h 为距巷道底板距离。

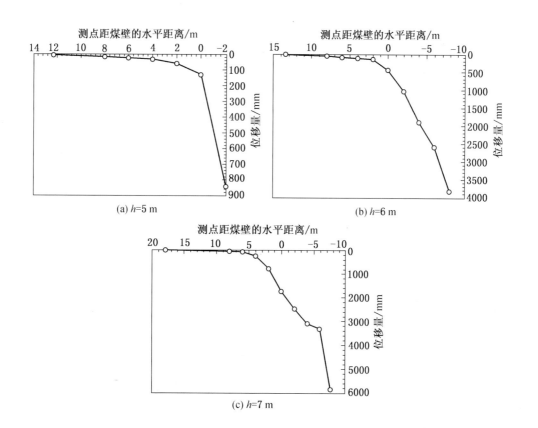

(a) h=5 m

(b) h=6 m

(c) h=7 m

图 2 - 5　米村矿 15011 综放工作面顶煤位移曲线

由图 2 - 5 可知：

（1）距巷道底板 5 m 的顶煤位移始动点距煤壁 12.34 m，距煤壁 8 m 处、6 m 处、4 m 处、2 m 处、煤壁处、煤壁后方 2 m 处的顶煤位移分别为 14.5 mm、19.5 mm、30 mm、57 mm、126 mm、845 mm。测点越靠近煤壁，顶煤的累积位移量越大。

（2）距巷道底板 6 m、7 m 的顶煤位移始动点距煤壁分别为 13.7 m 和 17.95 m。不同顶煤高度的测点其顶煤始动点不同。高度越高，始动点越早，大体形成大于 90°的顶煤垮落角。从表 2 － 3 可知，顶煤位移量随煤壁的靠近而逐渐增大，但距煤壁一定距离时顶煤位移速度增加较快，h 为 5 m 的测点，在 2 ～ 0 m 区间，位移累积量急剧增大，而 h 为 6 m、7 m 时，顶煤位移总量急剧增大的范围分别在距煤壁 4 ～ 2 m、6 ～ 4 m 处，其位移总量分别达到 137.75 mm、236.5 mm。在煤壁附近，顶煤位移总量继续增大，而且位移增量和位移速度也都很大（超过 100 mm），在 5 m、6 m、7 m 三个不同高度的顶煤位移总量分别为 126 mm、450.25 mm、1740 mm，形成上大下小的松动膨胀区（大致为一扇形）。在松动膨胀范围内，顶煤被裂隙切割成形状不同的碎块体，且块与块之间裂缝宽度较大，组成相互制约、相互作用的松动膨胀体。这种松动膨胀体一旦失去约束作用便发生移动和冒落，在工作面端面易造成冒顶和片帮事故，特别是端面距大时更是如此。在支架上方，松动膨胀范围进一步扩大，如在煤壁后方 － 2 m 处，h 为 5 m、6 m、7 m 的位移总量分别为 845 mm、1046.5 mm、2462.5 mm，位移增量分别为 0 mm、596.25 mm、722.5 mm。在此范围内位移速度是很大的，顶煤的变形也是很大的。因此，在支架上方形成了松动膨胀层，顶板载荷不能全部传递到支架上，一部分载荷转移到煤体深部。由于在支架上方顶煤形成了松动膨胀层，增加了控制顶煤稳定和防止漏顶的难度，必须考虑合理的支架架型及合理的采煤工艺。

（3）从整体上看，顶煤开始移动时裂隙不是上下贯通的，而是随工作面不断推进的。不断放煤导致裂隙逐渐张开，同时又有新的裂隙产生。在工作面煤壁附近，顶煤裂隙基本达到上下贯通。顶煤的变形膨胀范围由小到大，形成上大下小的状态，大致为一扇形，顶煤的滑落角大于 90°（实测为 130°左右）。

（4）从观测结果看，除自然条件影响顶煤移动程度外，每循环的放煤量也是影响顶煤移动十分重要的因素。放煤量的充分与否，直接影响顶煤裂隙发育的程度。最佳的放煤量是很重要的，既不放空到支架上方，又要最大限度放出顶煤。

（5）从软煤移动和滑落看，在放煤口附近，顶煤由整体到碎块体最后发展到散粒体。

表 2 － 4 和图 2 － 6 是距煤层底板距离为 9 m、10 m、15 m 的下位顶板的位移实测结果与位移曲线。

表 2 － 4　米村矿 15011 综放工作面顶板位移实测结果

	距煤壁距离/m	8	6	4	2	0	－2	－4	－6	－8
$h = 9$ m	位移总量/mm	34	54.25	83.75	172.63	500	1013.2	1796.5	2666	3000
	位移增量/mm		20.25	29.5	88.88	327.37	515.25	783.25	869.5	334
	位移速度/$(mm \cdot m^{-1})$		10.13	14.75	44.44	163.69	256.63	391.63	434.75	167

表2-4（续）

距煤壁距离/m		8	6	4	2	0	-2	-4	-6	-8
h=10 m	位移总量/mm	82	333	800	1066.6	1200	1666.7	2490	2599.9	3733.3
	位移增量/mm		1305	236	129.5	240	583.34	386.66	90	573.6
	位移速度/(mm·m⁻¹)		65.25	118	64.75	120	291.67	193.33	45	286.58
h=15 m	位移总量/mm	25	311	644	1000	1200	1288	1400	1300	1510
	位移增量/mm		286	333	356	200	88	122	-100	210
	位移速度/(mm·m⁻¹)		143	166.5	178	100	44	56	-50	105

从表2-4及图2-6中可看出：

（1）h 为 9 m、10 m、15 m 的顶板位移始动点分别在煤壁前方 13.45 m、14.14 m、17.1 m。随高度增加，位移始动点距煤壁变远。

（2）越靠近煤壁，顶板位移总量逐渐增加，而在煤壁后方，位移增量逐渐减少，特别是层位越高，增量越小。在煤壁前方，h 为 9 m、10 m、15 m 的顶板距煤壁 6 m 时位移总量分别为 54.25 mm、333 mm、311 mm，形成一个大于 90° 的滑动曲面。在煤壁上方的位移总量分别达到 500 mm、1200 mm、1200 mm，膨胀量是较大的。h 为 7 m 的顶煤与 h 为 9 m 的顶板位移总量比较，顶煤从煤壁前方 4 m 到煤壁处，位移总量分别为 236.5 mm、777.5 mm（$L=2$ m）、1740 mm（$L=0$ m），而 h 为 9 m 的顶板在这三个距离的位移总量分别为 83.75 mm、172.63 mm、500 mm，均小于顶煤位移总量，滞后于顶煤位移位置，说明顶煤从 4 m 处开始发生离层和错动。h 为 15 m 处为基本顶位置，在距煤壁 17.1 m 处开始移动，在距煤壁 2 m 的增量减少。在煤壁后方 6 m 出现负值，说明基本顶发生转动。h 为 15 m 的顶板从整体上看，随顶煤的移动而发生移动，由于顶煤在煤壁附近范围内形成了较大的松动膨胀层，具有

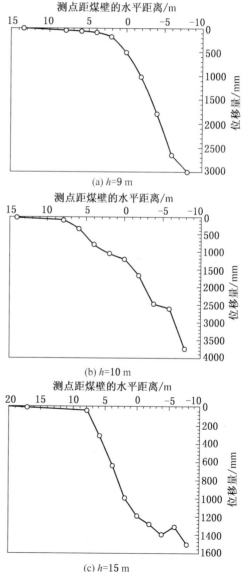

图2-6 距巷道底板距离为 9 m、10 m、15 m 时顶板位移曲线

很大的可塑性。因此顶煤的较大变形影响了顶板,影响高度超过15 m左右。在大于15 m高处形成了较大的挤压拱,前拱脚点距煤壁17 m左右处,工作面处于这个较大挤压拱范围之内。

研究认为,煤壁前不同层位测点的实测位移总量与其距煤壁距离呈相关指数关系。

h 为 5 m 时

$$S = 245.76 \times 0.7825^{L+2}$$

h 为 6 m 时

$$S = 4592.83 \times 0.74^{L+8}$$

h 为 7 m 时

$$S = 7657 \times 0.75^{L+8}$$

式中 h——距巷道底板距离,m;

   S——位移总量,mm;

   L——距工作面煤壁距离,m。

综合分析顶煤与顶板运移实测结果可知:

(1) 距巷道底板5 m、6 m、7 m的顶煤位移始动点距煤壁12.34 m、13.7 m、17.95 m,距巷道底板9 m、10 m、15 m的顶板位移始动点分别在煤壁前方13.45 m、14.14 m、17.1 m,说明顶煤、顶板在煤壁前方位移始动点都远离煤壁,同时也说明综放开采顶板活动范围在工作面走向方向较中厚煤层开采大。

(2) 在煤壁前方范围(6 m、18 m)内,距巷道底板9 m、10 m的顶板没有发生离层,同步联合运动;而距巷道底板15 m的顶板与之发生离层;在(-3 m、6 m)的范围内,距巷道底板9 m、10 m、15 m的顶板也无离层现象,呈联合运动状态,需要说明,距巷道底板10 m的顶板和距巷道底板15 m的顶板虽有位移差,但很微弱,考虑到岩层张开裂隙位移,可认为两者之间无离层现象;在(-3 m、-8 m)范围内,距巷道底板9 m、10 m的顶板继续呈同步联合下沉,而与距巷道底板15 m的顶板发生离层。因此,上位复合顶板存在离层、闭合、再离层的转化过程。

(3) 根据顶煤的运动曲线,可将顶煤分为几个区域,距巷道底板5 m的顶煤可分为(2 m,+∞)、(2 m,-2 m)、(-2 m,-∞)三个区域,距巷道底板6 m的顶煤可分为(4 m,+∞)、(4 m,-2 m)、(-2 m,-∞)三个区域,距巷道底板7 m的顶煤可分为(4 m,+∞)、(4 m,-2 m)、(-2 m,-∞)三个区域,取平均值,顶煤三个有位移特征的区域为(+3.3 m,+∞)、(3.3 m,-2 m)、(-2 m,-∞),因此在工作面前3.3 m、后2 m处基本是顶煤有位移特征的分界点。

2.2 郑州米村矿15051综放工作面顶煤与顶板运移实测

2.2.1 综放工作面地质条件及开采条件

15051综放工作面倾斜长度128 m,可采长度为690 m,工作面标高为+45～

+125 m，地面标高为 +235 ~ +252 m。

该工作面开采二₁煤层，煤层坚固性系数 f 为 0.3 ~ 0.5，属软煤，工作面上部靠近风氧化带。煤层厚度变化较大，为 5.2 ~ 24.5 m，平均厚 10.5 m。

直接顶为砂质泥岩，基本顶为粗砂岩。回风巷沿倾斜方向的剖面图如图 2 - 7 所示。

工作面采用倾斜长壁采煤法，综合机械化放顶煤一次采全高，全部垮落法管理顶板。

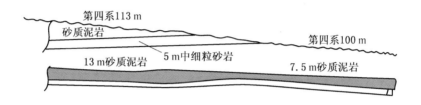

图 2 - 7 上风巷沿倾斜方向的剖面图

2.2.2 观测方法与测站布置

2.2.2.1 观测方法

在工作面回风巷向工作面顶煤顶板布置距巷道底板不同层位的深基孔，装入压缩木，利用压缩木钢丝引线的变化来测定不同层位顶板、顶煤位移随工作面推进的变化情况。

2.2.2.2 测站布置

沿工作面推进方向，在回风巷距开切眼 51 m 范围内布置 4 个钻孔，共装置 10 个压缩木来测定距巷道底板不同层位顶板与顶煤随工作面推进的位移情况。

图 2 - 8 是测站布置图，图 2 - 9 是测站钻孔参数。

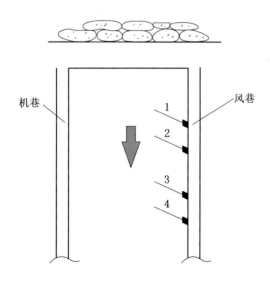

图 2 - 8 测站布置图

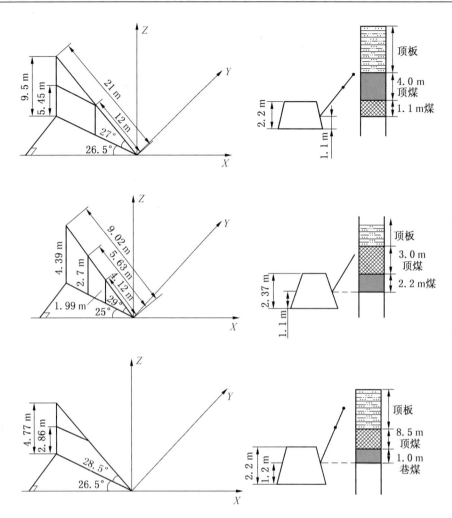

图 2-9　测站钻孔参数

表 2-5 和图 2-10 是距巷道底板为 4.06 m、6.45 m、10.6 m 时顶煤、顶板位移实测结果与位移曲线。将所测数据予以回归，可得到不同的指数关系式。

h 为 4.06 m 时

$$S = 1957 \times 0.8^{L+4}$$

h 为 6.45 m 时

$$S = 543 \times 0.97^{L+3}$$

h 为 10.6 m 时

$$S = 1653 \times 0.79^{L+5}$$

分析所测结果，可以看出：

（1）距巷道底板 4.06 m 的顶煤与距巷道底板 6.45 m、10.6 m 的顶板的位移始动点在煤壁前方 24 m、20 m、17 m 处，说明此开采条件下顶煤与顶板位移始动点都远离工作面。

表 2-5　米村矿 15051 综放工作面不同层位测点位移量实测结果

距煤壁距离/m		18	17	16	14	10	6	4	2	0	−1	−2	−4	−6
h = 4.06 m	位移总量/mm			60	110	216		306	320	345		360	440	
	位移增量/mm			60	50	106		90	14	25		15	80	
	位移速度/(mm·m⁻¹)			15	25	265		15	7	12.5		7.5	40	
h = 6.45 m	位移总量/mm	55			160	276	370		500			545		
	位移增量/mm	55			105	116	94		130			45		
	位移速度/(mm·m⁻¹)	18.33			26.25	29	23.5		32.5			15		
h = 10.06 m	位移总量/mm				340		480		500		700		710	730
	位移增量/mm				340		140		20		200		10	20
	位移速度/(mm·m⁻¹)				113		17.5		5		66.67		3.3	5

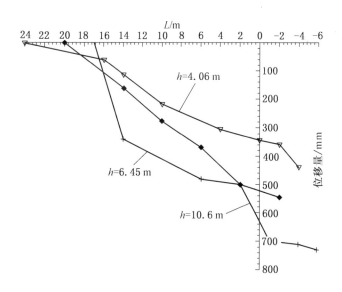

图 2-10　米村矿 15051 综放工作面顶煤、顶板位移曲线

（2）距巷道底板 4.06 m 的顶煤位移变化有三个阶段特征，在（24 m，4 m）区域位移增长幅度不大，在（4 m，−4 m）区域位移增长幅度很大，在（−4 m，−∞）区域位移迅速增大，发生破坏垮落。

2.3　阳泉 15 号煤层综放工作面顶煤与顶板运移实测

2.3.1　工作面地质条件

2.3.1.1　工作面位置、顶煤及顶底板赋存条件

阳泉 15 号煤层 8603 综放工作面位于北丈八井比翼六采区，东邻上层已回采的 8604

工作面，西邻已采完的8605工作面，北连未采的8805工作面，南与未采的8109工作面相邻。工作面巷道布置系统图如图2－11所示。

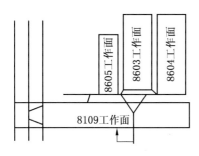

图2－11　8603综放工作面
巷道布置系统图

15号煤层厚度为5.4～7.93 m，平均厚6.38 m；煤层中含有两层夹石，顶层夹石较稳定，厚度为0.2～0.3 m，下部夹石分布不稳定，厚度为0～1 m；煤层坚固性系数 $f = 2 \sim 3$，属中硬煤层；煤的视密度为1.4 t/m³。直接顶为黑色页岩，碳化程度高，厚度为0.55～3.15 m，平均厚1.5 m左右。基本顶为深灰色石灰岩与钙质页岩，岩性坚硬，呈互层状岩性，厚度在8～12 m。直接底为深色砂质页岩，岩质坚硬，厚2～6 m，平均厚2.8 m。

2.3.1.2　地质构造

工作面地质构造较为简单，煤层起伏变化不大，从总体上看，中部为一倾伏背斜，轴向为北60°东。在工作面北部为单斜构造。煤层走向为东西向，倾斜北东，倾角为3°～7°，平均为5°。

2.3.2　工作面开采条件

工作面采用走向长壁后退式综放开采，一次采全高，全部垮落法管理顶板。工作面倾斜长为116 m，走向长为861 m，采厚为6.38 m，割煤高度为2.5 m，放煤高度为3.88 m，采放比为1:1.55。

工作面布置77架 ZFS4400 -1.65/2.6 型液压支架及2架 ZTG6000 -1.75/2.7 型过渡支架，采煤机为 KGS -320/B 型，前部刮板输送机为 SGW -150C 型，后部刮板输送机为 SGW150c 型。

2.3.3　测点布置

顶煤与顶板移动观测采用深孔测点跟踪法，在回风巷共布置2个测站，测站水平布置图如图2－12所示。

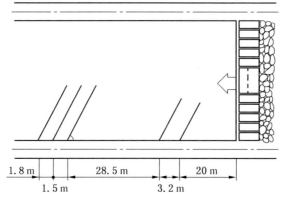

1.8 m　　28.5 m　　20 m
1.5 m　　3.2 m

图2－12　8603综放工作面测站水平布置图

2.3.4 顶煤、顶板活动特征分析

采用深孔测点跟踪法测量顶煤及顶板位移，其中在顶煤中布置两个层位，距巷道底板分别为 5 m、6 m。在顶板中布置两个层位，距煤层底板分别为 8 m、11 m，所测得的顶煤位移结果见表 2-6，位移曲线如图 2-13 所示，所测得的顶板位移结果见表 2-7，累积位移曲线如图 2-14 所示。

表 2-6   8603 综放工作面顶煤位移实测结果

距煤壁距离/m		9.12	6.47	6	4	2	0	-2	-4	-6
$h = 5$ m	位移总量/mm		10	15	22.26	33.52	63.46	104.41	494.51	600
	位移增量/mm					11.26	29.94	40.96	390.1	105.49
	位移速度/(mm·m^{-1})					5.63	14.97	20.48	195.05	52.74
$h = 6$ m	位移总量/mm	10		23.34	36.45	54.57	81.81	133.61	225.54	581.48
	位移增量/mm				13.11	18.12	27.24	51.8	91.93	355.94
	位移速度/(mm·m^{-1})				6.55	9.06	13.62	25.9	45.96	177.97

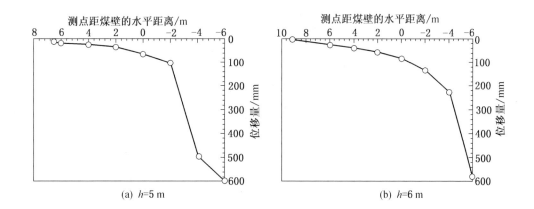

(a) $h=5$ m   (b) $h=6$ m

图 2-13   8603 综放工作面顶煤位移曲线

表 2-7   8603 综放工作面顶板位移实测结果

距煤壁距离/m		4	2	0	-2	-4	-6	-8
$h = 8$ m	位移总量/mm	28.59	35.98	45.26	66.45	119.16	218.78	280.81
	位移增量/mm		7.39	9.28	21.19	52.71	99.62	62.03
	位移速度/(mm·m^{-1})		3.69	4.64	10.59	26.35	49.81	31.02
$h = 11$ m	位移总量/mm	19.05	28.58	34.29	41.91	59.05	72.39	94.86
	位移增量/mm		9.53	5.71	7.62	17.14	13.34	22.47
	位移速度/(mm·m^{-1})		4.77	2.86	3.81	8.57	6.67	11.24

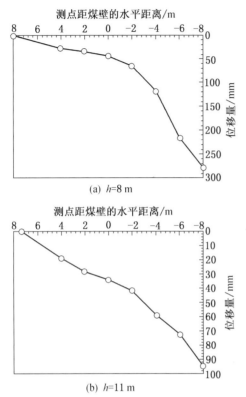

图 2 - 14　8603 综放工作面顶板位移曲线

分析表 2 - 6 及表 2 - 7、图 2 - 13、图 2 - 14 可以看出：

（1）顶煤的位移量在煤壁前方由上到下逐渐加大，但位移量不大，在煤壁处，h 为 5 m 和 6 m 的顶煤位移总量分别为 63. 46 mm 和 81. 81 mm，对架前漏顶和煤壁片帮影响不显著。

（2）支架上方顶煤有较大膨胀量，h 为 5 m 和 6 m 的顶煤的位移总量分别为 104. 41 mm、133. 61 mm。通过放煤实际效果看，当位移总量达到 100 mm（在支架切顶点处）时认为已具备放煤条件。

（3）支架后方位移增量很大，h 为 5 m、6 m 的顶煤位移增量分别为 390. 1 mm、91. 93 mm。在放煤口上方，h 为 5 m 的顶煤比 h 为 6 m 的顶煤移动速度快，位移速度分别为 195. 05 mm/m 和 45. 96 mm/m。

（4）在煤壁后方 6 m 处，h 为 6 m 的顶煤比 h 为 5 m 的顶煤位移速度快，分别为 177. 97 mm/m、52. 74 mm/m，位移增量分别为 355. 94 mm、105. 49 mm。

（5）顶板位移始动点距煤壁的距离分别为 7. 94 m、7. 4 m，随工作面的推进，顶板位移总量逐渐增大，而 h 为 8 m 的顶板（直接顶）比 h 为 11 m 的顶板（基本顶）位移总量、位移增量、位移速度要大。

（6）在工作面煤壁上方，顶板位移总量不大，分别为 45. 26 mm、34. 29 mm，说明膨胀范围较小，这主要与煤的力学性质、顶板岩性有关，由于煤的坚固性系数为 2 ~ 3，属中硬煤，在煤壁处本身变形量不大（h 为 5 m 处为 63. 46 mm，h 为 6 m 处为 81. 81 mm），因而导致顶板变形量也较小。而 h 为 11 m 的顶板在煤壁后方 8 m 处的位移总量为 94. 86 mm，滞后于 h 为 8 m 的顶板 4 m 远，大致形成小于 90°的夹角。顶板达到位移总量为 100 mm 的位置比顶煤达到该值的位置滞后 2 m，因为 h 为 6 m 的顶煤的位移总量达到该值的位置在煤壁后方 2 m。将位移总量达 100 mm 的点连线，其与采空区水平线的夹角小于 90°。

（7）h 为 6 m 的顶煤与 h 为 8 m 的顶板的位移总量比较，顶板位移总量小于顶煤位移总量，在煤壁上方相差 36. 55 mm，说明有一定的离层和滞后量。在支架上方，按增量比较，顶煤增量比顶板增量大 30. 61 mm，考虑位移为合位移，在此区间仍有一定垂直位移，说明在垂直方向有变形。在放煤口上方，顶煤位移增量比顶板位移增量大

39.22 mm，说明顶煤比顶板移动要快，二者不是同步进行。

通过对比米村与阳泉矿顶煤顶板运移实测表明：顶煤的坚固性系数不同，顶煤开始移动时距煤壁的距离也不同，煤越软，开始移动的越早，位移始动点距煤壁距离越远；煤越硬，开始移动的越晚，位移始动点距煤壁距离越短。软煤（$f<1$）位移始动点距煤壁距离为 17.95 m，中硬煤（$1<f<2.5$），位移始动点距煤壁距离为 8.94 m。在煤壁前方，软煤的位移总量远大于中硬煤的位移总量。软煤形成较大范围的松动膨胀范围，而中硬煤形成的松动膨胀范围较小。软煤的支承压力峰值要比中硬煤小，并伸向煤体纵深处。距煤壁 4 m 处，软煤位移总量达到 236.5 mm，大于 100 mm，已具备可放条件；而中硬煤在支架上方，距煤壁后方 2 m 处位移总量才达到 133.61 mm。因此，软煤的放出是大于 90°的滑落运动，中硬煤的放出是小于 90°的垮落运动。在煤壁上方，软煤不同高度位移总量分别为 1740 mm（h 为 7 m）、450.25 mm（h 为 6 m）、126 mm（h 为 5 m），中硬煤不同高度位移总量分别为 81.81 mm（h 为 6 m）、63.46 mm（h 为 5 m）。在 h 为 5 m 处，软煤位移总量是中硬煤位移总量的 2 倍；在 h 为 6 m 处，软煤位移总量是中硬煤位移总量的 5 倍左右。在工作面端面，软煤明显比中硬煤难维护，架前漏顶、煤壁片帮现象尤为突出。因此软煤综放开采工艺中限制端面距、全封闭顶板、带压及时移架、保持顶煤一定的完整性是十分重要的。在支架上方，软煤不同高度位移总量分别为 845 mm（h 为 5 m）、1046.5 mm（h 为 6 m）、2462.5 mm（h 为 7 m），中硬煤位移总量分别为 104.41 mm（h 为 5 m）、133.61 mm（h 为 6 m），软煤位移总量是中硬煤的 8 倍（h 为 5 m）和 7.8 倍（h 为 6 m）。由此看来，软煤比中硬煤在支架上方膨胀量更大。对于软煤，支架应有良好的密封性，防止架间漏煤。由于软煤支架上方顶煤比中硬煤变形大，因此软煤支架的初撑力和工作阻力比中硬煤支架的初撑力和工作阻力小些。在支架后方 2 m 范围内，h 为 6 m 时软煤和中硬煤的位移总量分别为 1905.75 mm、225.54 mm，相差 8.5 倍。因而在支架后方软煤比中硬煤更破碎，易形成颗粒状，而中硬煤则为块状体。

2.4　汾西水峪矿 7101 综放工作面顶煤与顶板运移实测

2.4.1　7101 综放工作面地质条件、开采方法及设备

7101 综放工作面东邻 7103 工作面实体煤，西为六、七采区隔离煤，南为实体煤，北为井田边界保安煤柱，工作面标高为 +728.1～+673 m，地面标高为 +1000.9～+866.1 m。

工作面回采太原组 10 号、11 号合并煤层，总厚 6.96 m；煤层结构复杂，含夹矸 7 层，其中 1 号、3 号、4 号为窝子矸，属有夹矸煤层；煤层节理较为发育，倾角为 3°～8°，平均 5°，埋藏稳定。

直接顶为灰色泥岩，厚 0.9～1.2 m，节理发育，性脆，易碎；直接底为铝土泥岩，厚 1.5～2.5 m，遇水膨胀，变软，有底板膨胀现象。

基本顶为 K_2 石灰岩，厚 8～11 m；由于 9 号煤层已采过，石灰岩经过一次挠动后有可能结构破坏。基本底为泥岩，厚 8.7 m，呈灰色层状结构。其地质柱状图如图 2-15

所示，工作面基本技术参数见表 2-8。

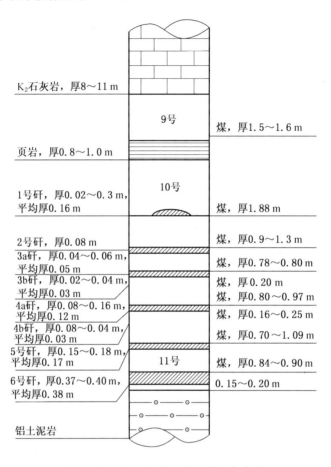

图 2-15　7101 综放工作面综合柱状图

表 2-8　7101 综放工作面技术参数

走向长度/m	倾斜长度/m	煤层厚度/m	煤层倾角/(°)	工业储量/t	可采储量/t
924	108	6.96	3～8，平均5	1001500	696700

　　工作面采用走向长壁后退式综合机械化放顶煤采煤法，割煤高度 2.6 m，以 3a 矸作顶，局部煤层变薄时挑破 3a 矸，严禁割铝土泥岩底板回采，采用一采一放、顺序两轮放煤方式，每刀进尺约 0.6 m，其回采工艺流程为：采煤机割煤→移架→放煤→返刀扫浮煤→移刮板输送机→清浮煤，割煤与放顶煤顺序进行。工作面配套设备见表 2-9。

表 2-9　7101 综放工作面配套设备

设备名称	支　架	排头支架	端头支架	采煤机
型　号	ZFS4000/14/28	ZJH8000/16/30	ZJH9600/16/30	MG-200W
设备名称	刮板输送机	转载机	破碎机	带式输送机
型　号	SGB630/220W	SZB-764/132	PEM-650	DSP-1063/1000

2.4.2 7101 综放工作面顶煤复合层深基点位移特征实测

为了观测 7101 综放工作面顶煤复合层不同层位顶煤位移随工作面推进的变化特点，在回风巷共布置 6 个钻孔，钻孔向工作面方向设定长 10 m，向采空区方向设定长约 10 m，其斜长、对巷道煤壁的偏角、仰角根据基点爪锚距钻孔垂高予以计算确定，其深基孔布置及钻孔参数如图 2 - 16、图 2 - 17 及表 2 - 10 所示。其观测所得距煤壁不同距离 6 个深基点位移量见表 2 - 11。

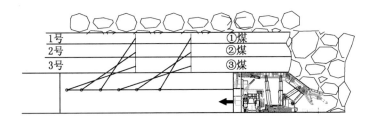

图 2 - 16 7101 综放工作面钻孔布置方式

事实上，用这种方法只能测出顶煤运动的合位移，但合位移足可说明顶煤随采场推进的运动变形特征，所以下面分析时取位移的绝对值。表 2 - 12 是顶煤位移总量与距煤壁不同距离的变化关系，不同层位顶煤位移与距煤壁距离的关系如图 2 - 18 所示。表 2 - 13 是不同层位顶煤滞后垮落距离。

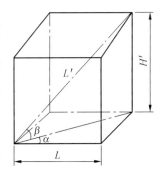

图 2 - 17 7101 综放工作面钻孔参数示意

与 7101 综放工作面综合柱状图相比，可以看出 H 为 2.5 m、3.05 m 反映了 1 号矸之上的 10 号煤的滞后垮落特征，H 为 1.75 m 反映了 1 号矸与 2 号矸之间的 11 号煤的垮落特征；H 为 0.93 m、0.62 m 则反映了 3 号矸与 2 号矸之间 11 号煤的垮落特征。若将支架顶梁与掩护梁铰接点设为垮落零点，在此之后若有顶煤悬露，称为滞后垮落，距垮落零点顶煤悬露的距离称滞后垮落距离。可以看出在支架上方，顶煤以 1 号、2 号、3 号矸为界呈台阶型滞后垮落，其滞后垮落距离由下向上依次有增大趋势，其原因是：

表 2 - 10 7101 综放工作面观测钻孔参数值

参 数	Ⅰ 号钻孔	Ⅱ 号钻孔	Ⅲ 号钻孔	Ⅳ 号钻孔	Ⅴ 号钻孔	Ⅵ 号钻孔
$\alpha/(°)$	45	427	40.7	45	43	41
$\beta/(°)$	21	13.5	10.1	7.8	6.2	15
L'/m	10.5	15	15.7	14.27	15	15.65
L/m	6.93	10.95	11.63	10.0	10.91	11.41

表2-10（续）

参 数	Ⅰ号钻孔	Ⅱ号钻孔	Ⅲ号钻孔	Ⅳ号钻孔	Ⅴ号钻孔	Ⅵ号钻孔
H′/m	3.76	3.50	2.75	1.93	1.62	4.05
H/m	2.76	2.50	1.75	0.93	0.62	3.05

注：α 为以材料巷道煤壁为基线钻孔偏向工作面倾向的偏角，(°)；β 为钻孔向上的仰角，(°)；L' 为钻孔在 α、β 控制下的斜长，m；L 为钻孔斜长在材料巷方向的水平投影长，m；H' 为钻孔斜长在垂直方向的投影长，m；H 为钻孔斜长在垂直方向顶煤中的投影长，m。

表2-11　实测7101综放工作面顶煤不同层位位移值

观测日期（月-日）	H=2.5 m 距煤壁距离/m	位移量/mm	H=1.75 m 距煤壁距离/m	位移量/mm	H=0.93 m 距煤壁距离/m	位移量/mm	H=0.62 m 距煤壁距离/m	位移量/mm	H=3.05 m 距煤壁距离/m	位移量/mm
11-21	2.15	40	2.24	35	4.7	-10	4.59	30	4.89	40
11-22	0.65	-30	0.74	10	3.2	20	3.09	-10	3.39	-10
11-23	-2.15	0	-2.06	-20	0.4	10	0.29	0	0.59	5
11-23	-4.15	5	-4.06	-20	-1.6	-25	-1.71	0	-1.41	155
11-24	-5.05	5	-4.96	-10	-2.5	-5	-2.61	0	-2.31	-30
11-25	-6.95	510	-6.86	65	-4.4	60	-4.51	-30	-4.21	68
11-25	-7.55	158	-7.46	140	-5	—	-5.11	90	-4.81	10
11-26	-8.75	—	-8.66	1421	-6.02	—	-6.31	660	-6.01	192
11-26	-9.31	—	-9.22	—	-6.76	—	-6.87	—	-6.57	38
11-26	—	—	—	—	—	—	—	—	-7.11	-20
11-26	—	—	—	—	—	—	—	—	-7.71	15
11-27	—	—	—	—	—	—	—	—	-8.2	—

注：H 为巷道顶部距各顶煤距离。

表2-12　实测7101综放工作面顶煤不同层位累加位移量

观测日期（月-日）	H=2.5 m 距煤壁距离/m	位移量/mm	H=1.75 m 距煤壁距离/m	位移量/mm	H=0.93 m 距煤壁距离/m	位移量/mm	H=0.62 m 距煤壁距离/m	位移量/mm	H=3.05 m 距煤壁距离/m	位移量/mm
11-21	2.15	40	2.24	35	4.7	-10	4.59	30	4.89	40
11-22	0.65	70	0.74	45	3.2	30	3.09	40	3.39	50
11-23	-2.15	70	-2.06	65	0.4	40	0.29	40	0.59	55
11-23	-4.15	75	-4.06	85	-1.6	65	-1.71	40	-1.41	210

表 2 - 12（续）

观测日期（月 - 日）	H = 2.5 m		H = 1.75 m		H = 0.93 m		H = 0.62 m		H = 3.05 m	
	距煤壁距离/m	位移量/mm	距煤壁距离/m	位移量/mm	距煤壁距离/m	位移量/mm	距煤壁距离/m	位移量/mm	距煤壁距离/m	位移量/mm
11 - 24	-5.05	80	-4.96	95	-2.5	70	-2.61	40	-2.31	240
11 - 25	-6.95	590	-6.86	160	-4.4	130	-4.51	70	-4.21	308
11 - 25	-7.55	748	-7.46	300	-5	—	-5.11	160	-4.81	318
11 - 26	-8.75	—	-8.66	1721	-6.02	—	-6.31	820	-6.01	510
11 - 26	-9.31	—	-9.22	—	-6.76	—	-6.87	—	-6.57	548
11 - 26	—	—	—	—	—	—	—	—	-7.11	568
11 - 26	—	—	—	—	—	—	—	—	-7.71	583
11 - 27	—	—	—	—	—	—	—	—	-8.2	—

表 2 - 13　不同层位顶煤滞后垮落距离

顶煤层位	H = 2.50 m	H = 3.05 m	H = 1.75 m	H = 0.93 m	H = 0.62 m
滞后距离/m	4.15	3.6	2.86	0.4	1.71

（1）由于有厚度不等、间距不等的夹矸层存在，虽煤体中潜在的节理、裂隙较为发育，但在某种程度上增加了煤体的整体力学特性，使顶煤的冒放性降低。

（2）上位岩层对顶煤的作用力有所减弱，不足以使顶煤破碎成随支架前移而能冒落的松散体，这样将会造成部分顶煤滞后呈块状垮落而堆积在采空区的矸石上，不能随支架前移而优先到达放煤口，造成部分顶煤丢失。下部的顶煤虽滞后距离较小，可以说随采随冒，但在冒落的同时，后部采空区的矸石由于支架的前移，解除了对它的侧向约束，也将同时涌入放

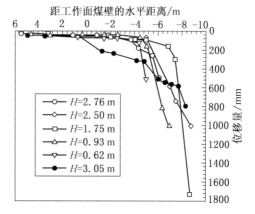

图 2 - 18　顶煤不同层位测点
位移与距煤壁关系

煤口，极有可能造成煤矸混合，使放出的顶煤中伴有采空区的矸石，增加煤中的含矸率。

（3）在垮落零点之后顶煤有正的位移值，即水平位移大于垂直位移，说明顶煤有张开的裂隙产生，出现了拉裂破坏，同时也说明煤体强度高。

（4）不同层位顶煤位移始动点不同，实测所得不同层位顶煤位移始动点距工作面煤壁距离关系见表 2 - 14。

表 2-14   不同层位顶煤位移始动点距工作面煤壁距离关系

测试基点	$H=2.76$ m	$H=2.5$ m	$H=1.75$ m	$H=0.93$ m	$H=0.62$ m	$H=3.05$ m
位移始动点距 工作面煤壁距离/m	5.37	2.15	2.24	4.7	4.59	4.89

可以看出，在顶煤上部与下部，顶煤始动点早于顶煤中部，这是由于上部顶煤受顶板岩层作用所致，下部顶煤受支架作用的影响，同时也说明了顶煤中应力分布是不同的。

2.5   潞安王庄矿 4309 综放工作面、大同忻州窑矿 8902 综放工作面顶煤裂隙发育实测

潞安王庄矿与太原理工大学在 4309 综放工作面进行了顶煤裂隙发育的现场观测。

潞安王庄矿 4309 综放工作面煤层倾角为 7°，煤层厚 7.26 m，煤的坚固性系数 f 为 1.5~2.5（属中硬煤层），直接顶为砂质页岩（厚 3.03 m），基本顶为中粒砂岩。图 2-19 是关于顶煤运移过程中裂隙发育情况的描述。

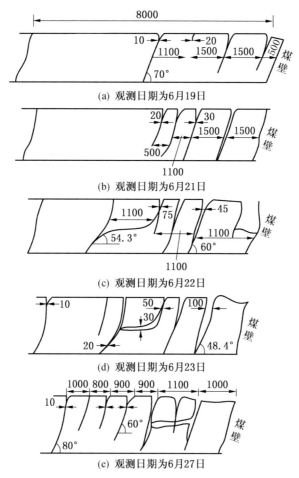

图 2-19   王庄矿 4309 综放工作面顶煤裂隙发育素描图

大同忻州窑矿 8902 综放工作面煤层倾角为 6°~10°，平均为 3°，煤层厚度为 6.61~10.5 m，平均为 8.61 m；煤层的坚固性系数 f 为 2.9~4.4（属硬煤层），直接顶为灰色粉砂岩及砂质页岩，基本顶为中粒砂岩。

图 2-20、图 2-21、图 2-22、图 2-23 分别是顶煤水平位移、垂直位移、顶煤裂隙缝宽曲线及裂隙偏转角变化曲线。

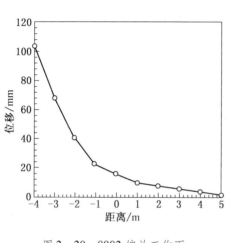

图 2-20　8902 综放工作面
顶煤水平位移曲线

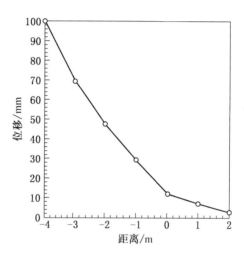

图 2-21　8902 综放工作面
顶煤垂直位移曲线

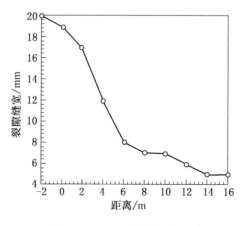

图 2-22　8902 综放工作面
顶煤裂隙缝宽曲线

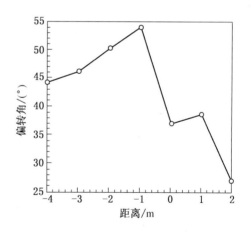

图 2-23　8902 综放工作面
顶煤裂隙偏转角变化曲线

上述实测数据经回归后，可得水平位移函数为

$$S = 95.249 \times 0.6066^{L+4}$$

垂直位移函数为

$$S = 124.16 \times 0.5799^{L+4}$$

顶煤裂隙缝宽函数为

$$N = 18.272 \times 0.88^{L}$$

由顶煤裂隙实测素描和顶煤裂隙变化统计曲线图可以看出：

（1）从煤壁前方至采空区次生裂隙依次增多，忻州窑矿的统计结果呈指数规律增长。

（2）从煤壁前方至采空区，顶煤中裂隙的缝宽呈增大趋势，特别是贯通裂隙依次增多。

（3）从煤壁前方至采空区，顶煤体的块度依次变小，数量增多。

（4）从煤壁前方至采空区方向，顶煤位移偏转角在煤壁前方有增大趋势，在煤壁后方有减少趋势。

总结"三软"煤层、中硬煤层、硬煤、含夹矸煤层顶煤、顶板及顶煤节理、裂隙的现场实测结果，可得出以下结论：

（1）顶煤的变形、运移、节理及裂隙的发展变化随着顶板岩层的运动变形是一个渐进的过程，累积到一定程度后将产生力学属性的变化。影响顶煤变形的主要因素有煤体强度、原生节理、裂隙发育程度、采深、顶板结构、回采工艺等。从作用于顶煤的力源来讲，在工作面煤壁前方，顶煤的变形破坏受顶板岩层所形成支承压力作用的影响，在控顶区内受支架－围岩相互作用影响。

（2）煤体自身的坚固性系数不同，顶煤位移始动点的位置不同。一般规律是：软煤位移始动点＞中硬煤层位移始动点＞硬煤位移始动点。如煤厚为 6～8 m 的郑州、阳泉、大同三矿区，距巷道底板距离为 6 m 的顶煤位移始动点分别在工作面煤壁前方 15 m、10 m、5 m，这也说明软煤在工作面推进方向活动范围大。其主要原因是顶煤越软，支承压力的活动范围越大，支承压力的峰值越小。

（3）不同高度顶煤位移始动点的位置不同，无论软煤、中硬煤、硬煤，顶煤位置越高，其位移始动点的位置越超前。

（4）距工作面煤壁同一位置，在距巷道底板同一高度的顶煤，其软煤位移总量＞中硬煤位移总量＞硬煤位移总量。

（5）在工作面煤壁前方顶煤主要以水平位移为主，在控顶区内主要以垂直位移为主。

（6）软煤、中硬煤层、硬煤垮落后所形成的垮落角是不同的，一般软煤的垮落角大于 90°，中硬煤、硬煤垮落角小于 90°。

（7）顶煤随工作面的前移，其位置也逐渐向采空区移动，由原生裂隙发展的次生裂隙数量、深度、宽度逐渐增多，顶煤位移偏转角也逐渐增大。

（8）顶煤中的夹矸层对顶煤的变形、破坏有一定的影响，进而影响其冒放性，其影响程度取决于岩性、厚度、层位等，一般夹矸层的存在将使顶煤的变形量减小，而夹矸上下顶煤的位移量也不相同。在控顶区内，夹矸之上的顶煤位移量大于夹矸之下的顶煤位移量。

（9）硬煤、含夹矸煤层，顶煤除有垮落角小于90°的特点外，还有滞后垮落的现象，而这些将影响顶煤的采出率，因此应采取有效措施提高顶煤采出率。

（10）尽管不同硬度顶煤的位移大小不同，但顶煤位移总量与距工作面煤壁距离的关系都呈指数分布规律，说明在控顶区和采空区顶煤变形加快，介质属性加速向塑性体、散体转化。

（11）高位顶板比下位顶板位移小，与距工作面煤壁同一位置的顶煤位移相比位移明显减小，顶板的位移可明显地分为区域性，可以推测顶板呈铰接岩块方式下沉回转。

3 综放开采顶煤运移理论研究

前面通过总结分析软煤、中硬煤、硬煤及含夹矸煤层综放开采顶煤、顶板的运移特点，表明顶煤厚度、强度、节理、裂隙、结构组成不同，其变形特点有所不同。当然，顶板结构不同对其影响也有所不同。

比较单一煤层综采与综放开采围岩支撑体系可以看出，单一煤层开采围岩支撑体系为基本顶—直接顶—支架—底板，综放开采变为基本顶—直接顶—顶煤—支架—底板，综放开采顶煤充当了原来意义上的部分直接顶，而其力学性质随着工作面推进发生显著的变化。也就是说，综放开采在顶板岩层和支架之间增加一层强度较低的顶煤充当了部分直接顶，作为上位岩层活动的"垫层"，起着综放开采时顶板下沉运动基础的作用，也是顶板回转下沉对支架作用的中介层，其力学特点在支架－围岩关系中起着关键性作用。强度低、结构面多、完整性差及厚度大的顶煤既不是刚性基础，又不是简单的弹性基础，因此研究顶煤在开采中的力学特性就显得很重要。顶煤的力学特征与其破坏有关，而破坏与其运动特征相关，因此研究综放开采矿山压力新特点必须深入研究顶煤的力学特性。

回顾我国中厚煤层采场矿压理论发展历程，最早提出了上位岩层的拱、梁力学模型。在借鉴20世纪50年代国外发展的铰接岩块及假塑性梁等力学模型的基础上，国内发展了砌体梁及后来将基本顶岩层视为板的力学模型，研究了基本顶岩层的破断规律及破断时在岩体中引起的扰动现象。至此对基本顶断裂时的影响及可能形成的结构有了较充分的认识。但随着生产的发展，用这些模型解释综放开采矿山压力现象仍需要进一步研究，对于直接顶在矿山压力显现中的作用需再认识。以前将直接顶岩层视为不可压缩而又不能自身取得平衡的岩体，支护体承受其全部重量。由于直接顶与顶煤相比一般强度较高，而且厚度较小，因此它对基本顶岩层作用效果影响不明显，以致掩盖了在支架－围岩系统中的作用。综放开采矿压显现充分证实了顶煤对支架－围岩系统有明显影响，因此研究综放开采围岩活动规律必须深入研究顶煤的力学特性。

在工作面前方支承压力、支架与围岩相互作用下，随着工作面推进，顶煤的位移量逐渐增加，裂隙逐渐增多，缝宽加大，介质特性也发生着变化。这些变形特征是由顶煤中的应力引起的，也就是说，顶煤中的应力与变形存在着某种关系，这是顶煤发生变形、介质转化的本质，因此顶煤物理力学特性的研究应建立顶煤运移的物性方程。只有建立起顶煤运移应力－应变物性方程后，我们才可定量分析支架－围岩的作用关系。具体地讲：

（1）只有建立起顶煤运移应力－应变物性方程，才可建立顶板岩层力学模型，模拟顶板岩层变形特征，从而提出顶板岩层运动所成结构。

（2）建立起顶煤应力－应变物性方程后，可以进行顶煤变形破坏的定量分区，从而更深入地了解顶煤在采场支承压力与支架－围岩作用下的变形特点。

（3）建立起顶煤应力－应变物性方程后，可以进行综放开采支架工作阻力的确定。

3.1 综放开采顶煤运移的理论分析

随着工作面的推进，上位岩层的弯矩将在煤体中形成较大范围的支承压力及较小的水平应力、剪切应力，在顶煤中形成与水平方向有一定夹角的主应力（或正或负）。主应力的作用效果促使顶煤原生裂隙进一步扩展，次生裂隙进一步增加，并产生张应变。而煤体单元两边不等值的主应力又加剧裂隙的扩展，促使单元体的刚性位移。

主应力的作用效果表现为顶煤的水平位移和垂直位移。顶煤从煤壁前方始动点开始至采空区，由于支承压力梯度的不同，使得顶煤位移增长梯度亦有不同（位移包括顶煤单元体裂隙扩展位移和单元体的刚性位移）。

有限元计算结果表明，从煤壁前方的支承压力峰值点到支架放煤口支承压力梯度逐渐增大，因此顶煤中裂隙与位移量从始动点至放煤口依次增大；另外，打开放煤口充分放煤，给顶煤移动提供充分自由面，解除约束，也促使了顶煤中裂隙的增加和位移的增大。

可以说，顶煤中的主应力是裂隙形成扩展的原因，而支承压力增长梯度及放煤移架是顶煤中裂隙数量与位移量增大的主要因素。

3.1.1 损伤力学基础知识

3.1.1.1 损伤力学的基本观点

载荷与温度的变化、化学和环境的作用等都会使材料内部存在和产生微观的、宏观的缺陷。当材料内部有这些微观的、宏观的缺陷时认为材料受到了损伤。

从力学角度研究这些内部缺陷的作用通常用两种方法：一种是把它们简化为一个或有限个宏观裂纹，研究其尖端附近的应力、应变及位移场，并确定其扩展及失稳的条件，这就是断裂力学。但断裂力学的研究方法并不能处理所有的材料损伤问题，因为这些缺陷并不总是能简化为一个或有限个宏观裂纹。例如，一类材料在形成宏观裂纹前先在薄弱部位出现许多微观空隙，而宏观裂隙则仅是这些微观空隙扩大与合并的结果，这一过程通常占用了寿命的大部分；又如，有些材料（复合材料）的内部缺陷虽已达到宏观尺寸，可被简化为有限个宏观裂纹，但在这些裂纹附近的区域里充满着细裂纹和空隙，也就是存在一个损伤区（其尺度常常与宏观裂纹同量级甚至高一量级），由于这一损伤区的存在可能完全改变裂纹附近应力应变的特性，因此在处理这一类材料损伤问题时必须从力学角度采用与断裂力学完全不同的另一种研究方法，便产生了损伤力学。

损伤力学就是把材料中微细空隙的力学作用理解为连续变量场（损伤场），并由此研究材料微空隙的扩展和含有微空隙材料性质的一门学科。损伤力学不仅描述含有大量微细空隙的材料，即损伤材料的性质，而且也研究直到出现宏观裂纹以前的整个过程。

损伤是材料损坏的程度，微观表现为在应力作用下裂纹和空隙的产生和发展，宏观表现为有效工作面积的减少。

损伤并不是一种独立的物理性质，它是作为一种"劣化因素"被结合到弹性、塑性、黏弹性介质中去的。因此，连续损伤介质就其物理性质而言，又可提出弹性损伤介质、弹塑性损伤介质、黏弹性损伤介质等物理模型。

宏观的损伤理论把包含各种缺陷的材料机体笼统地看成是一种含有微损伤场的连续介质，并把这种微损伤的形成、生长、传播和聚结看成是损伤演变的过程（它把损伤作为物质细观结构的一部分引入连续介质的模型中）。

损伤力学在岩体力学中的应用研究取得了可喜的进展。研究认为，岩体的宏观破坏是由其微变累积而成的。岩体中微裂隙的不断成核扩展实质是损伤累积过程。在轴力作用下，微裂隙大多是沿最大主应力方向扩展，是由张应变引起的。对应不同的外力载荷，微裂隙扩展至不同的程度，随着外力的增大，将导致裂隙的贯通，形成宏观裂纹。

3.1.1.2 损伤力学的基本假说

损伤力学的基本假说也称为应变等效假说，认为损伤只通过有效应力影响（修正）应变的行为。根据应变等效假说，应变的物性方程可由无损伤状态下的物性方程把其中的 Cauchy 应力张量 σ 换成有效应力张量 σ_{ef} 而得，其解析式为

$$\sigma_{ef} = E(1-D)\varepsilon \qquad (3-1)$$

$$D = 1 - \frac{E_D}{E} \qquad (3-2)$$

式中　σ_{ef}——有效应力张量；

　　　E——弹性模量；

　　　E_D——有效弹性模量；

　　　D——损伤变量；

　　　ε——应变。

3.1.2　顶煤运移与宏观损伤的关系

由前面关于顶煤的变形运移分析可知，随工作面推进，顶煤从煤壁前方运移至采空区，介质依次转化，裂隙依次增加，变形依次增大，最后呈破坏状态，因此顶煤经历了裂隙的扩展、演化且力学性态亦发生了变化的运动过程。

从顶煤的可放性上分析，我们认为即使顶煤中有宏观裂隙出现，只要其与周围煤体保持力的联系，该煤体不呈破坏状态；凡已与周围煤体失去力的联系，呈散体介质状态，认为已成破坏状态。这样煤体的整个运移过程经历了非破坏及破坏两个过程。非破坏过程是顶煤裂隙扩展、演化和力学性态逐渐劣化的过程，累积到一定程度便进入到破

坏过程，煤体成松散体。

将顶煤从煤壁前方至放煤口视为损伤过程，满足损伤力学的基本观点，即造成材料损伤的节理裂隙、孔隙、缺陷等相对于工程体来说是微小的（可以忽略不计），且在一定范围内是随机均匀分布的。放顶煤实测表明，顶煤的活动范围是很大的，而且软煤的活动范围比硬煤大，一般在煤壁前方 8～10 m 开始至工作面后方 5 m（中硬煤层以下）。在这样大的范围内将出现的裂隙、缺陷视为很小是可行的；又由于煤体是复杂的地质体，受开采条件和工艺的影响，可认为是随机分布的。由此可知，顶煤运移符合宏观损伤原理。

3.1.3 顶煤运移损伤物性方程的建立

3.1.3.1 损伤主轴的确定

根据岩体损伤理论，微裂隙损伤扩展是由张应变引起的，并沿主压应力方向扩展。

根据 Griffith 理论，次生裂隙的发展其最终的扩展方向趋于主压应力方向，因此应力主轴方向即为裂隙的方向。这样将应力主轴与损伤主轴 D 置于煤体裂隙方向，其法线方向为张应变方向，认为是顶煤位移方向，如图 3-1 所示。

将损伤变量沿水平方向与垂直方向分解，分别建立在水平方向与垂直方向（也就是沿工作面推进方向与煤层厚度方向）的损伤演化方程。即

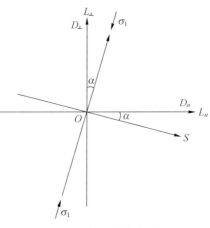

$$D_{/\!/} = D\sin\alpha \qquad (3-3)$$
$$D_{\perp} = D\cos\alpha \qquad (3-4)$$

式中 α——裂隙偏转角。

图 3-1 损伤主轴确定图

顶煤在工作面后方支架顶梁与掩护梁铰接附近已处于散体状态，我们认为其损伤变量 D 为 1；而在煤壁前方顶煤始动点处，其损伤变量为一接近于零的数，令 $D = 0.01$，考虑到顶煤在煤壁前方水平方向与垂直方向始动点位置不同，其位置的损伤变量按插值处理。

3.1.3.2 顶煤损伤物性方程的建立

根据现场实测可知损伤变量 D 与顶煤合位移 S、裂隙条数 N 有如下类推关系：

$$D \propto S \propto N$$

而 S、N 与距工作面煤壁距离呈指数变化关系，所以可设

$$D = AB^{\mathrm{L}} \qquad (3-5)$$

式中 A、B——针对具体条件设定的常数。

对式（3-5）求导，可得损伤变量的演化方程

$$\frac{\partial D}{\partial L} = A(\ln B)B^{\mathrm{L}} \qquad (3-6)$$

其基本弹性模量 E 与等效弹性模量 E_{ef} 的关系为

$$\frac{E_{ef}}{E} = 1 - D = 1 - AB^L \qquad (3-7)$$

损伤物性方程为

$$\sigma = E_{ef}\varepsilon = E(1-D)\varepsilon = E(1-AB^L)\varepsilon \qquad (3-8)$$

3.1.4 顶煤损伤破坏的能量转化

损伤是物体劣化的一种性质,不是一个独立的物体特性,劣化的过程是由于外界条件(即外载、环境等)变化引起的。顶板与顶煤相互作用,随工作面推进顶板弯曲下沉,引起顶煤应力发生变化,显现于煤体的变形、体积的膨胀。而由于应力主向的不同,必然产生水平变形与垂直变形,即裂隙扩展,使顶板中的能量予以释放。

由变形能原理可知,在整个加载过程中,物体能量的增加(即其总变形能)在数量上等于加载过程中载荷完成的功。

$$U = \int \sigma d\varepsilon = \int E\varepsilon d\varepsilon \qquad (3-9)$$

而根据损伤力学基本假说,顶煤发生水平变形与垂直变形所需应力为

$$\left.\begin{array}{l} \sigma_{\perp} = ED_{\perp}\varepsilon_{\perp} \\ \sigma_{//} = ED_{//}\varepsilon_{//} \end{array}\right\} \qquad (3-10)$$

所以 $U = U_{\perp} + U_{//} = \int ED_{\perp}\varepsilon_{\perp} d\varepsilon + \int ED_{//}\varepsilon_{//} d\varepsilon = E\left(\int D_{\perp}\varepsilon_{\perp} d\varepsilon + \int D_{//}\varepsilon_{//} d\varepsilon\right)$

$$(3-11)$$

而 $D_{\perp} = A_1 B_1^L$,$D_{//} = A_2 B_2^L$,所以

$$\left.\begin{array}{l} \varepsilon_{\perp} = \dfrac{S_{\perp}}{H_m} = S(L) \\ \varepsilon_{//} = \dfrac{S_{//}}{L_{//}} = S_{//}(L) \end{array}\right\} \qquad (3-12)$$

式中 $S_{\perp}$——顶煤垂直位移;

         H_m——顶煤厚度;

     $S(L)$——顶煤垂直位移与距工作面煤壁距离 L 的函数;

      $S_{//}$——顶煤水平位移;

      $L_{//}$——顶煤变形区域的水平距离;

   $S_{//}(L)$——顶煤水平位移与距工作面煤壁距离 L 的函数。

所以

$$U = E\left[\int A_1 B_1^L S(L) dS(L) + \int A_2 B_2^L S_{//}(L) dS_{//}(L)\right] \qquad (3-13)$$

式中 A_1、B_1、A_2、B_2——针对具体的煤层条件及开采条件设定的常数。

可以看出,顶煤吸收能大小与其自身特性(即弹性模量)及位移量(受开采条件

影响）的乘积有关。

大量煤体位移实测和裂隙实测结果分析认为，顶煤的运移符合宏观损伤力学原理，借用损伤力学的思想建立的顶煤吸收能的解析式有以下意义：

（1）使顶煤吸收能的抽象概念具体化。顶煤是顶板活动的"软垫层"，顶板活动产生的部分能量为顶煤所吸收，这一观点已为人们所接受，但这部分能如何计算未见有深入解释，引入损伤力学使这一问题的认识明朗化。

（2）采高加大，上位岩层活动范围增大，但对采场带来灾害性影响的岩层总有一个范围，而这一范围内岩层的弯矩功一部分转嫁于顶煤，促使顶煤产生水平变形、垂直变形和裂隙的扩张；一部分通过顶煤作用于支架，因此明确了顶煤的吸收能量，就可推算出支架应承受的顶板能量。

3.1.5 综放开采顶煤损伤特性方程建立示例

以大同忻州窑矿 8902 综放工作面实测数据来建立该工作面顶煤运移损伤本构方程。

8902 综放工作面在水平方向与垂直方向的位移始动点分别为 $L_1 = 5$ m，$L_2 = 2$ m。在支架顶梁与掩护梁铰接处，即大约在工作面后方 4 m 处，顶煤裂隙偏转角 $\alpha = 43.6°$。在垂直位移始动点处 $L_2 = 2$ m，$\alpha = 25.9°$。由前述分析，可计算出水平方向

$$L = 5 \text{ m} \qquad D_{/\!/} = 0.01$$
$$L = -4 \text{ m} \qquad D_{/\!/} = 0.689$$

垂直方向

$$L = 2 \text{ m} \qquad D_{\perp} = 0.306$$
$$L = -4 \text{ m} \qquad D_{\perp} = 0.724$$

根据前述理论，设 $D_{/\!/} = A_1 B_1^L$，$D_{\perp} = A_2 B_2^L$，利用上述两组参数可确定 A_1、B_1、A_2、B_2。因此在工作面推进方向与顶煤厚度方向损伤方程分别为

$$D_{/\!/} = 0.105 \times 0.6248^L$$
$$D_{\perp} = 0.408 \times 0.8663^L$$

损伤演化方程分别为

$$\dot{D}_{/\!/} = -0.0494 \times 0.6248^L$$
$$\dot{D}_{\perp} = 0.0585 \times 0.8663^L$$

本构方程分别为：

$$\sigma_{/\!/} = E(1 - D_{/\!/})\varepsilon_{/\!/} = E(1 - 0.105 \times 0.6248^L)\varepsilon_{/\!/}$$
$$\sigma_{\perp} = E(1 - D_{\perp})\varepsilon_{\perp} = E(1 - 0.408 \times 0.8663^L)\varepsilon_{\perp}$$

式中　$\sigma_{/\!/}$、$\sigma_{\perp}$——作用于顶煤中的水平方向、垂直方向的应力；

　　　$\varepsilon_{/\!/}$、$\varepsilon_{\perp}$——顶煤在水平方向、垂直方向的应变量；

　　　E——顶煤的弹性模量。

3.1.6 顶煤运移损伤物性方程建立的意义

（1）综放工作面顶煤运移的实测表明，顶煤从煤壁前方始动点至放煤口位移量依次

增大，裂隙依次增加，呈指数变化规律。

（2）从顶煤冒放性概念出发，顶煤的运移经历了非破坏及破坏两个过程，非破坏过程是顶煤裂隙扩展、演化和力学性态逐渐劣化的过程，累积到一定程度便进入破坏过程。

（3）顶煤的运移特点和过程近似符合宏观损伤力学原理，可用损伤力学基本假说分别建立工作面推进方向与煤厚方向损伤特性的本构方程。

（4）顶煤损伤特性本构方程的建立可加深对顶煤变形规律的再认识，并为研究顶煤可放性和建立上覆岩层运动力学模型打下基础。

3.2 损伤力学理论在顶煤分区中的应用

顶煤能否顺利地放出是综放开采成功的关键，根据顶煤位移实测数据，将顶煤从煤壁前方至采空区依次划分为微动区、显动区和垮落区，从力学介质上依次对应为弹性区、塑性区和散体区。顶煤从煤壁前方运移至采空区，经历了裂隙的张开、闭合等复杂过程，实质上是煤体的再损伤过程，因此我们可借助损伤力学的一些观点来研究顶煤的分区及顶煤运动特征，目的是从力学的角度认识顶煤的介质转化，以深入了解顶煤的运移规律和顶板活动规律，完善综放开采工艺等。

3.2.1 顶煤分区的基本思想

顶煤是上位岩层的一个"垫层"，随采场推进，上位岩层下沉运动，顶煤的应力状态发生变化，亦即其介质状态发生变化，煤体由原来的弹性体向塑性体和散体转化。也就是说，介质变化的区域是随上位岩层的作用依次扩展的，在某一瞬时，几个区域的范围便趋于稳定。实际上，煤体介质转化所经历的裂隙产生、扩展和失稳的过程即为煤体的损伤过程，因此我们可利用近似于煤体特点的损伤物性方程、煤体的变形特征方程和不同岩体介质判断准则来确定各区的范围。

3.2.2 顶煤分区的确定

3.2.2.1 弹性区的划分

我们知道，弹性体是满足胡克定律的岩体，即 $\sigma = E\varepsilon$。当取岩体单轴抗压强度时，所计算的应变 ε 即为弹性体的最大应变 ε_{max}，这样，顶煤的实际应变 $\varepsilon < \varepsilon_{max}$，即顶煤位移总量 $S < H_m \varepsilon_{max} = \Delta S_1$（$H_m$ 为顶煤厚度）的煤体范围即为弹性区。需要说明，这种确定的弹性域为准胡克弹性域。

3.2.2.2 塑性区的划分

1. 煤体的破坏性质

图 3－2 是北京矿务局为了研究冲击地压机理与北京科技大学矿业研究所、中国矿业大学（北京）合作进行的某矿脆性煤体的应力－应变曲线。图 3－3 是煤炭科学研究总院开采研究所得到的该矿二槽煤单轴压缩实验的应力－应变曲线。

上述实验曲线反映了脆性煤体失稳破坏的内在特性，其特征可归纳如下：

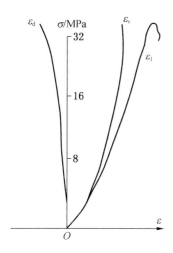

图 3-2　脆性煤体应力 - 应变曲线

图 3-3　二槽煤单轴压缩实验的应力 - 应变曲线

（1）实验初始阶段具有非线性压密过程。

（2）在压密阶段后应力与应变表现为近似弹性，且无明显的屈服阶段。这一阶段是微裂纹产生与稳定扩展阶段。

（3）试件在破坏前体积变化不大，即在单轴压缩下脆性煤体在破坏前扩容现象不明显。这说明随着压力的增加，煤体内裂隙与裂纹经历了闭合压密、扩展、迅速失稳扩展三个过程。

（4）试件达到峰值强度后发生突然破坏，破坏后强度突然下降，且强度降低梯度很大。

（5）卸载曲线表明试件内的塑性变形很小。

图 3-4 是按不同侧压力进行实验的日内瓦煤轴向应力与轴向应变的关系曲线。

由图可以看出一般性煤体的变形特征：

（1）煤体强度随侧压力的增大而增大，特别是在低侧压力范围更是这样。

（2）由于有侧压力的作用，煤体初始变形压密特性不甚明显，但从客观上讲也存在裂隙的压密过程。

（3）初始变形之后为弹性变形阶段。

（4）煤体达到强度峰值点后强度降低梯度很大，特别是在侧压力较高情况下更是如

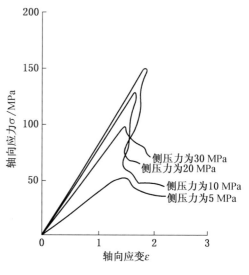

图 3-4　日内瓦煤轴向应力与轴向
应变的关系曲线

此。一般认为，当煤体达到峰值强度时其结构就发生破坏，完整性丧失。

比较上面脆性煤体与一般性煤体的应力－应变实验曲线可以看出，煤体的破坏具有脆性破坏性质。

2. 适于脆性岩石介质的损伤物性方程

同济大学凌建明、孙钧研究认为，岩石细观裂纹（体积）密度 Q_d 可以较好地反映细观裂纹损伤状态特征，故选取 Q_d 作为细观裂纹损伤相关的内状态变量。细观裂纹的发展必然导致岩石的泊松比连续单调增大。通过对几种脆性岩石的 $\sigma-\varepsilon$ 全过程曲线的分析，结合含分布裂纹固体的统计研究结果，并充分考虑到脆性岩石细观裂纹特征，提出：

$$\frac{\widetilde{E}}{E} = 1 - \frac{2-\widetilde{\nu}}{1-\widetilde{\nu}} Q_d$$

$$Q_d = \frac{1}{12\nu} \frac{\widetilde{\nu}-\nu}{3-\widetilde{\nu}}$$

$$\widetilde{\nu} = \frac{\partial \varepsilon_1}{\partial \varepsilon_2}\bigg|_\sigma$$

式中　E、ν——岩石初始状态时的弹性模量和泊松比；

　　　$\widetilde{E}$、$\widetilde{\nu}$——岩石受细观裂纹损伤状态下的有效变形模量和即时泊松比；

　　　ε_1——轴向应变；

　　　ε_2——横向应变。

定义损伤变量 D 为

$$D = 1 - \frac{\widetilde{E}}{E}$$

得

$$D = \frac{2-\widetilde{\nu}}{1-\widetilde{\nu}} Q_d \tag{3-14}$$

根据细观裂纹的几何特征及体积比的概念，随机分布细观裂纹的特征体积与特征长度成正比，故 Q_d 可表示为

$$Q_d = \beta N a^3 \tag{3-15}$$

式中　β——材料系数；

　　　N——单位体积内的裂纹数；

　　　a——细观裂纹的特征长度。

对于脆性岩石，细观层次上与新裂纹表面形成相关的能量释放率要高于因塑性变形而产生的能量释放率，故由线弹性断裂力学可得到加载条件下裂纹的特征长度为

$$a = \frac{A}{\pi E^2}\left(\frac{K_{\mathrm{IC}}}{\varepsilon}\right)^2 \tag{3-16}$$

式中　A——与裂纹形状和材料泊松比相关的系数；

K_{IC}——平面应变断裂韧度。

根据 Grady 和 Kipp 的研究，单位体积内的细观裂纹数 N 服从 Weibull 分布，即

$$N = B\varepsilon^n \tag{3-17}$$

式中　B、n——材料常数。

将式（3-15）、式（3-16）、式（3-17）代入式（3-14），整理后可得

$$D = \frac{2-\tilde{\nu}}{1-\tilde{\nu}}\beta B\left(\frac{AK_{IC}^2}{\pi E^2}\right)^3 \varepsilon^{n-6} = C\varepsilon^{n-6} \tag{3-18}$$

$$C = \frac{2-\tilde{\nu}}{1-\tilde{\nu}}\beta B\left(\frac{AK_{IC}^2}{\pi E^2}\right)^3$$

式中　C——损伤系数，是对细观裂纹损伤与应变之间关系的反映；

　　　　n——材料常数。

根据 Lamaitre 的等效应变假说，受损材料的应变性能可用无损材料的本构方程来表示，只要将应力换成等效应力即可。由此可得

$$\sigma = E\varepsilon = E(1-D)\varepsilon \tag{3-19}$$

将式（3-18）代入式（3-19）可得岩石裂纹损伤物性模型：

$$\sigma = E\varepsilon - EC\varepsilon^{n-5} \tag{3-20}$$

C、n 可由岩石的单轴压缩 $\sigma-\varepsilon$ 全过程曲线的峰值点 $P(\sigma_P,\ \varepsilon_P)$ 确定。

在峰值点：

$$\sigma_P = E\varepsilon_P - EC\varepsilon_P^{n-5}$$

$$C = \varepsilon_P^{-(n-5)}\left(\varepsilon_P - \frac{\sigma_P}{E}\right) \tag{3-21}$$

又 $\frac{\partial\sigma}{\partial\varepsilon}=0$，利用式（3-21）有

$$n = \frac{6E\varepsilon_P - 5\sigma_P}{E\varepsilon_P - \sigma_P} \tag{3-22}$$

联立式（3-20）、式（3-21）、式（3-22）可得损伤物性方程。

3. 顶煤塑性区范围的确定

岩石发生塑性破坏的判断准则广泛采用 Mohr - Coulomb 准则及各种修正的屈服准则，这些准则可以用统一表达式来表示。

物体受荷载作用后，随荷载增大，由弹性状态过渡到塑性状态，这种过程叫屈服。物体内某一点开始产生塑性应变时应力或应变所必须满足的条件叫屈服条件。

把材料进入无限塑性状态时称为破坏，理想塑性的初始屈服面就是破坏面；而硬化材料从初始屈服起经过屈服阶段才能达到破坏，所以屈服面逐渐发展直至破坏为止。一般认为破坏面与屈服面大小相同，形状相似（即屈服条件与破坏条件相似，只是常数项值有所不同）。

$$F = \alpha I_1 + J_2^{1/2} - K = 0 \tag{3-23}$$

$$I_1 = \sigma_1 + \sigma_2 + \sigma_3 \tag{3-24}$$

$$J_2 = \frac{1}{6} \left[(\sigma_1 - \sigma_2)^2 + (\sigma_2 - \sigma_3)^2 + (\sigma_3 - \sigma_1)^2 \right] \tag{3-25}$$

$$\alpha = \frac{\sin\varphi}{3\cos\theta - \sqrt{3}\sin\varphi\sin\theta}$$

$$K = \frac{3C_\varphi\cos\varphi}{3\cos\theta - \sqrt{3}\sin\varphi\sin\theta}$$

式中　　　　α、K——与岩石的黏聚力 C_φ、内摩擦角 φ 和洛德角 θ 有关的系数；

　　　　　　I_1——应力第一不变量；

　　　　　　J_2——应力偏量的第二不变量；

　　σ_1、σ_2、σ_3——应力。

由物性方程式（3-20）得

$$\sigma_1 = E\varepsilon - EC\varepsilon^{n-5}$$

设 $\sigma_2 = \sigma_3 = \lambda\sigma_1$（$\lambda$ 为侧压系数），则

$$I_1 = \sigma_1 + \sigma_2 + \sigma_3 = (1 + 2\lambda)\sigma_1$$

$$J_3 = \frac{1}{3}(1 - \lambda)^2\sigma_1^2$$

所以

$$F = \alpha I_1 + J_2^{1/2} - K = \left[\alpha(1 + 2\lambda) + \frac{1}{\sqrt{3}}(1 - \lambda) \right]\sigma_1 - K = 0 \tag{3-26}$$

令

$$\beta = \alpha(1 + 2\lambda) + \frac{1}{\sqrt{3}}(1 - \lambda) \tag{3-27}$$

则　　　　　　　　　　　　$F = \beta\sigma_1 - K = 0$

即　　　　　　　　　　$\beta(E\varepsilon - EC\varepsilon^{n-5}) - K = 0$

令 $\omega = \dfrac{K}{\beta}$，则

$$E\varepsilon - EC\varepsilon^{n-5} - \omega = 0 \tag{3-28}$$

利用 Norton 迭代法求式（3-28）的根，则所得 ε 为塑性区煤体的应变极限值。

因此，当顶煤位移总量处于 ΔS_1 和 ΔS_2（$\Delta S_2 = H_m\varepsilon$）之间的煤体范围时，即为塑性区煤体范围。

3.2.2.3　散体区的划分

散体区煤体发生了很大的变形和位移，因此将顶煤位移总量大于 ΔS_2 的煤体划分为散体区范围。

3.2.2.4　顶煤横向、纵向分区原则

上述关于顶煤分区的原则是以弹性体、塑性体的判断准则为基础计算出各个区域的

顶煤临界位移值，用实测的位移与之相比较来确定顶煤分区的范围。实测时，我们是在顶煤的不同层位布置测点来测定不同层位、距工作面煤壁不同位置的顶煤位移情况，所以所测得的顶煤位移曲线往往有几条。研究认为，虽然这些曲线是不同的，但都符合指数分布规律，而且具有很好的相似性，因此可利用这些曲线对顶煤进行分区。

利用顶煤位移 S 与距工作面煤壁距离 L（即 S-L 曲线）进行顶煤分区有两种近似方法：一种方法是将这些不同层位的 S-L 曲线予以平均，用一个近似的 S-L 曲线方程作为顶煤的位移曲线进行顶煤的分区，如图 3-5 所示。另一种方法是利用顶煤不同层位的位移曲线，以下位层的位移特征作为条件予以判断，并将其与上位层之间的煤体划属在同一个分区内。例如，顶煤中不同层位三条测线 1、2、3（图 3-6），以测线 2 的位移特点断定 (a, b)、(b, c)、(c, d) 为弹性区、塑性区、散体区，则对应的 (a, b, b', a')、(b, c, c', b')、(c, d, d', c') 亦为弹性区、塑性区、散体区。

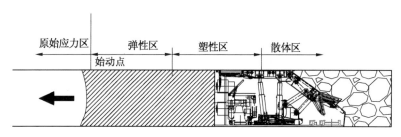

图 3-5 顶煤分区示意图（将 S-L 曲线平均）

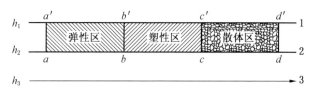

图 3-6 顶煤分区示意图（以下位层的位移特征为条件）

下面我们利用上述两种顶煤分区方法，以郑州米村矿 15011 综放工作面顶煤实测为基础来进行分区，并与实测结果作一比较。

米村矿 15011 综放工作面实测 h 为 5 m 时位移总量 S 与距工作面煤壁距离 L 之间的关系式为

$$S^{0.189}(L+10) = 26.972 \text{ mm}$$

h 为 6 m 时

$$S^{0.392}(L+10) = 83.441 \text{ mm}$$

h 为 7 m 时

$$S^{0.376}(L+10) = 93.470 \text{ mm}$$

式中 S——顶煤位移总量，mm；

L——距工作面煤壁不同距离，m。

取计算参数 $C_\varphi = 3.92$ MPa，$\varphi = 20°$，$\varepsilon = 0.06$，$E = 1.18 \times 10^4$ MPa，$\sigma_P = 7.84$ MPa。

按前述理论迭代运算后，其弹性区顶煤变形量为

$$\Delta S_1 = S_{和} = \frac{S_\perp}{C_\alpha}$$

式中 C_α——顶煤垂直位移占合位移的比例。

可由综放工作面的实测结果确定 C_α。在工作面煤壁前方 6 m 处，顶煤水平位移 $S_{//} = 10$ mm，顶煤垂直位移 $S_\perp = 1.95$ mm，顶煤坚固性系数 $f_{煤} = 2.9 \sim 4.4$，工作面顶煤 $f = 0.5$，则

$$C'_\alpha = \frac{S_\perp}{S_{和}} = \frac{S_\perp}{\sqrt{S_\perp^2 + S_{//}^2}} = \frac{1.95}{\sqrt{1.95^2 + 10^2}} = 0.19$$

$$\frac{C_\alpha}{C'_\alpha} = \frac{f}{f_{煤}}$$

因此，$C_\alpha = 0.033$。

将有关数据代入得

$$S_{和} = \Delta S_1 = 162 \text{ mm}$$

同理得

$$\Delta S_2 = 872 \text{ mm}$$

按第一种顶煤分区方法：以顶煤不同层位位移回归曲线的平均值代替顶煤位移曲线，即

$$S^{0.319}(L + 10) = 67.96 \text{ mm}$$

将 162 mm、872 mm 代入上式，可得 $L_1 = 3.41$ m，$L_2 = -2.16$ m。因此分区范围如图 3－7 所示。

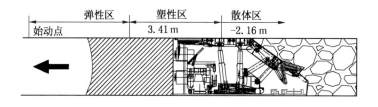

图 3－7　郑州米村矿 15011 综放工作面顶煤分区示意图（按第一种顶煤分区方法确定）

按第二种顶煤分区方法：将 162 mm、872 mm 代入顶煤不同层位位移方程，可得 $h = 5$ m 时 $L_1 = 0.33$ m，$L_2 = -2.5$ m；$h = 6$ m 时 $L_1 = 1.38$ m，$L_2 = -4.1$ m；$h = 7$ m 时 $L_1 = 3.81$ m，$L_2 = -2.6$ m。

米村矿 15011 综放工作面在 $h = 4$ m、5 m、6 m、7 m 时测定的顶煤位移与距煤壁不

同距离变化情况见表3-1。由表可知，顶煤位移变化较大的范围是顶煤裂隙较为发育的范围，属塑性区域，其两侧（即朝煤壁前方）为弹性区范围，朝采空区方向为散体区，根据实测数据断定顶煤分区如图3-8所示。

表3-1 距工作面煤壁不同位置顶煤的位移   mm

距煤壁不同距离	8 m	6 m	4 m	2 m	0 m	-2 m	-4 m	-6 m	-8 m
$h = 4$ m	11.2	17	22	40	200	550			
$h = 5$ m	14.5	19.5	30	57	126	84.5			
$h = 6$ m	39	87.7	115.2	137.7	450	1046	1905	2592	3814
$h = 7$ m	31	43	236	777	1740	2462	3085	3317	5840

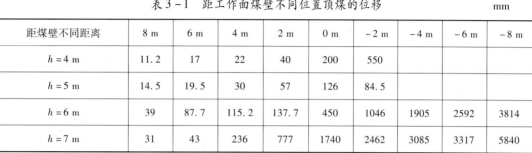

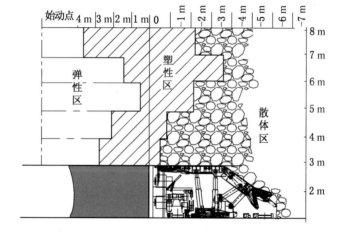

图3-8 15011综放工作面顶煤分区示意图（按第二种顶煤分区方法确定）

比较图3-7、图3-8、表3-1，可以看出理论分析与实测结果很相似，说明理论上关于顶煤分区的方法是正确的，且说明：

（1）对顶煤运移规律的认识从原来仅从其变形角度进行研究，增加到从变形角度和力学角度同时研究，使对顶煤运移规律的认识更加清晰。

（2）从力学角度可以直观有效地看出顶煤的介质转化特征。

（3）将实验基础上的直观性认识上升到理性认识，可为顶煤的可放性研究及确定合理有效的煤体注水参数提供新的思路。

3.2.3 顶煤分区研究的初步应用

可以利用顶煤分区的逆过程，用顶煤体在支架顶煤与掩护梁铰接附近的垂直位移为指标来断定顶煤是否可放。

在支架顶梁与掩护梁铰接处附近，当顶煤呈松散状时，可认为该煤体具有很好的可放性，即满足塑性破坏准则。

根据塑性破坏准则，有

$$F = \alpha I_1 + J_2^{1/2} - K = 0 \qquad (3-29)$$

考虑损伤因素，则

$$\sigma = E(1-D)\varepsilon$$

设：

$$\sigma_2 = \sigma_3 = \lambda \sigma_1 \qquad (3-30)$$

又

$$\varepsilon = \frac{S}{H_m}$$

将式（3-24）、式（3-25）、式（3-30）及式（3-31）代入式（3-29）得

$$E\left[\alpha(1+2\lambda) + \frac{1}{\sqrt{3}}(1-\lambda)\right]S_2(1-D) - H_m K = 0 \qquad (3-31)$$

令 $\omega_1 = E\left[\alpha(1+2\lambda) + \frac{1}{\sqrt{3}}(1-\lambda)\right]$，$\omega_2 = \dfrac{H_m K}{\omega_1}$，则

$$S_1 = \frac{H_m K}{\omega_1(1-D)} = \frac{\omega_2}{1-D}$$

式中　H_m——顶煤厚度。

在放煤口附近顶煤呈完全松散体，也就是说顶煤受到完全损伤，具有可放性，考虑实际因素，取 $D = 0.9$。

则当 $S \geqslant 10\omega_2$ 时，认为该煤层具有较好的可放性。

大量的实测表明，顶煤和位移满足下述指数方程：

$$S^M(L+10) = C_1 \qquad (3-32)$$

M、C_1 是随煤层条件和开采条件变化的量，S 是合位移，L 为距煤壁的距离。

由于顶煤在煤壁后方以垂直位移为主，所以近似认为 $S \doteq S_\perp$。

令 $L = -4\,\mathrm{m}$，可计算出 S 值，比较式 $S \geqslant 10\omega_2$ 是否成立，命题为真，则该顶煤体可放，否则放顶煤有困难。

从上述原理可以看出，该方法简单，易于操作，便于实用，关键的问题在于确定特定条件下顶煤的位移方程式，即式（3-32）中 C_1、M 参数的确定，这需要从多次实测以及影响顶煤位移的关键因素中找规律。

3.3　基于顶煤运移损伤力学特征的支架工作阻力的确定

支架合理工作阻力的确定一直是矿山压力研究的主要课题之一。在中厚煤层单一长壁开采时，认为支架载荷由直接顶岩层重力和基本顶来压的变形压力所组成，并按 4 ~ 8 倍采厚的岩柱重力予以计算，基本可满足生产要求。但对综放开采工作面支架载荷测

定表明，对于同样的围岩条件，支架载荷远低于借用中厚煤层长壁工作面支架载荷计算公式所得结果。如郑州米村矿 15011 综放工作面，平均煤厚为 8.4 m，直接顶为砂质泥岩，厚 3.6 ~ 8 m，采用 ZFS400 – 19/28 型中位放顶煤支架，支架初撑力为 4260 kN，额定工作阻力为 4400 kN，支架支护面积为 5.07 m^2。若以 $(4 ~ 8)\delta_m\gamma$（δ_m 为采厚，γ 为直接顶的密度）计算支架载荷，则支架工作阻力应为 3918 ~ 7836 kN（$\gamma = 2.3$ t/m^3），实际上支架平均额定工作阻力为 2255 kN，占设计工作阻力的 51%，其他综放工作面均有类似情况，表明传统的确定支架载荷方法已不适应综放开采的新条件，必须深入研究新的开采系统下支架载荷确定方法。

3.3.1 支架工作阻力确定的基本观点

3.3.1.1 顶煤体对于支架 – 围岩作用效果有重要影响

分析中厚煤层与综放开采围岩系统认为：综放开采在顶板岩层与支架之间增加一层强度较低的顶煤充当了直接顶，作为上覆岩层活动的"垫层"。它起综放开采顶板下沉运动基础的作用，也是顶板回转下沉而对支架作用的中介层，它的力学特性在支架 – 围岩关系中起着关键性作用。

以前对于中厚煤层开采支架 – 围岩关系的研究，将直接顶视为不可压缩并随移架而垮落的刚性体，基本顶岩层回转通过直接顶的刚性体对支架产生力的作用。由于中厚煤层采场直接顶（岩层）较顶煤体强度高，因此它对基本顶岩层作用效果影响不甚明显，以致掩盖了它在支架 – 围岩中的作用。近 20 年通过对综放开采矿山压力的实测与研究，日益认识到强度较低、多结构面的顶煤体对支架 – 围岩作用效果有明显影响。因此在研究其相互作用时，应充分认识和研究顶煤体的物理力学特性。

3.3.1.2 支架 – 围岩对顶煤体的作用效果表现为物理力学特性及位移的变化

放顶煤成功开采的前提是顶煤体能有效破碎，而顶煤体的破碎主要是靠矿山压力与支架的作用。煤壁前方以支承压力作用为主，控顶区内主要为顶板岩层变形压力与支架反复支撑。在此条件下，顶煤体从煤壁前方 6 ~ 20 m 即发生变形，逐渐进入塑性或脆性破坏状态。顶煤体的力学性态从弹性区向塑性区和散体区过渡。前面给出了几个区的定量判断方法。顶煤体在矿山压力与支架作用下，其位移在煤壁前方以水平位移为主，后方以垂直位移为主；合位移从煤壁前方始动点至放煤口依次增大，呈指数规律变化。

可以看出，顶煤体在支架 – 围岩系统作用下，从煤壁前方始动点至放煤口其介质与位移发生了明显变化，并呈宏观规律性。

3.3.1.3 顶煤体的变形特点符合宏观损伤力学的力学基础

分析大量顶煤体位移与裂隙变化实测结果可知：顶煤体的力学特征与其破坏有关，而破坏又与其位移特征相关，并从顶煤的可放性上分析，给出了顶煤体非破坏与破坏的概念。认为即使顶煤体有宏观裂隙出现，只要其与周围煤体保持力的联系，该煤体不呈破坏状态；凡已与周围煤体失去力的联系，呈散体介质状态，即认为已成破坏状态。这样顶煤体的整个运移过程经历了非破坏与破坏两个过程。非破坏过程是顶煤体裂隙扩展、演化和力学性态逐渐劣化的过程，累积到一定程度便进入破坏过程，煤体呈松散冒放体。可见从顶煤冒放性的基本点出发，可认为顶煤体运移过程符合宏观损伤原理，这样顶煤体变形特点可用等效的宏观损伤力学原理予以描述和研究。基于此观点，参考损伤力学的研究成果，提出了建立顶煤体从煤壁前方始动点运移至放煤口的损伤特性物性方程的原理与方法，并作了举例。其运移损伤方程的建立有以下特点：

（1）将不受采动影响的顶煤体视为无损伤体，顶煤体一旦有位移产生即认为损伤开始，并认为在煤壁前方始动点处顶煤体损伤变量为很小值，即 $D = 0.01$；顶煤体从煤壁前方运移至放煤口，认为已完全损伤，即 $D = 1.0$。

（2）损伤变量的确定依顶煤位移变化规律，即顶煤体合位移（水平、垂直位移）呈指数变化规律，则认为损伤变量亦呈指数变化规律。

依照上述认识可分别建立顶煤体在水平、垂直方向运移的损伤特性物性方程。

3.3.1.4　支架所受顶板岩层的外载等于促使顶煤体垂直变形的压力

顶煤体的变形、破坏是支架－围岩相互作用所产生的结果。顶板岩层的变形压力引起了顶煤体的变形（包括水平位移与垂直位移），而顶板变形压力引起顶煤体变形的同时将垂直压力通过顶煤体传递于支架，因此，顶煤体所承受的垂直变形压力即为顶板岩层通过顶煤体作用于支架的力。水平位移加剧了顶煤体的损伤，降低了顶煤体整体强度，所以支架所受顶板岩层变形压力可用顶煤体所受垂直变形压力予以计算。

3.3.2　综放开采支架工作阻力的确定方法

顶煤体从煤壁前方随采场推进运移至支架上方，结构已发生破坏，基本呈松散体，而顶板岩层的变形压力引起了顶煤体的变形，并通过顶煤体介质层将垂直变形压力传递于支架，因此支架载荷 F 由两部分组成：支架上方顶煤体的重力 W（$W = \delta_d L b \rho$，其中 δ_d 为顶煤厚度；L 为控顶距；b 为支架宽度；ρ 为煤的密度）和顶板岩层促使顶煤体垂直变形的压力 F_y。顶板岩层促使顶煤体垂直变形的压力按下述方法求得。

3.3.2.1　顶煤体运移损伤物性方程的建立

根据多次顶煤体位移与变形的现场实测可知，损伤变量 D 与顶煤体合位移 S、裂隙条数 N 有类推关系，$D \propto S \propto N$，而且 S、N 与距工作面不同位置 l 呈指数变化关系，所以可设 $D = AB^l$。根据损伤力学的基本原理，其基本弹性模量 E 与等效弹性模量 E_{ef} 有关系式，$E_{ef} = E(1 - D) = E(1 - AB^l)$。损伤性方程为

$$\sigma = E_{ef}\varepsilon = E(1 - D)\varepsilon \qquad\qquad (3-33)$$

式中　A、B——常数；

　　　　ε——应变。

利用式（3-33）与顶煤体水平与垂直方向的位移特点可分别建立水平与垂直方向的损伤物性议程。

3.3.2.2　在控顶区对顶煤体垂直方向物性方程积分求得所受变形压力

根据损伤力学原理，"损伤"是物体劣化的一种性质，劣化的过程是由于外界条件，

即外载、环境等变化引起的。顶板与顶煤相互作用，随工作面推进，顶板弯曲下沉，作用于顶煤中的应力发生变化，显现于煤体的变形、体积的膨胀。而由于应力主向的不同，必须产生水平与垂直变形，即顶煤体同时发生水平与垂直方向的损伤，因此作用于顶煤体的垂直变形压力为

$$F_y = \frac{\eta E b}{\delta_d} \int_0^{L_k} D_{/\!/} D_\perp S_v \mathrm{d}l \qquad (3-34)$$

式中 η——煤体弹性模量弱化系数，考虑岩石与岩体的影响效应，$\eta = 1/8 \sim 1/25$；

    $D_{/\!/}$、$D_\perp$——分别为顶煤体水平与垂直方向的损伤变量；

    S_v——顶煤垂直方向的变形量；

    L_k——支架顶梁长度；

    b——支架宽度；

    δ_d——顶煤厚度。

由式（3-34）可以看出，顶煤体承受岩层的变形压力与其弹性模量（强度）成正比关系，而与顶煤厚度成反比关系，如图3-9所示。

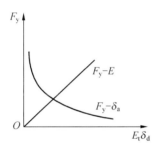

图3-9 顶煤受顶板岩层垂直压力与其
弹性模量及顶煤厚度的关系

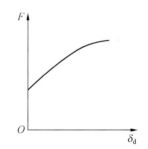

图3-10 综放工作面支架载荷
随顶煤厚度的变化曲线

上述关系可以有效地解释在同样的围岩条件下，煤层愈软，支架载荷愈小，支架承受顶板岩层的变形压力并不与采厚即采空区顶板活动空间成正比。

支架所受载荷大小随顶煤体厚度变化关系由呈线性增加的顶煤体重力与呈反比例函数的变形压力叠加而成，其总的变化趋势如图3-10所示。

这种$F-\delta_d$顶煤变化关系在同一综放工作面调整采高以改变顶煤厚度情况下存在，而且在支架设计工作阻力、围岩条件及采高相近的综放工作面也存在。图3-11为阳泉四矿、邢台邢台矿、石炭井乌兰矿、潞安王庄矿、米村矿支架实测载荷与采厚的变化关系。

3.3.2.3 应用举例

以大同忻州窑矿8902综放工作面实测资料为基础，计算支架受载并与实测结果相比较。

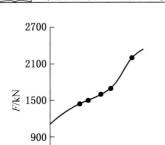

图 3－11　相似条件综放工作面支架载荷与采厚的变化曲线

8902 综放工作面煤层倾角为 6°～10°，煤层厚度为 6.61～10.5 m，煤层坚固性系数 $f = 2.9～4.4$。直接顶为灰色粉砂岩及砂质页岩，层理发育，含植物叶化石，局部夹有煤线，厚 0.58～2.37 m；基本顶为 24.1～37.4 m 的中粒砂岩，钙质孔隙胶结含 FeS_2 结构，较坚硬。工作面采用 TZFS6000－20/30 型放顶煤支架。

通过工作面"三区五线"矿压观测，在统计的 120 个循环中（移一次架为一个循环），支架的平均初撑力为 2435 kN，占其额定值的 45.8%，时间加权平均工作阻力为 3320 kN/架，占其额定值的 55.3%。可见，支架阻力利用率偏低，见表 3－2。可以看出，工作面顶板来压时支架阻力利用率明显提高，循环末阻力提高幅度最大。

表 3－2　支架阻力测定值

项目	支架阻力/(kN·架$^{-1}$)			占额定值的百分比/%		
	初撑力	时间加权工作阻力	循环末阻力	初撑力	时间加权阻力	循环末阻力
来压前	2315	2561	2687	43.5	42.7	44.8
来压时	3260	3765	4675	61.3	62.8	77.9

实测表明：顶煤在水平方向与垂直方向始动点分别在煤壁前方 5 m 和 2 m；在支架顶梁与掩护梁铰接处，顶煤裂隙偏转角 α 为 43.6°，在煤壁前方垂直位移始动点处 α 为 25.9°。根据前述理论计算支架受载，并将计算结果与实测数据加以比较。

根据前述建立顶煤体运移损伤方程的原理，有以下两组参数：

水平方向　$L = 5$ m，$D = 0.01$；$L = -4$ m，$D = 0.689$。

垂直方向　$L = 2$ m，$D = 0.306$；$L = -4$ m，$D = 0.724$。

L 的正、负以煤壁为坐标原点，由此建立顶煤在水平方向、垂直方向的运移损伤方程为

$$D_{/\!/} = 0.105 \times 0.6248^L$$

$$D_\perp = 0.0418 \times 0.489^L$$

煤体属硬煤，$E = 4$ GPa，岩体弹性模量为岩石的 1/25～1/8，取 $\eta = 1/12$，$H_m = 5.61$ m，$L_k = 4$ m，则顶板岩层作用支架的垂直变形压力为

$$P_y = \frac{\eta E b}{H_m} \int_0^{L_k} D_{/\!/} \, D_\perp \, \Delta \mathrm{d}L = \frac{\frac{1}{12} \times 4 \times 10^9 \times 1.5}{5.61} \times$$

$$\int_{-4}^0 0.105 \times 0.6248^L \times 0.0418 \times 0.489^L \times \frac{124}{1000} \times 0.58^{L+4} \mathrm{d}L = 3100 \text{ kN}$$

支架上方散体煤的重力为

$$W = H_m L_k b\rho = 5.61 \times 4.0 \times 1.5 \times 1.35 \times 10 = 454.4 \text{ kN}$$

可以看出，理论计算的支架载荷与实测结果有很好的相符性，说明理论计算支架载荷的原理是正确的，该工作面支架工作阻力设计偏高，支架阻力利用率偏低。

3.3.2.4 几点认识

确定支架工作阻力是矿山压力研究的重要课题，也是采场支架-围岩关系研究的核心。综放开采的特殊性（即一次采厚的加大）导致采空区顶板垮落空间加大，而实际的矿压显现并没有人们预想的那么大，因此综放采场支架工作阻力的确定从该工艺一开始就成为确定支架基本参数和学术界研究的重点，通过上述探讨为此问题的研究提供了一个新思路，有以下认识：

（1）顶煤的物理力学特性在综放开采矿压显现中起着关键性作用。

（2）定量描述顶煤的物理力学特性不仅是研究上覆岩层变形规律的基础，而且也是定量计算支架承受顶板岩层变形压力的需要。据多次实测与理论分析认为，可用宏观等效损伤力学原理予以描述。

（3）顶板岩层作用于支架的外载等于促使顶煤在垂直方向变形的压力；支架载荷由顶梁上方散体顶煤的重力和顶板岩层促使顶煤在垂直方向变形的压力两部分组成。

（4）根据支架载荷计算公式，成功解释了顶煤越软支架载荷越小及支架载荷并不与采厚成正比的现象，阐述了综放工作面支架载荷随顶煤厚度以及中厚煤层与综放工作面支架载荷随采厚变化的总趋势。

3.3.3 确定综放支架工作阻力的反分析法

3.3.3.1 基本理论

前面研究表明，支架载荷由两部分组成，即支架上方顶煤的重力 W 和顶板岩层促使顶煤垂直变形的压力 P_y。顶板岩层促使顶煤垂直变形的压力也按下述方法求得：在控顶区对顶煤垂直方向物性方程积分求得所受变形压力并考虑水平变形对顶板力传递的弱化作用。

因此，综放工作面支架所需工作阻力 P 为

$$P = W + P_y = H_m L_k b\gamma_{煤} + \frac{\eta E b}{H_m} \int_0^{L_k} D_{/\!/} D_{\perp} S_v \mathrm{d}L \qquad (3-35)$$

式（3-30）可以有效解释综放开采矿压显现特点，但要计算综放支架工作阻力有一定困难。可以看出式（3-30）的确定对于将要采取综放开采的工作面是困难的。最近提出了一种反分析数值模拟法，即先根据矿井采煤工作面以前的矿压显现特征、综放采区柱状图及岩石力学实验结果确定综放开采工作面数值模拟计算模型，再进行综放开采数值模拟计算确定式（3-30）中相关参数，这样使综放支架工作阻力理论计算公式更适于应用。

3.3.3.2 应用实例

以汝箕沟矿综放工作面支架工作阻力为例进行计算。

1. 工作面基本地质条件

拟采取综放开采的中央采区二煤层厚度为 6.79 ~ 16.60 m，平均厚 10.67 m，倾角约为 10°。煤层之上有一碳质泥岩，厚度为 0 ~ 0.5 m；直接顶为灰黑色砂质泥岩、粉砂岩，厚度为 0 ~ 9.82 m；基本顶以灰白色粗砂岩为主，硅质胶结，坚硬，块状层，中部变为灰白色细砂岩、中砂岩，下部为灰白色细砂岩，厚度约为 15 m；底板（G_6）为灰白色粉砂岩 ~ 中砂岩，局部变为灰黑色砂质泥岩，厚度为 1.78 ~ 16.95 m。

2. 用损伤力学理论解析式确定支架工作阻力

1）用 FLAC 程序模拟综放开采顶煤变形特点

（1）数值计算模型与参数。将采场围岩系统简化为平面应变模型，模型走向长 200 m，工作面顶梁长 4 m，机采高度为 2.9 m。

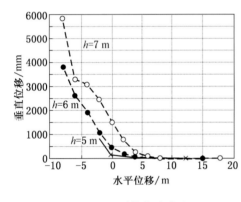

图 3 – 12　顶煤位移曲线

模型左右两侧水平位移为 0，岩层只发生垂直变形。模型下边界垂直位移为 0，上方受垂直载荷作用（γH，其中 H 为煤层平均赋存深度，γ 为上覆岩层平均容重）。模型共划分为 200×29 个单元，单元水平方向长度均为 1 m，垂直高度按岩层层厚大小确定。

（2）数值计算结果。工作面开挖 4 m 支架前移一次。图 3 – 12 为顶煤位移曲线（水平位移以采空区方向为正，垂直位移为负表示顶煤下沉），由图可以看出，顶煤向采空区方向移动始动点为 6 m（水平方向位移）。将顶煤垂直位移回归可得顶煤垂直方向变形量方程为

$$S_v = 0.0995 \times 0.8475^{L+4}$$

（3）支架工作阻力计算。设顶煤水平始动点 L 为 6 m 时顶煤开始产生破坏，取 $D = 0.01$；顶煤在支架顶梁末端 $L = -4$ m 时 $D = 1$，即顶煤完全破坏。根据厚煤层综放开采实践经验，取 $\alpha = 70°$，则

$$D_\perp = \begin{cases} 0.01 & L = 6 \text{ m} \\ 0.9397 & L = -4 \text{ m} \end{cases}$$

$$D_\parallel = \begin{cases} 0.01 & L = 6 \text{ m} \\ 0.342 & L = -4 \text{ m} \end{cases}$$

根据顶煤损伤变形的研究成果，顶煤在水平方向、垂直方向的运移损伤方程为 $D = AB^L$，将以上两组数据分别代入得

$$D_\parallel = 0.153 \times 0.635^L$$

$$D_\perp = 0.085 \times 0.7^L$$

2）用损伤力学理论解析式确定支架工作阻力

汝箕沟矿顶煤试样弹性模量 $E = 8.35$ GPa（平均值），岩体与岩块弹性模量的关系为 $E_m = (0.05 \sim 0.1)E_b$。

对于强度低、弱面多的岩体，其弹性模量与岩块间存在较小的比例系数，即 $E_m \rightarrow 0.05E_b$。由于顶煤强度比其他岩体强度低，且受采动影响弱面增多，因此在进行支架工作阻力计算时取 $\eta = 1/14$。顶煤平均厚 7.77 m，则

$$P_y = \frac{\eta E b}{H_m} \int_0^{L_k} D_{/\!/} \, D_\perp \, S_v \mathrm{d}L = \frac{1}{14} \times \frac{8.35 \times 10^9 \times 1.5}{7.77} \times$$

$$\int_{-4}^{0} (0.085 \times 0.7^L) \times (0.153 \times 0.635^L) \times (0.0995 \times 0.8475^{L+4}) \mathrm{d}L = 3739.7 \text{ kN}$$

取支架顶梁长度 $L_k = 4.755$ m，则支架上方散体煤的重量为

$$W = H_m L_k b \gamma_煤 = 7.77 \times 4.755 \times 1.5 \times 1.54 = 853.4 \text{ kN}$$

将两部分相加可得到支架工作阻力为

$$P = P_y + W = 4593.1 \text{ kN}$$

对上述计算结果进行取整，支架设计工作阻力不低于 4600 kN。

3.3.4　主要结论

（1）根据理论计算公式并结合现场矿压实测结果可以确定综放支架工作阻力。

（2）利用数值模拟方法与解析法相结合可以确定综放支架工作阻力。

4 综放开采矿压显现规律实测研究

我国自引进综放开采技术以来，许多学者专家非常重视顶板运移规律的研究，采用现场实测、实验室相似模拟、理论分析与有限元数值模拟相结合的方法，取得了许多重要认识。

本次观测是针对塔山矿大采高综放工作面条件而进行的，采用 CDW－60 型支架压力记录/采集系统、ARAMIS M/E 微震监测系统、GUW300 型顶煤顶板位移轨迹跟踪仪等设备进行现场实测。

4.1 塔山矿综放开采顶板活动规律

4.1.1 8105 综放工作面概况

本观测以塔山矿 8105 综放工作面为背景。工作面地表标高为 1352～1568 m，井下标高为 1015～1038 m；煤层平均厚度为 14.81 m，最大厚度为 20 m；倾角为 1°～3°；坚固性系数为 2.7～3.7，属于复杂结构煤层，垂直节理发育；煤层直接顶为黄白、灰白、灰绿色岩浆岩、灰黑色碳质泥岩、深灰色泥岩、黑色硅化煤交替赋存；直接底为灰褐色、浅灰色高岭质泥岩。工作面综合柱状如图 4－1 所示。塔山矿 8105 综放工作面倾向长度为 207 m，走向长度为 2965.9 m，可采走向长度为 2722 m，工业储量为 12.91 Mt，可采储量为 11.85 Mt，工作面采用走向长壁后退式综合机械化低位放顶煤采煤法。

液压支架是采煤工作面的核心设备，其工作阻力是采场支护的重要参数之一，对矿压控制有着重要的影响，是工作面实现安全高效回采的前提。塔山矿首采 8102 综放工作面煤层厚度为 11.1～31.7 m，平均厚 19.4 m，采用经验公式确定支架工作阻力为 10000 kN，即选用 ZF10000/25/38 型低位放顶煤液压支架，割煤高度为 3.5 m。工作面开采虽然取得了成功，但也遇到了许多问题：由于顶板与顶煤活动情况不清楚，工作面曾经多次发生压架事故，造成了一定的经济损失；为了更好地维护顶板，其接续工作面 8103 综放工作面选用了 ZF13000/25/38 型综放支架，但工作面仍然出现了损坏支架顶梁、四连杆、底座及压架挑顶现象。一些专家、学者从工作面参数、采放比、顶煤及顶板地质情况、支架性能、开采工艺、现场管理等方面分析了 8102 综放工作面、8103 综放工作面压架原因，最终采取深孔高压注水弱化顶板、提高支架初撑力、调大安全阀开启压力、及时移架等措施基本保障了 8104 综放工作面的安全回采。为满足《煤矿安全规程》之规定，8105 综放工作面采用了综放开采工艺。根据 8104 综放工作面矿压显现

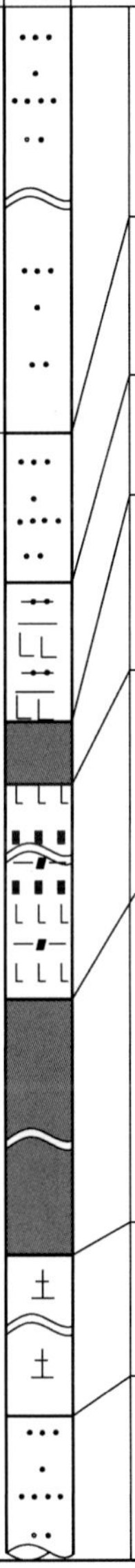

地层			比例尺 1:200	累深/m	层厚/m	岩 性 描 述
系	统	组				
二叠系	下统	山西组		58.44	$\dfrac{10.46\sim21.73}{15.67}$	褐、灰、灰白、深灰色细砂岩、中粒砂岩、粗砂岩、含砾粗砂岩、粉砂岩、砂质泥岩交替赋存,成分以石英为主,长石及暗色矿物次之,胶结致密,岩心较硬。含砾粗砂岩砾石直径大于2 mm,分选磨圆度较好
				42.77	$\dfrac{0.6\sim7.21}{3.17}$	灰、灰白、深灰、杂色粉砂岩、细砂岩、中粒砂岩、粗砂岩、砂砾岩交替赋存
石炭系	上统	太原组		39.6	$\dfrac{0.1\sim9.34}{2.97}$	灰黑色砂质泥岩、泥岩、灰绿色岩浆岩、硅化煤交替赋存,局部有深灰色粉砂岩,均一结构
				36.68	$\dfrac{0.15\sim2.10}{1.33}$	煤,暗淡型,粉状,局部变质大部硅化,中夹1~2层夹矸,岩性为黑色碳质泥岩、砂质泥岩
				35.3	$\dfrac{2.57\sim6.43}{4.49}$	黄白、灰白、灰绿色岩浆岩、灰黑色碳质泥岩、深灰色泥岩、黑色硅化煤交替赋存;岩浆岩为半晶质结构,赋存不稳定,厚度不均匀,硅化煤结构疏松,碳质泥岩含植物根茎叶化石,细腻、性脆、污手、易碎
				24.8	$\dfrac{12.18\sim18.17}{14.81}$	煤,黑色,半亮型、暗淡型,粉状及块状结构。煤层总厚12.18~18.17 m,平均14.81 m;利用厚度10.17~15.43 m,平均13.16 m;煤层中含夹矸4~14层,夹矸总厚度0.56~3.89 m,平均1.75 m,夹矸单层厚度0.05~0.83 m。夹矸岩性为黑色高岭岩、灰褐色高岭质泥岩、灰黑色碳质泥岩、泥岩、砂质泥岩,局部有深灰色粉砂岩
				9.99	$\dfrac{1.5\sim9.18}{4.87}$	灰褐色、浅灰色高岭质泥岩,块状,含有碳化体及煤屑,南部局部为深灰色砂质泥岩,块状,致密,均一,含植物根茎叶化石
				5.12	$\dfrac{4.22\sim11.69}{5.12}$	灰白、浅灰色细砂岩、中粒砂岩、粗砂岩、含砾粗砂岩,成分以石英、长石为主,次棱角状,磨圆度差,分选中等。局部赋存灰白色砂砾岩,以石英为主,见燧石,砾径5~15 mm,坚硬

图 4-1 8105 综放工作面综合柱状图

特征,最终确定 8105 综放工作面液压支架工作阻力为 15000 kN。工作面配套设备及技术参数见表 4-1 和表 4-2。

表 4-1 8105 综放工作面配套设备

序号	名 称	型 号	总装机功率/kW	能 力
1	采煤机	MG750/1915 - GWD	1915	2000 t/h
2	前部刮板输送机	SGZ1000/1710	2×855	2500 t/h

表 4-1 (续)

序号	名　称	型　号	总装机功率/kW	能　力
3	后部刮板输送机	SGZ1200/2000	2 × 1000	3000 t/h
4	转载机	PF6/1542	450	3500 t/h
5	破碎机	SK1118	400	4250 t/h
6	带式输送机	DSJ140/350/3 × 500	3 × 500	3500 t/h
7	乳化泵	BRW400/31.5	250	400 L
8	喷雾泵	BRW500/12.5	132	500 L

表 4-2　液压支架技术参数

名　称	型　号	初撑力/kN	工作阻力/kN	高度/mm
中部支架	ZF15000/28/52	12778	15000	2800 ~ 5200
过渡支架	ZFG/15000/28.5/45H	12778	15000	2850 ~ 4500
端头支架	ZTZ20000/30/42	15467	20000	3000 ~ 4200

4.1.2　综放工作面顶板来压规律

为了深入研究综放工作面的矿压规律，自塔山矿 8105 综放工作面 2010 年 9 月 5 日回采开始就对工作面矿压进行了同步观测，截止到 2010 年 12 月 6 日工作面机头累计推进 436 m，机尾累计推进 427 m，获取了比较完整的矿压数据。为了更全面分析整个综放工作面的矿压显现规律，对工作面沿倾向不同位置的 8 台液压支架的矿压数据进行了分析。

矿压观测期间工作面推进距离见表 4-3。各支架每天循环末（加权平均）阻力与其对应的来压判据及来压情况见图 4-2 至图 4-9（图中粗竖线为大周期来压，细竖线为小周期来压）、表 4-4 和表 4-5。

表 4-3　8105 综放工作面推进距离统计

日期 （月－日）	推进位置/m		日期 （月－日）	推进位置/m		日期 （月－日）	推进位置/m	
	机头	机尾		机头	机尾		机头	机尾
09 – 05	3.0	1.0	09 – 13	39.0	34.0	09 – 21	72.0	66.0
09 – 06	5.0	2.0	09 – 14	45.0	40.0	09 – 22	76.3	68.7
09 – 07	7.0	3.0	09 – 15	52.0	44.5	09 – 23	79.6	71.5
09 – 08	10.6	8.0	09 – 16	59.0	49.0	09 – 24	81.5	73.7
09 – 09	17.0	12.0	09 – 17	62.0	52.5	09 – 25	85.0	76.5
09 – 10	22.0	18.4	09 – 18	65.0	54.0	09 – 26	88.0	80.7
09 – 11	28.7	24.5	09 – 19	68.0	58.0	09 – 27	92.4	84.8
09 – 12	34.3	29.0	09 – 20	69.3	61.5	09 – 28	96.0	89.0

表 4-3（续）

日期 （月-日）	推进位置/m		日期 （月-日）	推进位置/m		日期 （月-日）	推进位置/m	
	机头	机尾		机头	机尾		机头	机尾
09-29	100.0	93.0	10-22	213.0	214.0	11-14	327.0	318.0
09-30	103.5	96.7	10-23	220.8	217.0	11-15	332.0	323.0
10-01	107.0	100.0	10-24	223.0	221.0	11-16	337.0	328.0
10-02	111.0	104.0	10-25	227.0	226.0	11-17	341.0	332.0
10-03	111.0	104.0	10-26	235.0	230.0	11-18	346.0	337.0
10-04	115.5	109.0	10-27	242.0	235.0	11-19	351.0	343.0
10-05	120.0	112.0	10-28	247.0	236.0	11-20	359.0	350.0
10-06	125.0	118.0	10-29	252.0	241.0	11-21	364.0	356.0
10-07	131.0	123.0	10-30	257.0	248.3	11-22	370.0	362.0
10-08	138.0	130.0	10-31	262.5	252.0	11-23	376.0	368.0
10-09	145.0	132.0	11-01	267.5	258.0	11-24	381.0	373.0
10-10	150.0	139.0	11-02	270.0	260.0	11-25	384.0	375.0
10-11	157.0	145.0	11-03	275.0	265.0	11-26	389.0	380.0
10-12	166.0	153.0	11-04	281.0	272.0	11-27	395.0	386.3
10-13	171.0	158.0	11-05	286.0	277.0	11-28	399.0	388.5
10-14	171.5	165.0	11-06	291.0	282.0	11-29	402.0	392.0
10-15	176.0	171.0	11-07	294.0	289.0	11-30	412.0	398.0
10-16	181.0	177.0	11-08	300.0	294.0	12-01	412.0	400.0
10-17	187.0	183.0	11-09	305.3	300.0	12-02	417.0	406.3
10-18	193.0	190.0	11-10	305.3	301.0	12-03	422.0	412.0
10-19	198.0	195.0	11-11	309.0	305.0	12-04	424.4	415.2
10-20	201.0	202.0	11-12	314.0	310.0	12-05	430.0	421.0
10-21	206.0	208.0	11-13	319.0	315.0	12-06	436.0	427.0

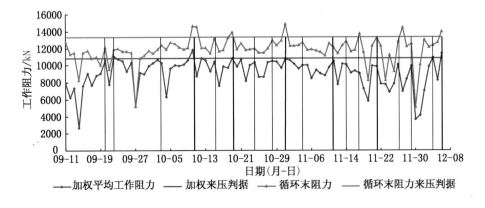

图 4-2　21 号支架工作阻力曲线

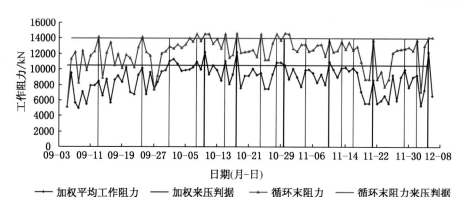

图 4-3 33 号支架工作阻力曲线

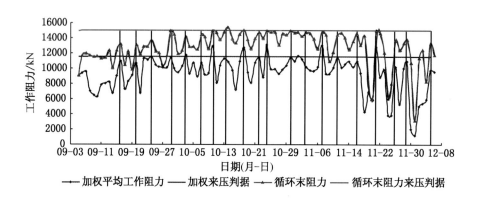

图 4-4 55 号支架工作阻力曲线

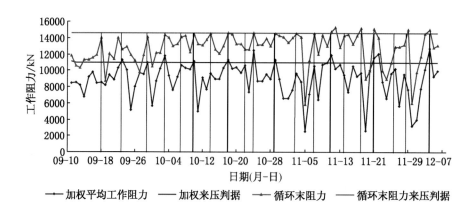

图 4-5 64 号支架工作阻力曲线

分析表 4-4 和表 4-5、图 4-2 至图 4-9 可知：工作面初采期间，虽然工作面不同位置有不同程度的局部来压，但矿压显现不明显，其中具有代表性的一次是 9 月 18 日，

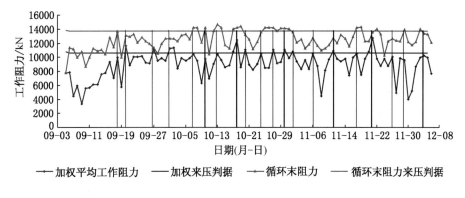

图 4-6　77 号支架工作阻力曲线

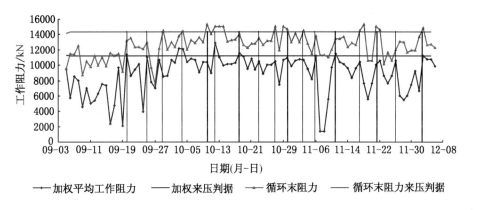

图 4-7　88 号支架阻力曲线

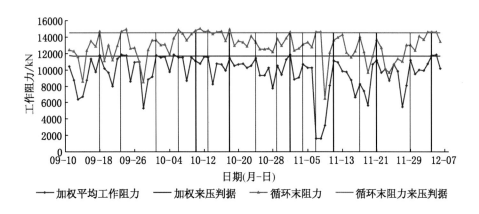

图 4-8　96 号支架工作阻力曲线

当工作面推进至 60 m 左右时有一半工作面有矿压显现，可认为直接顶的初次垮落。10 月 10 日，当工作面机头推进 150 m、机尾推进 139 m 时，整个工作面大面积来压，平均动载系数为 1.55，最大达 1.62，此时可认为基本顶出现初次垮落。

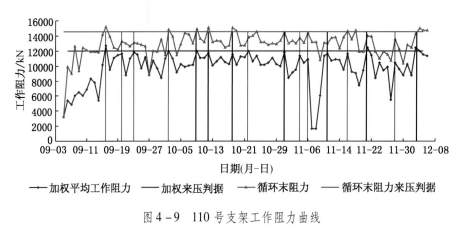

图 4-9　110 号支架工作阻力曲线

表 4-4　大周期来压情况统计表

支架号	21	33	55	64	77	88	96	110
初次来压步距/m	150	149	147	145	144	143	141	139
初次来压步距均值/m				144.75				
第Ⅰ次周期来压步距/m	43	44	45	46	47	48	49	51
第Ⅰ次周期来压步距均值/m				46.63				
第Ⅱ次周期来压步距/m	64	63	62	61	61	61	59	58.3
第Ⅱ次周期来压步距均值/m				61.16				
第Ⅲ次周期来压步距/m	52	52	53	53	54	54	55	56.7
第Ⅲ次周期来压步距均值/m				53.71				
第Ⅳ次周期来压步距/m	55	55	54	54	53	53	52	51
第Ⅳ次周期来压步距均值/m				53.38				
第Ⅴ次周期来压步距/m	60.4	60.4	60	60	60	59.5	59.2	59.2
第Ⅴ次周期来压步距均值/m				59.84				
大周期来压总平均/m				54.94				

表 4-5　大周期来压动载系数统计表

支架号	21	33	55	64	77	88	96	110
初次来压动载系数	1.51	1.57	1.58	1.56	1.58	1.62	1.49	1.45
初次来压动载系数均值/m				1.55				
第Ⅰ次周期来压动载系数	1.43	1.58	1.59	1.58	1.58	1.49	1.50	1.46
第Ⅱ次周期来压动载系数	1.54	1.58	1.59	1.57	1.56	1.55	1.46	1.40
第Ⅲ次周期来压动载系数	1.30	1.51	1.54	1.66	1.41	1.41	1.40	1.26
第Ⅳ次周期来压动载系数	1.38	1.51	1.59	1.64	1.52	1.59	1.37	1.35
第Ⅴ次周期来压动载系数	1.44	1.52	1.38	1.63	1.56	1.57	1.46	1.45
周期来压平均动载系数	1.42	1.54	1.54	1.62	1.53	1.52	1.44	1.38
周期来压总平均动载系数				1.5				

工作面经过基本顶初次来压后，随着工作面的继续推进，出现了大小周期现象。即大周期来压时，矿压显现覆盖整个工作面，且动载系数较大，工作面出现安全阀大面积开启、片帮加剧等现象，小周期来压时仅局部来压或来压动载系数小，工作面矿压显现不明显。每个大周期来压包含 1~2 个小周期来压，工作面平均周期来压步距为 23.7 m。

4.1.3 综放开采顶板破坏特征

我国对于综放开采顶板所成结构较为一致的观点是：顶板岩层在高位依然可形成平衡结构。综放开采的顶板岩层活动范围相对普通综放而言在横向、纵向必然明显加大，一些传统意义上能够形成平衡结构的基本顶岩层必然转化为直接顶岩层，最终可能以悬臂梁的结构形式存在。因此，综放开采顶板岩层中可能有两种结构形式，即悬臂梁结构及在高位岩层形成的铰接岩梁平衡结构。但顶板岩层具体是以什么形式存在、综放工作面出现大小周期现象的机理是什么？仅仅单从对支架工作阻力分析矿压显现规律角度很难得出结论，因此有必要进一步对综放开采顶板结构及断裂特征进行现场 ARAMIS M/E 微震监测，以期得出综放开采顶板岩层的结构形态。

4.1.3.1　ARAMIS M/E 微震监测方案

微震是岩体破裂的萌生、发展、贯通等失稳过程，并伴随有弹性波或者应力波在周围岩体中快速释放和传播的动力现象。微震监测就是采用微震网络对现场进行实时监测，通过监测所得的微震震源位置及其发生的时间来确定某一微震事件，同时计算释放出来的能量，进而得出微震活动的强弱和频率，并结合微震事件分布的位置判断工作面覆岩的空间破断特征。

ARAMIS M/E 微震监测系统集成数字信号传输系统（DTSS），实现了矿山震动定位、震动能量计算及震动的危险评价。传感器监测震动事件并将其处理为数字信号，然后由数字信号传输系统（DTSS）传送到地面。系统可以监测震动能量大于 100 J、频率范围在 0~150 Hz 且低于 100 dB 的震动事件。根据监测范围的不同，系统可选用不同频率范围的传感器。数据传输系统容许通过一根远距离传输电缆实现三向（X，Y，Z）震动速率变化信号的传输。系统通过 24 位 $\sigma-\delta$ 转换器提供震动信号的转换和记录，基于记录服务器完成连续、实时的震动监测。

ARAMIS M/E 微震监测系统的信号传输距离最大可以达到 10 km，系统的组成如图 4-10 所示。主要包括 ARAMIS WIN 数据后处理软件、数字信号传输系统（DTSS）及与地面相配合的井下 SN/DTSS 信息发射站。其中，数字信号传输系统（DTSS）包括地面 SP/DTSS 信息收集站和 SN/DTSS 信息发射站。地面 SP/DTSS 信息收集站由 OCGA 数字信号接收装置、配备 GPS 时钟的 ST/DTSS 传输系统控制模块、主通道切换模块及 SR 15-150-4/11 I 型配电装置组成。SN/DTSS 信息发射站包括 SPI-70 地震检波器及 NS-GA 震动信号发射装置。NSGA 震动信号发射装置还可与 GVu（顶板震动传感器）、GVd（底板震动传感器）、GH（水平震动传感器）及自带 CS/DTSS 监测模块的 SPI-70 地震检波器连接。

图4-10 ARAMIS M/E 微震监测系统结构图

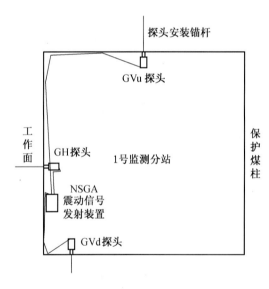

图4-11 8105综放工作面监测分站剖面示意图

根据塔山矿8105综放工作面的实际情况，制订了具有针对性的现场监测方案，即在8105综放工作面布置8个监测分站，每个测站布置1个探头，共8个探头，其中1号、5号、8号监测分站布置顶板探头，2号、3号、6号监测分站布置帮探头，4号、7号监测分站布置底板探头。该方案中监测分站分布相对密集，测点较多，监测网络密度更大。不同型号探头的位置如图4-11所示，具体布置情况见图4-12和表4-6。

4.1.3.2 ARAMIS M/E 微震监测结果

塔山矿8105综放工作面微震监测系统

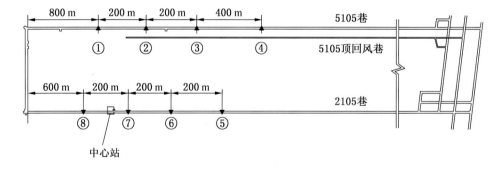

图4-12 微震系统布置平面示意图

表4-6　微震传感器坐标

传感器编号	X	Y	Z
1	3579	5086	1017
2	3525	4894	1018
3	3324	4937	1011
4	3378	5143	1016
5	3412	5276	1019
6	3463	4568	1015
7	3412	4468	1018
8	3279	4767	1012

自2010年11月12日进行安装调试,11月15日正常运转,截止到2011年1月4日工作面共推进342 m,共监测到微震事件5421个,其中有精确定位的微震事件1021个。

微震系统监测效果的好坏在于其是否能测量微震能量的确切大小及精确定位。微震系统具有很好的确定能量大小和震源位置的功能,通过计算,当震源距离测站位置较近时,微震系统可以记录到能量达到5~10 J的震动事件,这些震动主要是一些小的煤炮或煤壁片帮等。根据微震定位原理,要确定一个微震事件的精确位置,至少要有4个探头同时监测到该微震事件,此时需要微震事件具有较高的能量,根据监测结果,一般能量要达到500 J以上,这些震动一般为煤岩体破裂事件。图4-13和图4-14分别为微震事件波形和微震事件定位结果。

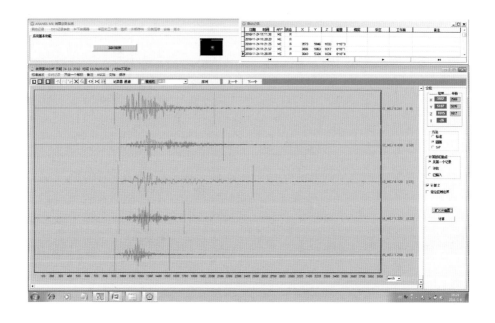

图4-13　微震事件波形图

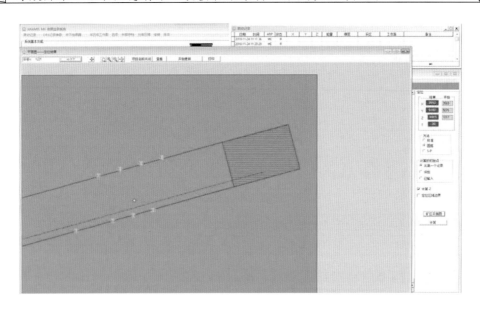

图 4 - 14 微震事件定位结果

4.1.3.3 微震事件的动态发展规律

每一次煤岩体破裂都会产生一次微震事件和声波，而震动能量、频次和密集程度等又综合反映了煤岩体受力破坏程度，微震事件能量越高，事件分布越密集，则煤岩体活动越剧烈，破坏也越严重，因此可通过 ARAMIS M/E 微震监测系统监测开采过程中微震事件能量、频次及发生位置等参数来分析煤岩体应力分布和顶板破坏特征。

为了便于分析和说明问题，选取 2010 年 12 月 1 日至 16 日的微震数据，通过每日微震事件的空间定位结果来描述微震事件的时空演化，进一步得出煤岩体的运动规律。图 4 - 15 为每日微震事件在平面上的动态分布规律，图 4 - 16 为每日微震事件沿倾向剖面投影动态分布规律，图 4 - 17 为每日微震事件沿走向剖面投影动态分布规律。说明：图中纵坐标相邻网格高差 25 m，圆点代表某一微震事件发生在岩层中的位置，圆点越大，颜色越深，能量就越大。

从图 4 - 15 中可以看出，微震事件随着工作面推进而有规律的向前移动，微震事件的动态发展规律表明微震活动与开采存在密切联系。微震活动具有明显的周期性，即每隔 3~5 d 会出现一次微震事件的高发期，高发期间微震次数和能量都有明显增加，反映了岩层周期性运动。

从图 4 - 16 中可以看出，微震事件在煤层、煤层底板及顶板中均有分布。正常活动期间，微震事件主要集中在煤层、煤层底板或底位顶板岩层中，而微震活动剧烈期间，微震事件有明显向高位顶板发展的趋势，表明随着工作面的推进顶板压力不断加大，煤体受压破坏和顶板受剪破坏的频率增加，破裂高度不断增高，直至高位顶板断裂，此后微震活动明显减弱，开始进入下一个周期。此外，微震事件往往从靠 5105 巷侧开始，逐

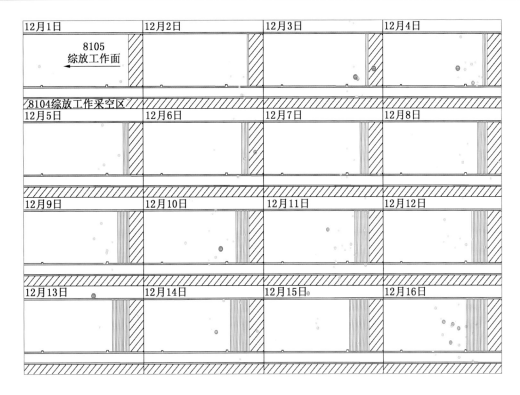

图 4-15 微震事件在平面上的动态分布情况

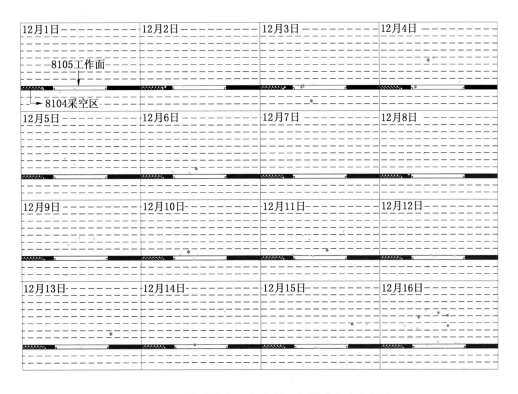

图 4-16 微震事件沿倾向剖面投影动态分布规律

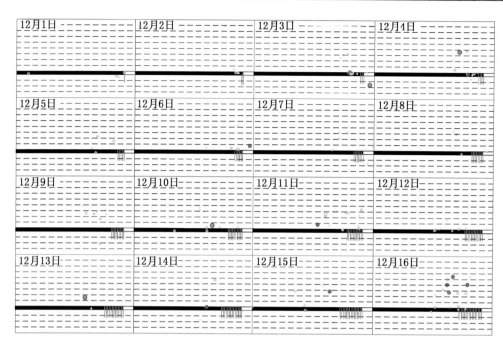

图 4－17　微震事件沿走向剖面投影动态分布规律

步向 2105 巷侧发展，说明工作面顶板断裂的不同步性，原因是 5105 巷临近 8104 综放工作面采空区。

由图 4－17 可以得知，顶板岩层中的微震事件主要分布在工作面前方受采动影响的岩层范围内，表明煤岩体断裂主要位于工作面的前方，而工作面后方的事件很少，以小能量微震事件为主，其主要原因是工作面后方顶板破裂以拉伸破坏为主，能量较小，且采空区中地震波传播过程中能量衰减迅速所致。

根据监测结果可知，40～50 m 厚的低位顶板岩层微震事件分布虽然较密集，但仍有规律可循，即低能事件分布密集无规律，高能事件周期分布；而在 40～50 m 以上的高位顶板岩层中微震事件虽然相对较少，但事件的出现具有明显周期性，且高位岩层出现一个周期时间段内，40～50 m 厚的低位顶板岩层出现一到两个小周期，反映了顶板来压存在着大小周期的现象，与矿压观测所得结果相符。

4.1.3.4　微震活动揭示的煤岩体空间破裂特征

1. 工作面垂直破裂特征

根据微震事件的定位结果可以判断煤层、煤层顶底板的破坏程度和破坏范围，其结果还可用于评价岩层运动与矿山压力灾害，也可用于解决工程中的实际问题。图 4－18 为 2010 年 11 月 26 日至 2011 年 1 月 10 日 8105 综放工作面微震事件揭示顶板垂直破裂特征。在垂直方向上，覆岩活动范围较大，最大达 200 m 左右。

2. 工作面走向破裂特征

为了研究综放工作面前方煤岩体的破坏特征，这里采用固定工作面不动的方法进行

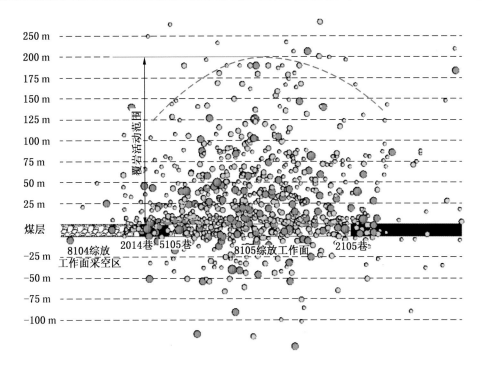

图 4-18 微震事件揭示顶板垂直破裂特征

分析，即假定工作面的位置为固定不动的，然后根据微震事件的定位结果及工作面的推进度，计算出每个微震事件对于固定工作面的相对坐标值。如图 4-19 所示，假设第 i 天第 j 个微震事件 P_i 的定位坐标为 (x, y, z)，且第 1 天至第 i 天工作面的推进距离为 L_i，则选取第 1 天的位置作为固定工作面，可以求得该微震事件的相对坐标值 (X, Y, Z)，即

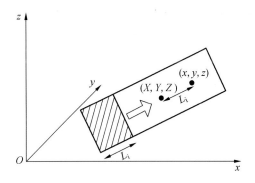

图 4-19 微震事件绝对位置与相对位置的关系图

$$\left. \begin{array}{l} X = x - L_i\cos\alpha\cos\beta \\ Y = y - L_i\cos\alpha\sin\beta \\ Z = z - L_i\tan\beta \end{array} \right\} \tag{4-1}$$

式中　α——工作面的推进角度；

　　　β——工作面推进方向在水平面上的投影与 x 轴之间的夹角。

对于塔山矿 8105 综放工作面来说，工作面沿走向可以认为是近水平，即 $\alpha = 0$，则

$$\left. \begin{array}{l} X = x - L_i\cos\beta \\ Y = y - L_i\sin\beta \\ Z = z \end{array} \right\} \tag{4-2}$$

通过固定工作面可得 8105 综放工作面前方微震事件揭示顶板走向破裂特征，如图4－20所示。微震监测结果与沿走向煤岩体破裂关系见表4－7。工作面前方120 m 以外为原岩应力区，该区域煤岩体受采动的影响小，微震事件发生的次数极少，能量很低，处于微震事件的萌芽期。进入工作面120 m 范围内煤体应力开始逐步增加，此时过渡为应力升高区，在此区域，随着工作面的回采，顶板岩层的缓慢运动使煤岩体所受载荷不断增大，煤岩体内裂纹扩张和宏观裂隙的产生急剧增加，并伴随着一定范围内局部煤岩体的断裂破坏，导致微震频次和能量急剧增加，在这个过程中微震事件将依次经历发展期和高潮期。进入工作面前方20 m 以内之后，煤体应力降低到原岩应力以下，该范围处于应力降低区，该区域由于前期煤岩体裂隙扩张和断裂消耗了大量能量，导致裂纹的扩张和宏观裂纹的增长明显放缓，微震事件的频度和强度迅速降低，微震事件逐步进入平静期。

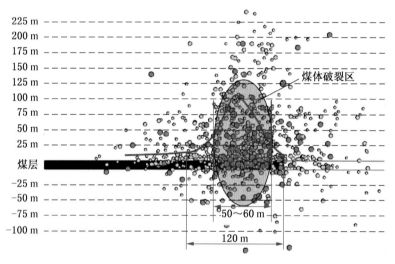

图4－20　微震事件揭示顶板走向破裂特征

表4－7　微震监测结果与沿走向煤岩体破裂关系

距离煤壁距离/m	应力区域	煤岩体破坏特征	微震活动特征	微震经历时期
>120	原岩应力区	煤岩体破裂很少发生	事件很少，能量很小	萌芽期
80~120	应力升高区	旧裂纹闭合，新裂纹产生与裂纹扩张	微震事件不断增加，释放能量增加	发展期
20~80	峰值应力区	宏观裂隙形成，断裂破坏	微震分布最密集，释放能量最大	高潮期
<20	应力降低区	裂纹的扩张和宏观裂纹的增长明显放缓	微震事件和释放能量显著减少	平静期

4.1.3.5　微震事件与矿压显现规律关系

为了揭示微震事件的频次、能量与矿压规律之间关系，选取 2010 年 12 月 1 日至2011 年 1 月 4 日期间支架工作阻力的观测数据进行分析，支架工作阻力变化及工作面来压情况如图4－21至图4－28所示（图中粗竖线为大周期来压，细竖线为小周期来压）。

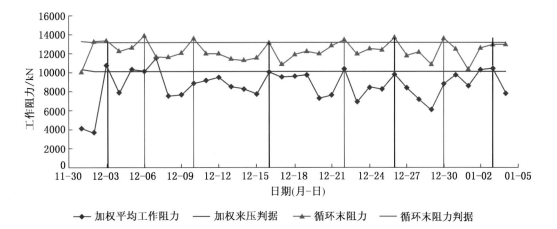

图 4-21　21 号支架工作阻力曲线

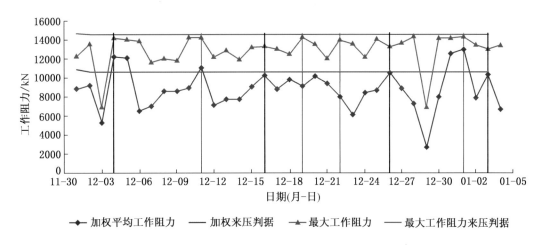

图 4-22　33 号支架工作阻力曲线

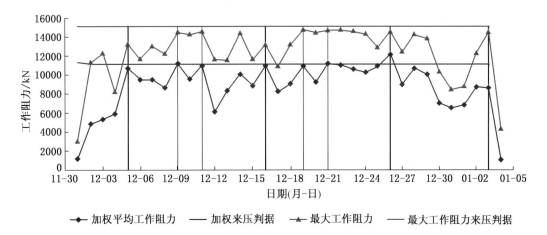

图 4-23　55 号支架工作阻力曲线

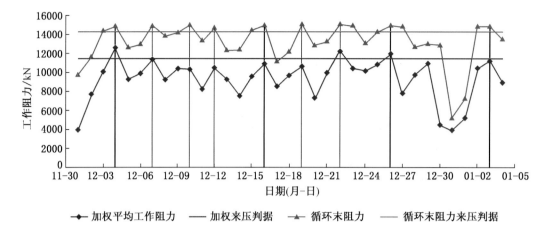

图 4-24　64 号支架工作阻力曲线

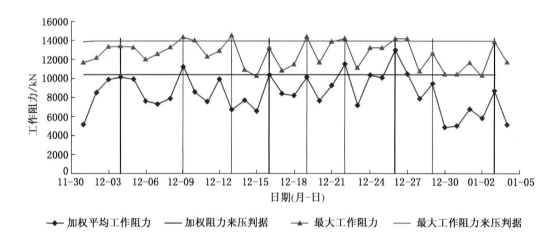

图 4-25　77 号支架工作阻力曲线

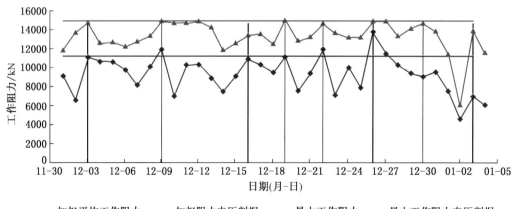

图 4-26　88 号支架工作阻力曲线

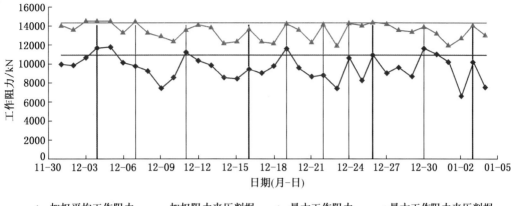

图 4-27 96 号支架工作阻力曲线

图 4-28 110 号支架工作阻力曲线

　　根据前节矿压规律分析结果及图 4-21 至图 4-28 可知：工作面在正常回采期间存在着大小周期来压的现象。大周期来压时矿压显现范围覆盖整个工作面，来压强度大；小周期来压时仅局部来压或来压动载系数小，工作面矿压显现不明显。

　　图 4-29 为微震监测频次、能量与工作面 64 号支架来压的关系。从图中可以看出，微震监测事件频次及其能量与工作面周期来压有较好的对应关系，周期来压期间，微震频次和能量一般都有明显的增长。结合支架压力变化情况来看，微震活动的增加先于支架压力的增长，因此可以根据微震监测结果对工作面周期来压进行分析和预测。

　　根据现场矿压观测和微震监测结果可知：8105 综放工作面来压分为大周期来压和小周期来压。图 4-30 为 8105 综放工作面大小周期来压期间微震监测到的两次高能事件的定位结果及其示意的顶板破裂形态。

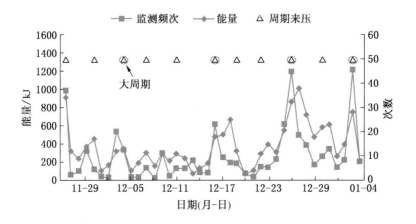

图 4－29 微震活动与工作面 64 号支架来压的关系

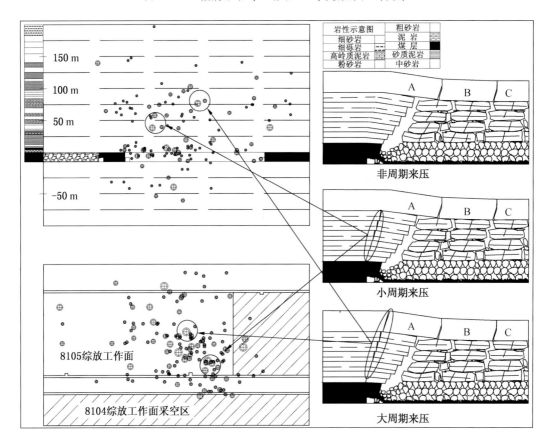

图 4－30 8105 综放工作面大小周期来压期间顶板破裂形态示意图

综上分析，大周期来压期间，高位顶板及其下方 40～50 m 厚的低位顶板岩层运动均加剧，高位顶板出现高能微震事件；而在小周期来压期间，40～50 m 厚的低位顶板岩层断裂频繁且发生高能微震事件。因此，可认为顶煤上方 40～50 m 厚的低位顶板岩层失稳产生小周期来压，其上高位岩层的失稳产生大周期来压。由于高位顶板岩层破断促使 40 ~ 50 m 厚的低位顶板岩层同时断裂，影响范围广，强度大，因此产生大周期来压，即工作面存在大小周期来压现象。

4.1.4 综放开采顶煤顶板运移规律

微震监测结果揭示了综放工作面顶板的运动特征及活动规律，很好地解释了大小周期来压的现象。通过矿压及微震监测结果可推断出高位岩层必然以铰接岩梁的结构形式存在，但 40 ~ 50 m 厚的低位顶板岩层到底以何种结构形式存在不得而知，因此有必要对 8105 综放工作面的顶煤及这部分顶板岩层运移规律做进一步的研究。

4.1.4.1 顶煤顶板位移轨迹跟踪仪布置方案

基于位移—电阻检测技术、采用电学间接测量方式研制的宽量程、高精度、操作简便的 GUW300 型顶煤顶板位移轨迹跟踪仪具备深层和浅层两个检测通道，可同时对两个不同层位的顶煤或顶板进行观测，仪器如图 4 - 31 所示。

图 4 - 31　GUW300 型顶煤顶板位移轨迹跟踪仪

该仪器能够自动记录顶煤及顶板运移数据，最大量程可达 2 m，后续处理软件能够自动处理数据并绘制成曲线。距塔山矿 8105 综放工作面开切眼 300 m 处布置第一测站，间隔 15 m 布置第二测站，每个测站内共向顶煤及顶板打 4 个钻孔，对应安装 4 台 GUW300 型顶煤顶板位移轨迹跟踪仪，每个跟踪仪连接钻孔内两个深基点，共 8 个深基点。钻孔与巷道的夹角取 45°。1 ~ 4 号钻孔水平仰角分别为 40°、30°、20°、10°；1 ~ 4 号钻孔孔口距底板高度分别为 2.4 m、2.1 m、1.8 m 和 1.5 m。钻孔布置示意图如图 4 - 32 所示，深基点布置示意图如图 4 - 33 所示。通过图 4 - 33 可以看出，一个测站 8 个深基点，顶煤、顶板中各布置 4 个。

钻孔布置的基本参数几何关系如图 4 - 34 所示，深基点具体参数值见表 4 - 8。基本几何关系如下：

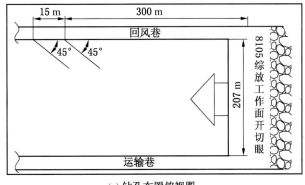

(a) 钻孔布置俯视图

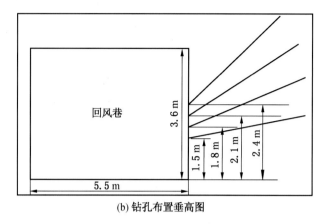

(b) 钻孔布置垂高图

图 4–32　钻孔布置示意图

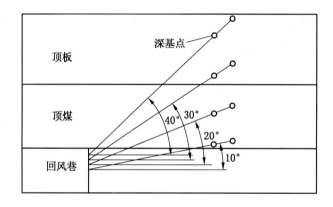

图 4–33　深基点布置示意图

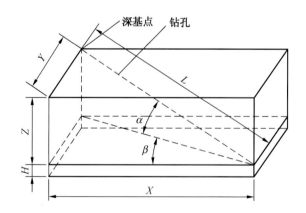

Y—孔口至深基点处垂直于回风巷的水平长度，m；Z—直接底至深基点处的铅垂高度，m；
H—孔口到直接底的铅垂高度，m；L—基点深度，m；α—钻孔的仰角，(°)；β—钻孔与
回风巷的夹角，(°)；X—孔口至深基点处平行回风巷的水平长度，m

图 4–34　深基点参数几何关系图

表4-8 测 站 参 数

孔号	H/m	基点号	$\alpha/(°)$	距底板高度/m	距孔口高度/m	L/m	X/m	Y/m
1	2.4	11	40	32.1	29.7	46.2	35.4	25.0
		12		26.1	23.7	37.0	28.3	20.0
2	2.1	21	30	22.5	20.4	40.9	35.4	25.0
		22		18.4	16.3	32.7	28.3	20.0
3	1.8	31	20	14.7	12.9	37.7	35.4	25.0
		32		12.1	10.1	30.1	28.3	20.0
4	1.5	41	10	7.7	6.2	35.9	35.4	25.0
		42		6.5	5.0	28.7	28.3	20.0

$$X = \sqrt{(L\cos\alpha)^2 - (L\sin\beta)^2} \qquad (4-3)$$

4.1.4.2 顶煤、顶板运移观测数据分析

从顶煤、顶板的始动点开始，利用软件记录的数据计算出当天随工作面推进不同层位顶煤距工作面煤壁不同距离时的合位移，直到深基点进入支架后方冒落后观测结束。软件自动生成的数据曲线如图4-35所示（记录了顶煤、顶板的实测合位移与距煤壁距离之间的变化关系）。顶煤、顶板位移量具体实测数据见表4-9、表4-10。为了更方便分析深基点距工作面煤壁不同距离与顶煤、顶板合位移之间对应关系及变化规律，以距煤壁水平距离为横坐标，顶煤、顶板合位移为纵坐标，将表4-9、表4-10中的实测数据绘制成图。由于一个测站的测点布置较多，所以绘图时将一个测站的顶煤、顶板合位移分别进行绘制，如图4-36和图4-37所示。

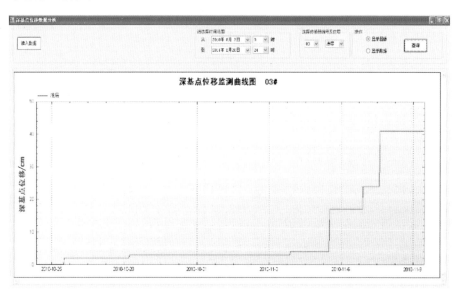

图4-35 后处理软件自动生成的数据曲线

表 4–9　第一测站顶煤、顶板位移实测结果　　　　　　　　　　mm

距工作面煤壁距离			48 m	43 m	37 m	34 m	29 m	22 m	18 m	12 m	10 m	5 m	−2 m	−6 m	−8 m	−10 m	−15 m
顶煤	h = 6.5 m	位移增量	—	—	—	−13	−13	−3	−3	−3	−4	−3	−108	−180	−20	—	—
		位移总量	—	—	−10	−23	−36	−39	−42	−45	−49	−52	−160	−340	−360	—	—
	h = 7.7 m	位移增量	—	—	—	−27	−7	−7	−5	−14	—	−7	−117	−104	−170	—	—
		位移总量	—	—	−18	−45	−52	−59	−64	−78	−82	−89	−206	−310	−480	—	—
	h = 12.1 m	位移增量	—	—	—	—	−3	−3	−3	−2	−4	−120	−40	−50	−200	—	—
		位移总量	—	—	—	−15	−18	−21	−24	−26	−30	−150	−190	−240	−440	—	—
	h = 14.7 m	位移增量	—	−2	−2	−4	−3	−3	−2	—	—	−49	−71	−20	−10	−310	—
		位移总量	−20	−22	−24	−28	−31	−34	−36	−38	−40	−89	−160	−180	−190	−500	—
顶板	h = 18.4 m	位移增量	—	—	—	—	—	−3	−3	−6	−2	−147	−5	−387	−4	−4	—
		位移总量	—	—	—	—	−9	−12	−15	−21	−23	−170	−175	−562	−566	−570	—
	h = 22.5 m	位移增量	—	—	—	—	—	−1	−3	−2	−1	—	−192	−4	−117	−106	−102
		位移总量	—	—	—	—	−11	−12	−15	−17	−18	−19	−211	−215	−332	−438	−540
	h = 26.1 m	位移增量	—	—	—	—	—	—	−40	−51	−20	−79	−120	−121	−46	−12	−21
		位移总量	—	—	—	—	—	−11	−51	−102	−122	−201	−321	−442	−488	−500	−521
	h = 32.1 m	位移增量	—	—	—	—	—	—	−31	−49	—	−55	−8	−4	−4	−3	−54
		位移总量	—	—	—	—	—	−12	−43	−92	−95	−150	−158	−162	−166	−169	−223

表 4–10　第二测站顶煤、顶板位移实测结果　　　　　　　　　　mm

距工作面煤壁距离			42 m	39 m	34 m	27 m	23 m	17 m	15 m	10 m	4 m	−2 m	−6 m	−9 m	−15 m
顶煤	h = 6.5 m	位移增量	—	—	—	−8	−13	−1	−4	−3	−37	−101	−240	—	—
		位移总量	—	—	−13	−21	−34	−35	−39	−42	−79	−180	−420	—	—
	h = 7.7 m	位移增量	—	—	—	—	−3	−1	−8	−3	−18	−30	−60	−210	—
		位移总量	—	—	—	−17	−20	−21	−29	−32	−50	−80	−140	−350	—
	h = 12.1 m	位移增量	—	—	−6	−13	−7	−11	−13	−17	−121	−40	−50	−210	—
		位移总量	—	−12	−18	−31	−38	−49	−62	−79	−200	−240	−290	−500	—
	h = 14.7 m	位移增量	—	−1	−9	−1	−9	−17	−3	−20	−80	−20	−60	−170	—
		位移总量	−20	−21	−30	−31	−40	−57	−60	−80	−160	−180	−240	−410	—
顶板	h = 18.4 m	位移增量	—	—	—	—	—	−8	−12	−40	−30	−7	−23	−20	−130
		位移总量	—	—	—	—	−10	−18	−30	−70	−100	−107	−130	−150	−280
	h = 22.5 m	位移增量	—	—	—	—	—	−3	−10	−28	−30	−30	−70	−20	−150
		位移总量	—	—	—	—	−9	−12	−22	−50	−80	−110	−180	−200	−350

表 4 - 10（续）   mm

距工作面煤壁距离		42 m	39 m	34 m	27 m	23 m	17 m	15 m	10 m	4 m	−2 m	−6 m	−9 m	−15 m
顶板	$h=$ 26.1 m 位移增量	—	—	—	−5	−7	−10	−30	−40	−23	−77	−30	−10	−160
	位移总量	—	—	−8	−13	−20	−30	−60	−100	−123	−200	−230	−240	−400
	$h=$ 32.1 m 位移增量	—	—	—	−2	−6	−12	−20	−40	−30	−70	−20	−10	−71
	位移总量	—	—	−10	−12	−18	−30	−50	−90	−120	−190	−210	−220	−291

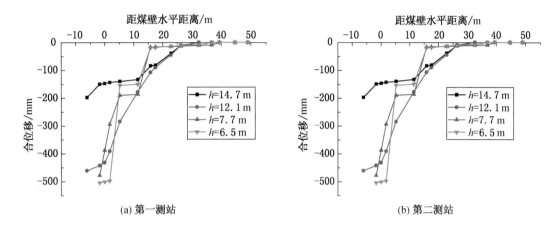

图 4 - 36　顶煤合位移曲线图

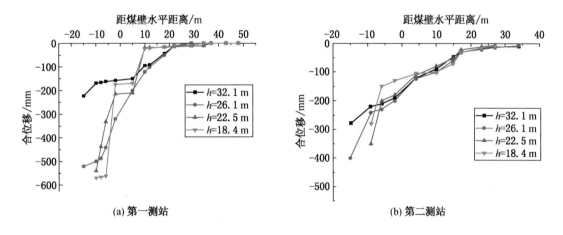

图 4 - 37　顶板合位移曲线图

　　由表和图可知，两个测站的 8 个顶煤基点自煤壁向后，其冒落位置距煤壁最大 10 m，最小 6 m，平均 7.8 m，以平均控顶距 6.5 m 计，顶煤平均冒落点位置大于支架平均控顶距，尤其是中上层顶煤（$h=12.1$ m 与 $h=14.7$ m）冒落点平均值达到了 9 m，说明中上层顶煤有滞后冒落现象，滞后距离平均达到了 2.5 m，顶煤呈倒台阶冒落，见图 4 - 38、图 4 - 39 和表 4 - 11。

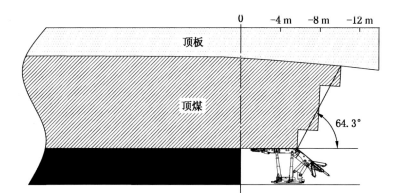

图 4 - 38   第一测站顶煤垮落示意图

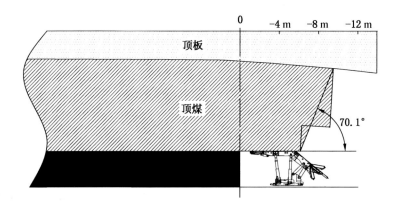

图 4 - 39   第二测站顶煤垮落示意图

表 4 - 11   顶 煤 运 移 规 律 总 结

测站	垂高（距底板）/m	始动点距煤壁/m	单位推进位移量/(mm·m⁻¹)		位移量/mm			冒落位置（距煤壁）/m	顶煤垮落角/(°)
			煤壁前方	煤壁后方	煤壁前方	煤壁后方	总 位 移		
第一测站	6.5	37	1.21	51.33	52	308	360	－6	64.3
	7.7	37	1.85	48.88	89	391	480	－8	
	12.1	34	3.13	36.25	150	290	440	－8	
	14.7	48	1.75	41.10	89	411	500	－10	
第二测站	6.5	34	2.19	56.83	79	341	420	－6	70.1
	7.7	34	2.22	45.00	80	270	350	－6	
	12.1	39	4.76	33.33	200	300	500	－9	
	14.7	42	3.91	25.56	180	230	410	－9	

从两测站 8 个顶板基点来看，$h = 18.4$ m、22.5 m、26.1 m 顶板中的基点都呈倒台阶的形式冒落，特别是距煤层底板高度 32.1 m 的基点滞后煤壁 15 m 左右位移量才急剧增大。参照工作面内魏 1403 钻孔柱状图，可认为 32.1 m 基点所在层位 15.67 m 厚的砂质泥岩没能及时垮落，其与之下方以倒台阶形式存在的岩层一同组成组合悬臂梁。表 4-12 为顶板运移规律总结。

表 4-12　顶板运移规律总结

测站	垂高（距底板）/m	始动点距煤壁/m	单位推进位移量/(mm·m⁻¹)		位移量/mm		
			煤壁前方	煤壁后方	煤壁前方	煤壁后方	总位移
第一测站	18.4	29	5.86	40.00	170	400	570
	22.5	34	6.21	32.90	211	329	540
	26.1	22	9.14	21.33	201	320	521
	32.1	22	6.82	4.87	150	73	223
第二测站	18.4	27	3.96	19.22	107	173	280
	22.5	27	4.07	26.67	110	240	350
	26.1	34	3.62	18.47	123	277	400
	32.1	34	3.53	7.33	120	171	291

4.1.5　综放开采顶板结构模型的建立

综合分析现场矿压观测、ARAMIS M/E 微震监测系统顶煤顶板运移规律观测结果，可以初步建立综放开采顶板组合短悬臂梁-铰接岩梁结构模型，如图 4-40 所示。

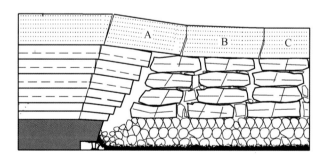

图 4-40　综放采场顶板组合短悬臂梁-铰接岩梁结构模型

4.1.6　小结

（1）矿压观测结果表明，综放工作面顶板来压存在大小周期来压现象，大周期来压期间矿压显现范围覆盖整个工作面，且动载系数较大，工作面出现安全阀大面积开启、片帮加剧等现象，而小周期来压期间工作面矿压显现不明显。

（2）特厚煤层综放工作面围岩活动范围较大，8105 综放工作面超前支承压力影响范围为 120 m，覆岩活动范围最高达 200 m。

（3）通过分析 GUW30 型顶煤顶板位移轨迹跟踪仪的观测结果，认为直接顶岩层以组合悬臂梁的形式存在。

（4）基于矿压、微震及顶煤顶板位移轨迹跟踪仪的现场观测结果揭示了综放工作面大小周期来压的发生机理，即组合悬臂梁周期性断裂产生小周期来压，铰接岩梁破断引起组合悬臂梁同时失稳产生大周期来压；初步建立了特厚煤层综放开采顶板控制设计的组合悬臂梁－铰接岩梁结构模型。

4.2　千树塔煤矿综放工作面矿压显现规律

通过对千树塔煤矿 11305 综放工作面矿压规律进行现场实测，深入分析 11305 综放工作面不同阶段的矿压显现规律。

4.2.1　11305 综放工作面概况

K5 勘探线位于 11305 综放工作面沿推进方向的中部，具体位置如图 4－41 所示，其 K5 勘探线剖面图如图 4－42 所示。工作面地表标高为 1259～1356 m，井下标高为 1082～1095 m，煤层厚度为 10.57～11.21 m，平均厚 10.63 m，倾角 1°，坚固性系数为 2.57；工作面顶板基岩层以泥岩、长石砂岩为主，直接底为泥岩，基本底为粉砂岩。11305 综放工作面倾向长度为 200 m，走向长度为 1938 m。综放开采，机采高度为 2.7～4.3 m。工作面详细的配套设备见表 4－13 和表 4－14。

表 4－13　11305 综放工作面主要机电设备

序　号	名　　称	型　　号	总装机功率/kW	能力/(t·h^{-1})
1	采煤机	MG750/1860－WD	1860	2000
2	前部刮板输送机	SGZ1000/2×700	2×700	2200
3	后部刮板输送机	SGZ1200/2×700	2×700	2500
4	转载机	SZZ1200/525	525	3000

表 4－14　液压支架技术参数

名　称	型　　号	初撑力/kN	工作阻力/kN	高度/mm
中部支架	ZF16000/24/45	12818	16000	2400～4500
过渡支架	ZFG16000/24/45	12818	16000	2400～4500
端头支架	ZTZ20000/25/43	15520	20000	2500～4300

为了深入研究 11305 综放工作面的矿压显现规律，自 11305 综放工作面 2014 年 10 月 3 日回采开始至 2015 年 5 月回采结束，对工作面矿压进行了现场实测观测，获取了完

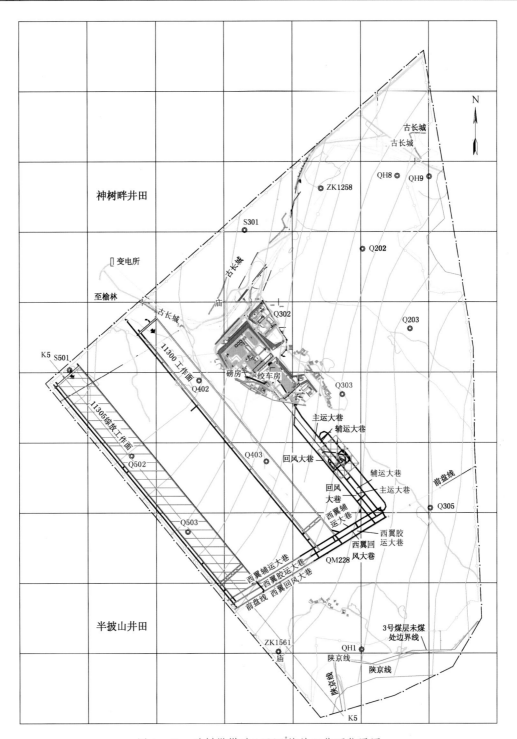

图 4-41　千树塔煤矿 11305 综放工作面位置图

整的矿压数据。

4.2.2　11305 综放工作面初采期间矿压显现规律

为了更全面研究 11305 综放工作面初采期间的矿压显现规律，对工作面开始回采至

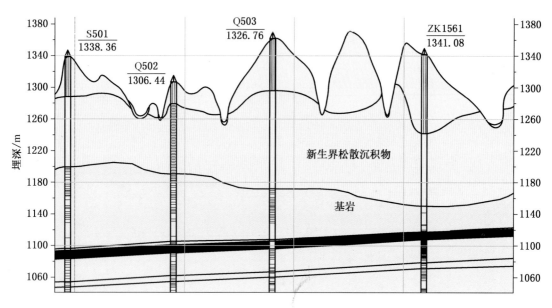

图 4 - 42　千树塔煤矿 K5 勘探线剖面图

第一次见方（推进 236 m）期间的 30 号支架、60 号支架、90 号支架的矿压数据进行分析研究。

11305 综放工作面每日的推进度较大，最大日进度达 13.9 m。因此，为了更精确、有效地分析矿压显现规律，将日进度按 08：00—16：00、16：00—24：00、00：00—08：00 三个时段均等分，计算实例及算法如图 4 - 43 和图 4 - 44 所示。

B4 ▼	🔍 fx	=IF(INT((ROW()-1)/3)=(ROW()-1)/3,INDIRECT("f"&ROW()+2),"")					
	A	B	C	D	E	F	G	H
1	日期	总进尺/m						
2		机头 ▼	机尾 ▼	▼	▼	▼	▼	▼
3	2014/10/3	7.9	7.8					1
4		10.7	10.4					1
5		13.6	12.9					1
6	2014/10/4	16.4	15.5	8.5	2.83	10.73	13.57	1

图 4 - 43　10 月 4 日 00：00—08：00 时段机头推进距离计算

B5 ▼	🔍 fx	=IF(INT((ROW()-2)/3)=(ROW()-2)/3,INDIRECT("g"&ROW()+1),"")					
	A	B	C	D	E	F	G	H
1	日期	总进尺/m						
2		机头 ▼	机尾 ▼	▼	▼	▼	▼	▼
3	2014/10/3	7.9	7.8					1
4		10.7	10.4					1
5		13.6	12.9					1
6	2014/10/4	16.4	15.5	8.5	2.83	10.73	13.57	1

图 4 - 44　10 月 4 日 08：00—16：00 时段机头推进距离计算

各支架每时段的平均循环末阻力与其对应的来压判据如图 4 – 45 至图 4 – 47 所示，图中虚线为小周期来压，实线为大周期来压。工作面初采来压情况见表 4 – 15。

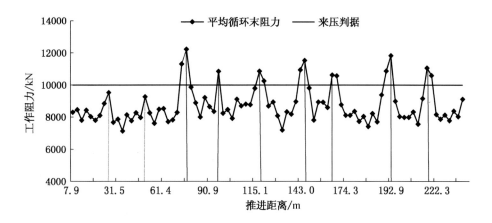

图 4 – 45　30 号支架平均循环末阻力曲线

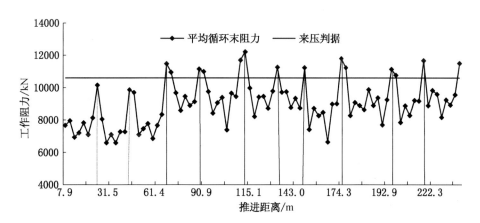

图 4 – 46　60 号支架平均循环末阻力曲线

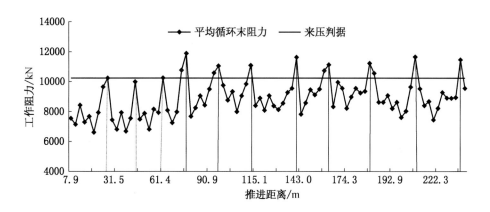

图 4 – 47　90 号支架平均循环末阻力曲线

表4-15 初采期间来压情况统计表

来压情况描述	30号支架		60号支架		90号支架	
	步距/m	动载系数	步距/m	动载系数	步距/m	动载系数
初次来压	73.8	1.473	66.3	1.446	73.8	1.43
第1次周期来压	20.3	1.229	21.8	1.227	20.3	1.259
第2次周期来压	23.7	1.245	24.3	1.325	18.3	1.215
第3次周期来压	28.5	1.309	17.7	1.215	27.4	1.337
第4次周期来压	19.2	1.206	19.4	1.212	22.5	1.228
第5次周期来压	27.4	1.374	24.8	1.302	19.3	1.225
第6次周期来压	23.6	1.242	21.7	1.231	25.8	1.328
第7次周期来压	—	—	20.5	1.344	25.5	1.318
第8次周期来压	—	—	19.5	1.254	—	—

分析图4-45至图4-47及表4-15可知:工作面基本顶大面积垮落之前经历了2~3次小的来压。根据矿压理论,可定义第一次小的压力显现为直接顶的初次垮落。由于煤层一次采出厚度大,覆岩活动空间大,因此可认为基本顶大面积来压之前以悬臂梁形式存在的顶板岩层与其上部固支梁断裂、回转的合成或单独作用引起了这几次小的来压。当工作面推进至66.3~73.8 m时,整个工作面矿压显现明显,此时可认为是基本顶的初次来压,平均初次来压步距为71.3 m,平均动载系数为1.45。

工作面经过基本顶初次来压后,随工作面继续推进,矿压显现均比较平缓。工作面周期来压步距为17.7~28.5 m,平均为22.73 m,平均动载系数为1.273;中部平均来压步距和平均动载系数较两端小,但其平均循环末阻力较两端大。

4.2.3 综放工作面矿压显现规律的埋深效应

为了研究矿压显现规律与埋深的关系,对比分析了推进距离分别为1012.65~1140.65 m(埋深152.1 m,基岩厚度为70.05 m)和1351.1~1524.8 m(埋深279.4 m,基岩厚度为65.42 m)时的矿压显现规律,如图4-48至图4-53、表4-16至表4-18所示。鉴于两回采区间煤层厚度基本没变化、基岩厚度相差值较小,近似认为两回采区间的煤层和基岩厚度相同,埋深不同。

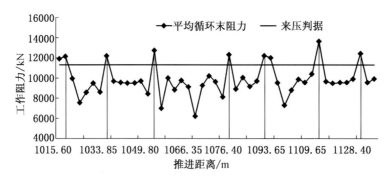

图4-48 推进距离为1012.65~1140.65 m期间30号支架平均循环末阻力曲线

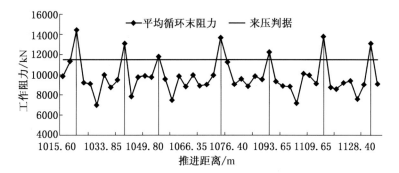

图 4-49 推进距离为 1012.65～1140.65 m 期间 60 号支架平均循环末阻力曲线

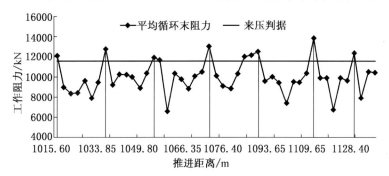

图 4-50 推进距离为 1012.65～1140.65 m 期间 90 号支架平均循环末阻力曲线

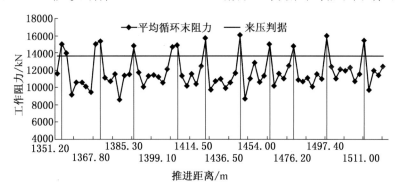

图 4-51 推进距离为 1351.1～1524.8 m 期间 30 号支架平均循环末阻力曲线

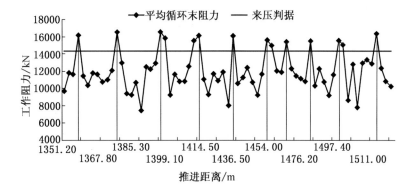

图 4-52 推进距离为 1351.1～1524.8 m 期间 60 号支架平均循环末阻力曲线

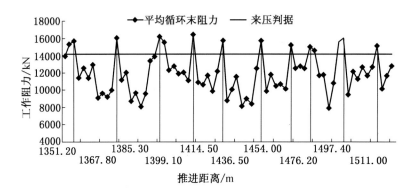

图4-53 推进距离为1351.1～1524.8 m期间90号支架平均循环末阻力曲线

表4-16 推进距离为1012.65～1140.65 m期间来压情况统计（埋深152.1 m）

来压情况描述	30 号支架		60 号支架		90 号支架	
	步距/m	动载系数	步距/m	动载系数	步距/m	动载系数
第1次周期来压	17.55	1.384	19.27	1.473	20.67	1.450
第2次周期来压	19.86	1.354	15.03	1.270	15.03	1.197
第3次周期来压	22.50	1.400	18.47	1.358	21.50	1.388
第4次周期来压	15.02	1.282	19.05	1.308	17.33	1.275
第5次周期来压	23.17	1.481	22.50	1.522	23.10	1.466
第6次周期来压	17.55	1.292	21.20	1.490	18.15	1.342

表4-17 推进距离为1351.1～1524.8 m期间来压情况统计（埋深279.4 m）

来压情况描述	30 号支架		60 号支架		90 号支架	
	步距/m	动载系数	步距/m	动载系数	步距/m	动载系数
第1次周期来压	16.40	1.225	16.70	1.458	19.50	1.492
第2次周期来压	19.10	1.382	20.40	1.479	20.40	1.460
第3次周期来压	16.00	1.322	17.80	1.439	15.00	1.371
第4次周期来压	18.30	1.410	22.00	1.536	19.40	1.434
第5次周期来压	20.50	1.513	17.50	1.392	20.50	1.629
第6次周期来压	16.10	1.378	12.70	1.292	18.20	1.451
第7次周期来压	15.80	1.305	16.20	1.364	13.10	1.195
第8次周期来压	21.20	1.476	17.10	1.411	17.90	1.394
第9次周期来压	16.10	1.319	16.10	1.440	15.30	1.309

表4-18 两推进距离来压情况对比

条 件	来压情况描述	30 号支架	60 号支架	90 号支架	平 均
推进距离为 1012.65 ~ 1140.65 m	平均来压步距/m	19.28	19.25	19.3	19.28
	平均动载系数	1.366	1.404	1.353	1.374
	平均循环末阻力/kN	9789	9810	10054	9884
推进距离为 1351.1 ~ 1524.8 m	平均来压步距/m	17.72	17.39	17.7	17.6
	平均动载系数	1.37	1.423	1.415	1.4
	平均循环末阻力/kN	11865	12098	11970	11978

由现场观测得知:工作面推进距离为 1012.65 ~ 1140.65 m 时最大来压步距为23.17 m,平均 19.28 m;最大动载系数为 1.522,平均为 1.374。工作面推进距离为 1351.1 ~ 1524.8 m 时最大来压步距为 22.00 m,平均 17.6 m;最大动载系数为 1.629,平均1.4。

研究得出:煤层和基岩厚度相同时,埋深越大,周期来压步距越小,动载系数越大,平均循环末阻力越大。分析原因,可能是不同推进距离覆岩结构不同,导致动载系数和循环末阻力随埋深而增大。

4.2.4 综放工作面矿压显现规律的基岩厚度效应

为了研究矿压显现规律与基岩厚度的关系,对比研究了推进距离分别为 349.1 ~ 482 m (埋深 179.6 m,基岩厚度为 104.1 m)和 1642.5 ~ 1797.9 m(埋深 180.7 m,基岩厚度为 62.49 m)时的矿压显现规律,如图 4-54 至图 4-59、表 4-19 至表 4-21 所示。

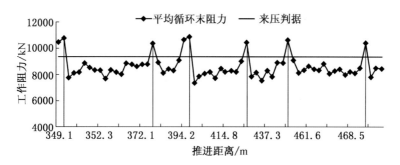

图4-54 推进距离为 349.1 ~ 482 m 期间 30 号支架平均循环末阻力曲线

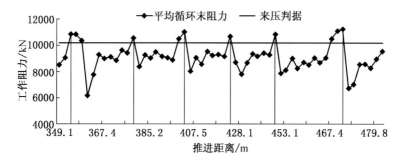

图4-55 推进距离为 349.1 ~ 482 m 期间 60 号支架平均循环末阻力曲线

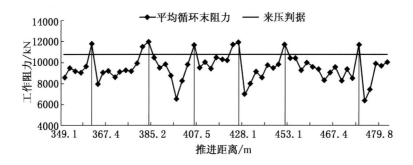

图 4-56　推进距离为 349.1～482 m 期间 90 号支架平均循环末阻力曲线

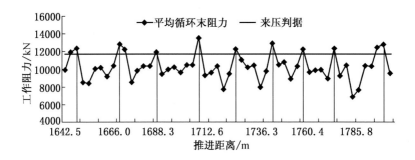

图 4-57　推进距离为 1642.5～1797.9 m 期间 30 号支架平均循环末阻力曲线

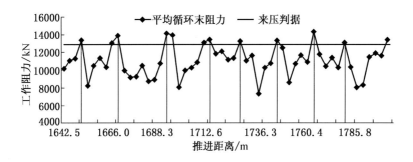

图 4-58　推进距离为 1642.5～1797.9 m 期间 60 号支架平均循环末阻力曲线

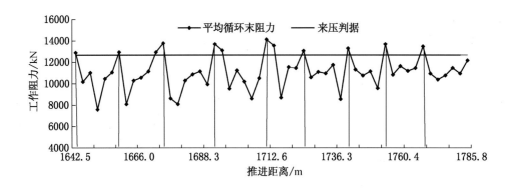

图 4-59　推进距离为 1642.5～1797.9 m 期间 90 号支架平均循环末阻力曲线

表 4-19 推进距离为 349.1~482 m 期间来压情况统计（基岩厚 104.1 m）

来压情况描述	30 号支架		60 号支架		90 号支架	
	步距/m	动载系数	步距/m	动载系数	步距/m	动载系数
第 1 次周期来压	25.60	1.268	24.00	1.234	22.80	1.316
第 2 次周期来压	20.90	1.215	26.30	1.174	22.90	1.305
第 3 次周期来压	27.70	1.217	19.00	1.195	19.80	1.177
第 4 次周期来压	25.10	1.278	25.20	1.202	25.10	1.346
第 5 次周期来压	25.40	1.271	20.90	1.265	20.80	1.268

表 4-20 推进距离为 1642.5~1797.9 m 期间来压情况统计（基岩厚 62.49 m）

来压情况描述	30 号支架		60 号支架		90 号支架	
	步距/m	动载系数	步距/m	动载系数	步距/m	动载系数
第 1 次周期来压	21.90	1.326	19.40	1.336	16.80	1.285
第 2 次周期来压	16.10	1.226	21.80	1.469	17.90	1.333
第 3 次周期来压	20.70	1.350	21.40	1.358	19.90	1.364
第 4 次周期来压	18.10	1.327	14.90	1.148	21.20	1.382
第 5 次周期来压	17.60	1.306	17.20	1.299	15.10	1.237
第 6 次周期来压	14.80	1.211	19.30	1.323	17.20	1.255
第 7 次周期来压	16.90	1.282	15.70	1.199	17.10	1.280
第 8 次周期来压	18.90	1.381	18.20	1.311	15.00	1.195

表 4-21 两推进距离来压情况对比

条 件	来压情况描述	30 号支架	60 号支架	90 号支架	平 均
推进距离为 349.1~482 m	平均来压步距/m	24.94	23.08	22.28	23.43
	平均动载系数	1.25	1.214	1.282	1.249
	平均循环末阻力/kN	8605	9281	9532	9139
推进距离为 1642.5~1797.9 m	平均来压步距/m	18.125	18.49	17.525	18.05
	平均动载系数	1.301	1.305	1.291	1.299
	平均循环末阻力/kN	10281	11107	11092	10827

研究得出：工作面推进距离为 349.1~482 m 时最大来压步距 27.70 m，平均 23.43 m；最大动载系数为 1.346，平均为 1.249。工作面推进距离为 1642.5~1797.9 m 时最大来压步距为 21.90 m，平均为 18.05 m；最大动载系数为 1.469，平均为 1.299。

研究得出：埋深和煤层厚度相同时，基岩厚度越小，周期来压步距越小，而其对应的动载系数和平均循环末阻力却增大。这与普通综放工作面周期来压步距小，其对应的动载系数和平均循环末阻力减小的传统理论存在差异。分析其结果，有可能是覆岩结构和运移规律与普通综放工作面存在较大差异。

4.2.5 小结

通过现场实测得出以下主要结论：

（1）11305 综放工作面基本顶大面积垮落之前，工作面局部经历了 2～3 次小的来压；工作面初次来压步距较大，平均初次来压步距为 71.3 m，平均动载系数为 1.45。

（2）工作面经过基本顶初次来压后，随着工作面继续推进，矿压显现均比较平缓。工作面周期来压步为 17.7～28.5 m，平均为 22.73 m，平均动载系数为 1.273；中部平均来压步距和平均动载系数较两端小，但其平均循环末阻力较两端大。

（3）煤层和基岩厚度相同时，埋深越大，周期来压步距越小，动载系数和平均循环末阻力均随埋深的增大而增大。

（4）埋深和煤层厚度相同时，基岩厚度越小，周期来压步距越小，而其对应的动载系数和平均循环末阻力却增大。

（5）研究埋深和基岩厚度对矿压显现规律的影响得知，可能上覆岩层存在不同结构，导致矿压显现规律与传统矿压理论存在较大差异。

从现场观测结果仅能得出一些矿压显现规律，无法研究矿压显现差异于传统矿压理论的发生机理。因此，有必要采用相似模拟和理论分析等研究不同煤层赋存条件下覆岩活动规律。

5 普通埋深综放开采相似模拟研究

塔山矿覆岩没有载荷层，全部为基岩且埋深较大，是比较典型的普通埋深矿井。影响其顶板垮落特征及活动规律的因素主要有顶板的物理力学性质、割煤高度和煤层厚度（采厚）等。由于在特定矿井地质条件下顶板物理力学指标是属性值，因此有必要分析采高和采厚两因素对顶板活动规律的影响。

由于现场实测需要的人力、物力较多，而且受客观条件制约和多因素的影响，因此不易得出较为系统、普遍、直观的顶板岩层所成结构模型。相似模拟试验则可根据现场实际煤层赋存的地质条件，人为控制和改变试验基础条件，从而确定单因素或多因素对综放开采顶板岩层所成结构模型的影响情况及变化规律。相似模拟试验的相似程度高，周期短，结果直观，见效快。

本章采用相似材料模拟的试验手段，研究普通埋深综放开采顶板的活动规律，进一步验证组合短悬臂梁－铰接岩梁结构的存在及工作面大小周期来压的机理，研究组合短悬臂梁－铰接岩梁结构运动形式对矿压的影响、割煤高度和采厚两因素对综放工作面回采过程中顶板垮落特征及活动规律的影响。

5.1 相似模拟试验设计

5.1.1 试验目的

试验以塔山矿 8105 综放工作面的煤层赋存条件为原型做简化调整，以使本试验的结果对大同矿区乃至其他煤层赋存条件类似的矿井起到借鉴作用。工作面内魏 1403 钻孔的岩层结构见表 5－1，试验方案见表 5－2。通过综合对比分析所有方案的研究结果进一步验证综放工作面顶板组合短悬臂梁－铰接岩梁结构的存在及其演化过程对矿压的影响，研究组合短悬臂梁－铰接岩梁结构的采厚、割煤高度效应等。

5.1.2 试验材料及相似比

本试验采用中国矿业大学(北京)的二维相似模拟试验台，试验台长×宽为 4200 mm×220 mm，高度方向则根据表 5－1 建至地表。设几何相似比 $\alpha_L = 200:1$，容重比 $\alpha_\gamma = 1.6:1$，要求模拟与实体所有各对应点的运动情况相似，即要求各对应点的速度、加速度、运动时间等都成一定比例。所以要求时间比为常数，即 $\alpha_t = \sqrt{\alpha_L} = 14.14$（$\alpha_t$ 为时间相似比）。

由 $\alpha_L = 200$、$\alpha_\gamma = 1.6$ 得岩石强度指标 $\alpha_\sigma = \alpha_L \alpha_\gamma = 320$。原型与模型之间强度参数的关系满足公式 $[\sigma_c]_M = \dfrac{[\sigma_c]}{\alpha_\sigma}$，其中 $[\sigma_c]_M$ 为模型单轴抗压强度，$[\sigma_c]$ 为原型单轴抗

表5-1 魏1403钻孔岩层结构表

层号	层厚/m	岩石名称	层号	层厚/m	岩石名称	层号	层厚/m	岩石名称
C1	4.49	碳质泥岩与硅化煤交替	C22	2.4	粉砂岩	C43	7.25	粗砂岩
C2	1.33	煤	C23	2.24	高岭质泥岩	C44	1.7	细砾岩
C3	2.97	砂质泥岩	C24	1.4	粉砂岩	C45	10.15	中砂岩
C4	3.17	中砂岩	C25	14.39	高岭质泥岩	C46	20.52	细砾岩
C5	15.67	砂岩与泥岩交替	C26	4.1	粉砂岩	C47	10.18	细砂岩
C6	1.12	泥岩	C27	2.4	细砾岩	C48	4.95	粉砂岩
C7	1.78	煤	C28	3.7	粗砂岩	C49	4.58	细砂岩
C8	5.37	砂岩与泥岩交替	C29	3	粉砂岩	C50	2.16	细砾岩
C9	1.1	粗砂岩	C30	14.13	砂质泥岩	C51	9.34	细砂岩
C10	1.3	粉砂岩	C31	4.1	粉砂岩	C52	1.4	粉砂岩
C11	1.55	高岭质泥岩	C32	1.7	细砂岩	C53	8.6	细砾岩
C12	5.03	粉砂岩	C33	7.96	砂质泥岩	C54	5.9	细砂岩
C13	1	粗砂岩	C34	2.66	粉砂岩	C55	1.7	粉砂岩
C14	1.1	粉砂岩	C35	1.65	细砂岩	C56	1	细砂岩
C15	5.37	高岭质泥岩	C36	3.5	粉砂岩	C57	12.28	中砂岩
C16	1.25	粉砂岩	C37	5.35	砂质泥岩	C58	10.2	粉砂岩
C17	2.93	粗砂岩	C38	1.6	高岭质泥岩	C59	5.34	砂质泥岩
C18	0.9	粉砂岩	C39	0.65	粗砂岩	C60	10.68	细砂岩
C19	1.1	粗砂岩	C40	13.64	粉砂岩	C61 至 地表	122.56 m	
C20	4.43	高岭质泥岩	C41	7.72	细砂岩			
C21	2.7	细砂岩	C42	2	砂质泥岩			

表5-2 相似模拟方案

煤层厚度/m	15	15	15	15	15	12	18	9	6
割煤高度/m	2.5	3.5	5.5	6.5	4.5	4.5	4.5	4.5	4.5
模型个数/个		1		1		1		1	

压强度。

　　根据几何相似比、容重比、原型与模型之间强度转化关系式可以求出模型模拟的各层岩层厚度、煤层及不同顶板岩层模型的抗压强度及容重，计算结果见表5-3和表5-4。

表5-3　岩　性　配　比

岩　性	实际容重/(g·cm⁻³)	模型容重/(g·cm⁻³)	实际抗压强度/MPa	模型抗压强度/MPa	配比号
煤层	1.45	0.91	30.0	0.09	8∶7∶3
泥岩	2.51	1.57	34.5	0.11	10∶8∶2
砂质泥岩	2.62	1.64	35.5	0.11	10∶8∶2
高岭质泥岩	2.51	1.57	37.4	0.12	10∶8∶2
粉砂岩	2.58	1.61	61.0	0.19	8∶6∶4
细砂岩	2.65	1.66	46.7	0.15	9∶8∶2
中砂岩	2.41	1.51	60.0	0.19	8∶6∶4
细砾岩	2.65	1.66	47.7	0.15	9∶8∶2
粗砂岩	2.58	1.61	48.3	0.15	9∶8∶2

表5-4　魏1403钻孔顶板岩层模型厚度表

层号	层厚/m	模型厚/mm	层号	层厚/m	模型厚/mm	层号	层厚/m	模型厚/mm
C1	4.49	2.245	C22	2.4	1.2	C43	7.25	3.625
C2	1.33	0.665	C23	2.24	1.12	C44	1.7	0.85
C3	2.97	1.485	C24	1.4	0.7	C45	10.15	5.075
C4	3.17	1.585	C25	14.39	7.195	C46	20.52	10.26
C5	15.67	7.835	C26	4.1	2.05	C47	10.18	5.09
C6	1.12	0.56	C27	2.4	1.2	C48	4.95	2.475
C7	1.78	0.89	C28	3.7	1.85	C49	4.58	2.29
C8	5.37	2.685	C29	3	1.5	C50	2.16	1.08
C9	1.1	0.55	C30	14.13	7.065	C51	9.34	4.67
C10	1.3	0.65	C31	4.1	2.05	C52	1.4	0.7
C11	1.55	0.775	C32	1.7	0.85	C53	8.6	4.3
C12	5.03	2.515	C33	7.96	3.98	C54	5.9	2.95
C13	1	0.5	C34	2.66	1.33	C55	1.7	0.85
C14	1.1	0.55	C35	1.65	0.825	C56	1	0.5
C15	5.37	2.685	C36	3.5	1.75	C57	12.28	6.14
C16	1.25	0.625	C37	5.35	2.675	C58	10.2	5.1
C17	2.93	1.465	C38	1.6	0.8	C59	5.34	2.67
C18	0.9	0.45	C39	0.65	0.325	C60	10.68	5.34
C19	1.1	0.55	C40	13.64	6.82	C61 至 地表	122.56	61.28
C20	4.43	2.215	C41	7.72	3.86			
C21	2.7	1.35	C42	2	1			

相似模拟材料主要由骨料和胶结料组成。骨料在材料中所占的比重较大，是胶结料胶结的对象，其物理力学性质对相似材料的性质有重要影响。骨料主要有细砂、石英砂、岩粉等，本试验骨料采用细砂。

胶结料是决定相似材料性质的主导成分，其力学性质在很大程度上决定了相似材料的力学性质，常用的胶结料主要有石膏、水泥、碳酸钙、石灰、高岭土、石蜡、锯末等。根据试验及地质成分，本试验胶结料采用石灰和石膏。

5.1.3 工作面及测点布置

每个模型长 4200 mm，按每个模拟工作面推进 1600 mm 计算，则实际推进 320 m，已经足够满足研究要求。因此，每个模型布置两种方案，具体见表 5-2。模型两边保护煤柱宽 400 mm，两方案中间保护煤柱宽 200 mm。在工作面直接底中分别布置 25 个应变片，为了在开采过程中精确获取数据，采用数据采集器自动采集压力数据。建立的相似模拟试验平台如图 5-1 所示，DH3816 静态应变测试系统如图 5-2 所示，试验中应变片的具体测点布置如图 5-3 所示。

图 5-1　相似模拟试验平台

图 5-2　DH3816 静态应变测试系统

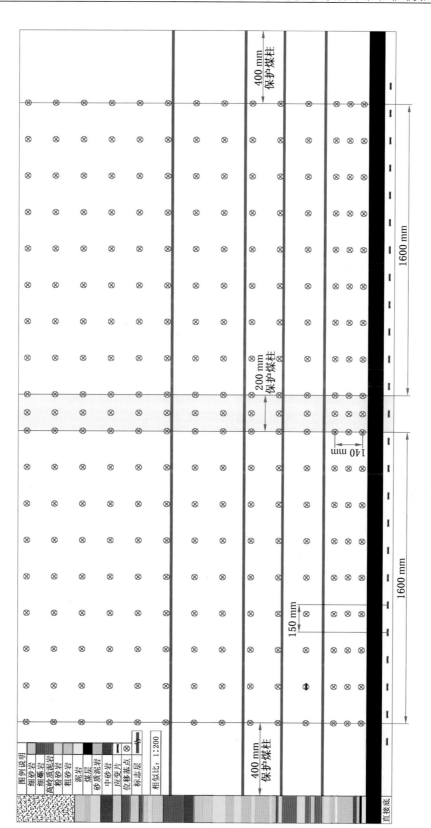

图 5 - 3 试验具体测点布置

5.2 组合短悬臂梁－铰接岩梁结构的动态演化

前文通过现场实测提出综放开采顶板岩层以组合短悬臂梁－铰接岩梁的结构形式存在，本节以煤层厚度 15 m、割煤高度 3.5 m 为例，进一步验证组合短悬臂梁－铰接岩梁结构形式的存在，并研究综放开采顶板组合短悬臂梁－铰接岩梁结构的动态演化过程。图5－4为不同推进距离时顶板岩层垮落形态。

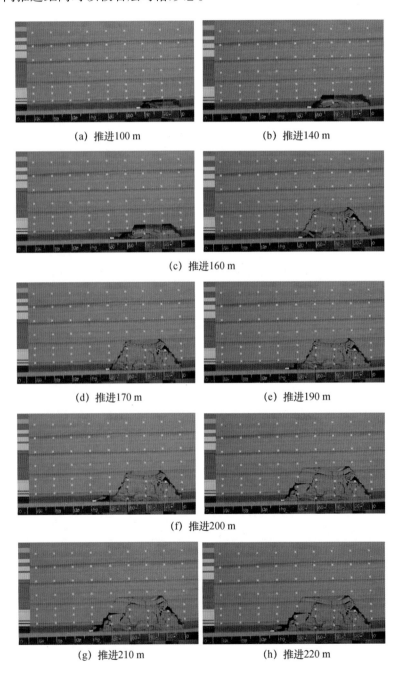

(a) 推进100 m

(b) 推进140 m

(c) 推进160 m

(d) 推进170 m

(e) 推进190 m

(f) 推进200 m

(g) 推进210 m

(h) 推进220 m

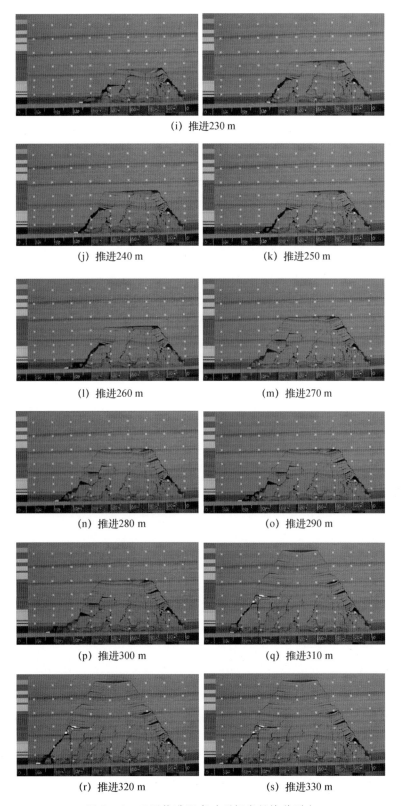

(i) 推进230 m

(j) 推进240 m　　　　　　　　(k) 推进250 m

(l) 推进260 m　　　　　　　　(m) 推进270 m

(n) 推进280 m　　　　　　　　(o) 推进290 m

(p) 推进300 m　　　　　　　　(q) 推进310 m

(r) 推进320 m　　　　　　　　(s) 推进330 m

图 5-4　不同推进距离时顶板岩层垮落形态

由图5　4可知：初采期间部分直接顶岩层随采随冒，而冒落岩层之上的顶板岩层以固支梁的形式存在。随着工作面继续推进，直接顶将以悬臂梁的形式存在。而悬臂梁之上的岩层仍为固支梁结构，当工作面推进至160 m时，固支梁结构折断迫使以悬臂结构存在的直接顶岩层断裂回转而来压，此时可认为是基本顶的初次来压。

基本顶初次断裂后，随着工作面的继续推进，顶板岩层以组合短悬臂梁的结构形式存在，当推进至200 m时，组合短悬臂梁结构断裂，高位的悬臂梁结构转化为铰接岩梁，而低位以悬臂梁的形式反向回转。至此，综放工作面顶板岩层组合短悬臂梁－铰接岩梁结构初步形成。从模拟结果图中也很直观地看到组合短悬臂梁－铰接岩梁结构。

当工作面推进至230 m时岩层活动范围进一步扩大，高位岩层断裂形成铰接岩梁，迫使低位铰接岩梁结构破断反向回转成悬臂梁，并与原组合短悬臂梁结构同时滑落而来压。此时组合短悬臂梁结构范围增大，即原基本顶岩层转化成为直接顶岩层。

工作面继续推进至270 m之前，顶板岩层组合短悬臂梁－铰接岩梁结构位置和厚度基本不变。当推进至270 m时，高位的铰接岩梁结构未动，组合短悬臂梁结构整体破断回转引起工作面来压，此时组合短悬臂梁结构的上位悬臂梁回转过程中能够及时触矸再次转化为铰接岩梁结构。这一过程的结果造成组合短悬臂梁结构范围减小，但最终顶板仍以组合短悬臂梁－铰接岩梁的结构形式存在。

随着工作面的继续推进，组合短悬臂梁－铰接岩梁结构形态未变。当工作面推进至310 m时，高位岩层的铰接岩梁结构又一次回转迫使低位铰接岩梁结构转化为悬臂梁结构，并与原组合短悬臂梁结构同时破断滑落，再次引起工作面周期来压。

综上所述，当工作面推进160 m时，随着基本顶的初次断裂迫使直接顶沿煤壁破断，此时为工作面的初次来压。经过初次断裂后，综放工作面顶板岩层初步形成组合短悬臂梁－铰接岩梁结构。随着工作面的正常回采，部分顶板岩层出现了组合短悬臂梁与铰接岩梁的相互转化，即采厚增大后围岩活动范围加大，在普通综放开采中以铰接岩梁结构存在的岩层转化成了悬臂梁结构，此时顶板断裂高度大，来压强度加大，必然引起大周期来压。随着工作面继续推进，高位铰接岩梁结构形态和层位未变，仅组合短悬臂梁结构整体断裂回转，此时顶板断裂高度和来压强度相对均较小而引起小周期来压。由于回采过程中部分直接顶岩层随采随冒，所以此时组合短悬臂梁中的上位悬臂梁结构能够及时触矸再次转化为铰接岩梁，如推进200 m时组合短悬臂梁高度为19.2 m，推进230 m时组合短悬臂梁高度为33.2 m，推进270 m时组合短悬臂梁高度又转变为23.4 m，推进310 m时又增大到47.2 m。这种现象与工作面的大小周期来压现象是相对应的，即大周期来压过后组合短悬臂梁高度增大，小周期来压过后组合短悬臂梁高度减小。

5.3　组合短悬臂梁－铰接岩梁结构对矿压的影响

5.3.1　组合短悬臂梁－铰接岩梁结构的垮落形式

综放工作面直接顶呈现组合短悬臂梁结构垮落，其原因是破断块体回转角过大而使铰接处发生回转变形失稳，即破断块体较大的回转角造成了直接顶组合短悬臂梁结构的直接垮落。综放工作面顶板组合短悬臂梁－铰接岩梁结构的运动、垮落形式并不是单一的，其运动形式不仅受工作面后方已断裂块体垮落位置的影响，放煤厚度、冒落矸石的碎胀系数、煤炭损失率及组合短悬臂梁断裂步距等对其影响也不可忽略。

直接顶组合短悬臂梁结构的破断回转是以一定的半径回转的，如果已断裂岩块的垮落位置距离组合短悬臂梁结构较远，则组合短悬臂梁结构需要很大的回转角才能触矸；而且一旦最终的回转角超过了组合短悬臂梁形成稳定结构所能达到的最大回转角，则组合短悬臂梁将会失去平衡而直接垮落。相反，如果后方已断裂岩块的位置距离组合短悬臂梁结构较近，那么组合短悬臂梁结构只需回转很小角度就可触及已断裂岩体而形成稳定的铰接岩梁结构。

通过相似模拟试验很直观地反映出了综放开采顶板组合短悬臂梁－铰接岩梁结构中组合短悬臂梁结构的五种基本运动形式，即组合短悬臂梁－直接垮落式、组合短悬臂梁－铰接岩梁转化式、组合短悬臂梁－铰接岩梁交替式、组合短悬臂梁－搭桥－反向回转式及组合短悬臂梁－搭桥－直接垮落式。

1. 组合短悬臂梁－直接垮落式

组合短悬臂梁－直接垮落式如图5-5所示。当组合短悬臂梁结构经历整体断裂回转产生小周期来压之后，在未再次达到组合短悬臂梁结构的断裂距时，铰接岩梁断裂回转迫使组合短悬臂梁结构破断后失稳。由于回转角较大而无法形成稳定的铰接结构，且此时围岩活动范围大，动载剧烈，致使最终组合短悬臂梁结构直接垮落到采空区，随着工作面的继续推进，顶板岩层将重新形成新的组合短悬臂梁－铰接岩梁结构。

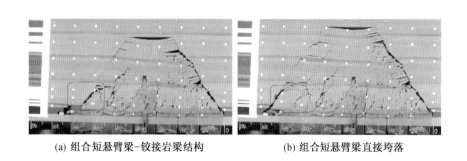

(a) 组合短悬臂梁-铰接岩梁结构　　　　　　(b) 组合短悬臂梁直接垮落

图5-5　组合短悬臂梁－直接垮落式运动图例

2. 组合短悬臂梁－铰接岩梁转化式

综放工作面经历大周期来压之后，组合短悬臂梁结构范围增大，随着工作面的继续推进，在高位铰接岩梁未断裂之前，顶板岩层的组合短悬臂梁逐渐加长，而大周期来压组合短悬臂梁直接垮落影响采空区冒落矸石的高度增加，导致组合悬臂梁回转空间较小。组合短悬臂梁中的上位悬臂梁结构破断后就可及时触及后方已断裂的矸石而停止回转，从而部分悬臂梁转化为铰接岩梁结构，随着工作面的推进重新形成新的组合短悬臂梁－铰接岩梁结构，如图5－6所示。

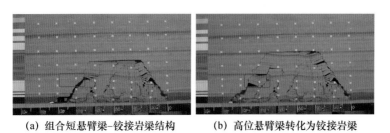

(a) 组合短悬臂梁-铰接岩梁结构　　　　(b) 高位悬臂梁转化为铰接岩梁

图5－6　组合短悬臂梁－铰接岩梁转化式图例

3. 组合短悬臂梁－铰接岩梁交替式

组合短悬臂梁－铰接岩梁交替式具体表现形式如图5－7所示。当采厚相对较小时，组合短悬臂梁－铰接岩梁结构中的组合短悬臂梁部分回转空间小，组合短悬臂梁回转后极易与采空区垮落的块体形成铰接岩梁结构。随着工作面的继续推进，当这部分铰接岩梁的前铰处经过支架控顶区后直接滑落而形成新的组合短悬臂梁。

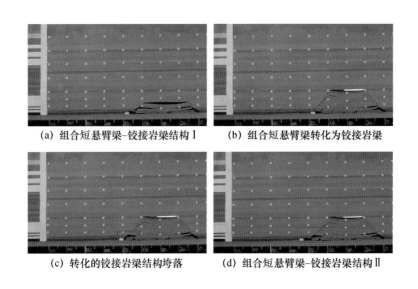

(a) 组合短悬臂梁-铰接岩梁结构Ⅰ　　　　(b) 组合短悬臂梁转化为铰接岩梁

(c) 转化的铰接岩梁结构垮落　　　　(d) 组合短悬臂梁-铰接岩梁结构Ⅱ

图5－7　组合短悬臂梁－铰接岩梁交替式图例

4. 组合短悬臂梁－搭桥－反向回转式

如图5－8所示，当来压期间矿压显现强烈时综放工作面采用的是快速推进、少放或不放煤，此时采空区必然遗留大量的煤炭，所以工作面再次来压时，断裂的组合短悬臂梁结构与采空区遗留的大量煤炭形成搭桥结构，形成暂时稳定的平衡结构。待工作面继续推进一定距离后，搭桥结构反向回转并垮落，最后又一次形成新的组合短悬臂梁结构。

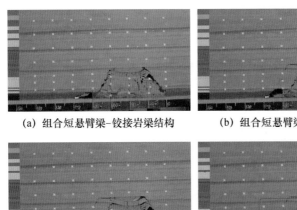

(a) 组合短悬臂梁–铰接岩梁结构　　　　(b) 组合短悬臂梁形成搭桥结构

(c) 搭桥结构的反向回转　　　　(d) 新的组合短悬臂梁–铰接岩梁结构

图 5-8　组合短悬臂梁–搭桥–反向回转式图例

5. 组合短悬臂梁–搭桥–直接垮落式

如图 5-9 所示，组合短悬臂梁–铰接岩梁结构中，当冒落矸石碎胀系数较大导致回转空间较小时，组合短悬臂梁结构破断后就可以触及后方的已断裂矸石而停止回转，从而转化为搭桥结构。随着工作面的继续推进，搭桥结构整体垮落重新形成组合短悬臂梁结构。

搭桥结构与组合短悬臂梁–铰接岩梁交替式的本质区别在于此处的组合短悬臂梁结构断裂后整体形成搭桥结构，而组合短悬臂梁–铰接岩梁的转化是由于受到采空区矸石的水平挤压力和垂直摩擦力，组合短悬臂梁结构与采空区垮落矸石形成稳定的铰接岩梁结构。

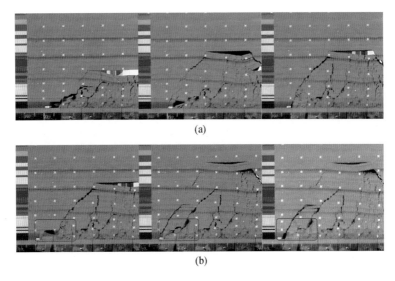

(a)

(b)

图 5-9　组合短悬臂梁–搭桥–直接垮落式图例

5.3.2 垮落位置对矿压的影响

采煤工作面的矿压显现是由其回采过程中顶板岩层破断运动而引起的，而且矿压显现的强烈程度与顶板岩层所成结构的运动形式及运动特征密切相关。因此，综放工作面顶板岩层组合短悬臂梁－铰接岩梁结构中组合短悬臂梁结构的五种运动形式必将对工作面矿压显现造成不同的影响。五种运动形式中顶板结构的垮落位置不同，导致矿压显现必然不一样，所以有必要对不同垮落位置时工作面矿压显现规律进行分析。

组合短悬臂梁结构的五种运动形式的共同特点是组合短悬臂梁都发生失稳破断。为便于分析，将组合短悬臂梁简化为单一层岩层，即悬臂梁结构（图5－10），直接顶悬臂梁结构上方受基本顶铰接岩梁载荷 $q_d(x)$ 的作用，下方受支架通过顶煤传递力 $q_z(x)$ 的作用。随着工作面的推进，悬臂梁结构回转，断裂位置可能发生在图5－10中剖面1、2和3位置。当在剖

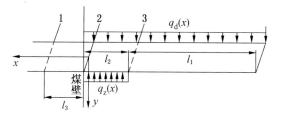

图5－10　悬臂梁结构受力图

面3处或后方发生断裂时，支架所受的载荷为顶煤的重量及顶板有变形压力岩层的静载荷，即此时来压不明显。当悬臂梁在剖面1或2处断裂回转时，支架不仅要受顶煤及顶板有变形压力岩层的静载，而且还要受基本顶铰接岩梁结构回转促使悬臂梁断裂回转的瞬间产生的动载荷。悬臂梁断裂回转在剖面1处发生的前提条件是

$$\frac{6M_{max}}{h^2} \geqslant R_t$$

式中　M_{max}——最大弯矩，N·m；

h——悬臂梁高度，m；

R_t——岩石的抗拉强度，MPa。

悬臂梁结构断裂回转的位置不仅对工作面矿压的影响较大，而且对来压步距也有影响。当不考虑基本顶铰接岩梁结构破断回转，即仅考虑小周期来压时悬臂梁的破断长度，当悬臂梁结构在剖面1处断裂回转时，周期来压步距应等于 $l_1 + l_2 + l_3$；在剖面2处断裂回转时，周期来压步距等于 $l_1 + l_2$；在剖面3处断裂回转时，周期来压步距等于 l_1。支架工作阻力的变化对工作面周期来压步距的影响不大，但支架增大阻力之后可使超前破断距离缩短。所以当支架阻力足够大时，悬臂梁结构断裂回转位置可甩至支架后方。这样工作面来压强度不明显，且来压步距将减小，有利于工作面的维护。

5.3.3 垮落形式对矿压的影响

本节主要针对组合短悬臂梁的五种运动形式对矿压的影响进行详细的分析。

1. 组合短悬臂梁－直接垮落式对矿压的影响

这种运动形式是组合短悬臂梁结构未达到断裂步距时基本顶铰接岩梁结构的破断回转间接引起的。由于此时顶板活动范围大及基本顶铰接岩梁破断的动载作用，极易引起

组合短悬臂梁的滑落失稳，所以矿压显现强烈。如图 5-11 和图 5-12 所示，相对于综采工作面顶板铰接岩梁结构，综放工作面的组合短悬臂梁结构回转空间大，且不容易形成稳定的结构，支架的顶梁需要全部推过组合短悬臂梁断裂线后工作面的来压才会停止。因此，相对于综采工作面，综放工作面来压持续的长度要大一些。

综上分析，组合短悬臂梁 - 直接垮落式必然使综放工作面来压时持续的长度加大，且矿压显现强烈。

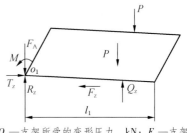

Q_z—支架所受的变形压力，kN；F_z—支架所受的摩擦力，kN；l_1—直接顶关键块长度，m；F_A—岩块间垂直作用力，kN；R_z—煤壁支承力，kN

图 5-11　悬臂梁结构受力分析图

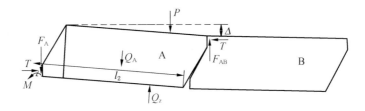

Q_A—基本顶关键块 A 的重量，kN；T—岩块间的挤压力，kN；Δ—基本顶关键块 A 的下沉量，m；F_{AB}—块体 A 和 B 之间的摩擦力，kN

图 5-12　铰接岩梁结构受力分析图

2. 组合短悬臂梁 - 铰接岩梁转化式对矿压的影响

这种运动形式中组合短悬臂梁结构将分成两部分，下部仍以悬臂梁的形式垮落，上部由于回转空间小能够及早触矸而再次转化为铰接岩梁结构。由于此运动形式铰接岩梁结构未参与，顶板活动高度和动载系数相对较小，且上部悬臂梁转化为铰接岩梁时必将减缓来压强度和持续时间，所以这种运动形式导致的顶板来压可认为是小周期来压。

3. 组合短悬臂梁 - 铰接岩梁交替式对矿压的影响

组合短悬臂梁 - 铰接岩梁交替式多发生在采厚相对较小的综放工作面。这种组合短悬臂梁回转后极易与采空区垮落的块体形成铰接岩梁式平衡结构，是较薄厚煤层采用综放开采矿压显现不明显的原因之一。

4. 组合短悬臂梁 - 搭桥 - 反向回转式对矿压的影响

搭桥结构不同于铰接结构，搭桥结构是组合短悬臂梁回转后形成的暂时稳定的搭接结构。随着工作面的继续推进，搭桥结构以搭接处为支点反向回转，即组合短悬臂梁破断后经历两次相反的回转。由于搭桥结构的支点处较高，组合短悬臂梁结构回转空间减小，减缓了来压强度，同时组合短悬臂梁破断后经历两次相反的回转，前后历时较长。因此可推断，当工作面支架工作阻力较小时，开始反向回转的位置极易发生在工作面前方或煤壁处，此时这种运动形式表现为工作面持续来压时间长的特点；当工作面支架工作阻力满足或大于现场支护要求时，发生回转的位置可能在支架后方，工作面矿压显现不明显，很难从现场观测得到的支架工作阻力曲线中得出工作面的来压情况。

5. 组合短悬臂梁－搭桥－直接垮落式对矿压的影响

这种运动形式与组合短悬臂梁－搭桥－反向回转式相似，不同之处在于这种运动形式多发生于工作面支架支护强度高、下部直接顶冒落效果好的综放工作面，现场表现为工作面来压不明显。

5.4 组合短悬臂梁－铰接岩梁结构的采厚效应

采厚增大，工作面覆岩活动范围必然增大，图5－13为工作面进入正常回采时不同采厚与覆岩活动高度的关系曲线。

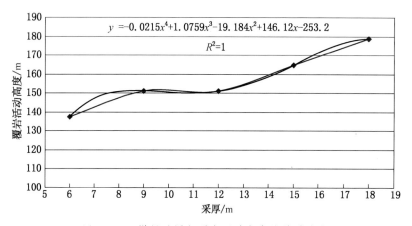

图5－13 煤层采厚与覆岩活动高度的关系曲线

随着覆岩活动范围的增大，形成组合短悬臂梁－铰接岩梁结构的岩层总厚度必然增加。前一节简要介绍了组合短悬臂梁－铰接岩梁结构中组合短悬臂梁五种运动形式及其对矿压的影响，本节通过固定割煤高度4.5 m不变，进一步详细分析采厚为6 m、9 m、12 m、15 m、18 m时组合短悬臂梁－铰接岩梁结构中组合短悬臂梁结构的运动形式及组合短悬臂梁岩层厚度的变化情况。

当采厚为6 m时，组合短悬臂梁－铰接岩梁结构演化过程如图5－14所示。由图5－14a可知，当工作面推进至140 m时基本顶初次垮落。基本顶经历初次垮落后随着工作面的继续推进，组合短悬臂梁－铰接岩梁结构初步形成，如图5－14c所示。然而通过工作面回采过程（图5－14c至图5－14i）可看出：当采高为4.5 m、采厚为6 m时，工作面顶板岩层组合短悬臂梁结构以组合短悬臂梁－铰接岩梁交替式为主，工作面无大小周期来压现象，组合短悬臂梁岩层厚度基本保持不变。

采厚分别为9 m、12 m、15 m时均出现了大小周期来压的现象。以采厚9 m为例进行分析说明。当工作面推进至170 m时基本顶初次垮落（图5－15a），工作面基本顶经历初次垮落后，形成组合短悬臂梁－铰接岩梁结构。

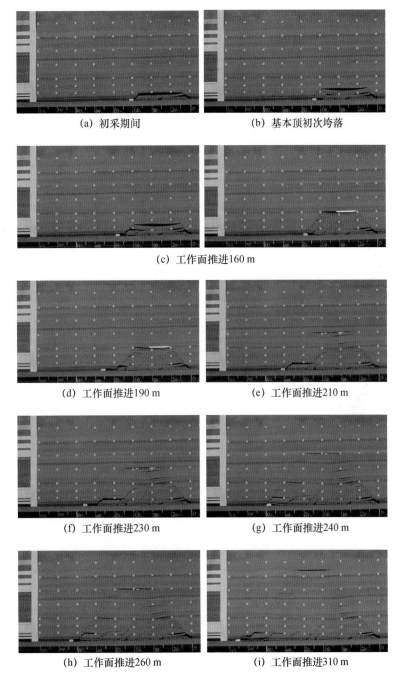

(a) 初采期间　　　　　　　　　　(b) 基本顶初次垮落

(c) 工作面推进160 m

(d) 工作面推进190 m　　　　　　(e) 工作面推进210 m

(f) 工作面推进230 m　　　　　　(g) 工作面推进240 m

(h) 工作面推进260 m　　　　　　(i) 工作面推进310 m

图 5 - 14　采厚为 6 m 时组合短悬臂梁－铰接岩梁结构演化过程

　　当工作面推进至 210 m 时即为第一次周期来压，组合短悬臂梁－铰接岩梁结构中组合短悬臂梁结构的运动形式为组合短悬臂梁－铰接岩梁转化式（图 5 - 15b），此时只是组合短悬臂梁结构参与了运动，顶板活动范围相对较小。根据前文对这种运动特征的分析，此时应为小周期来压。小周期来压过后组合短悬臂梁结构岩层厚度为 17. 8 m。

图 5－15c 和图 5－15d 为工作面第二次周期来压，组合短悬臂梁结构的运动形式为组合短悬臂梁—直接垮落式。由于此运动有铰接岩梁结构的参与，所以顶板活动范围和来压强度增大，此时为大周期来压。周期来压过后组合短悬臂梁结构岩层厚度变为 26.2 m。

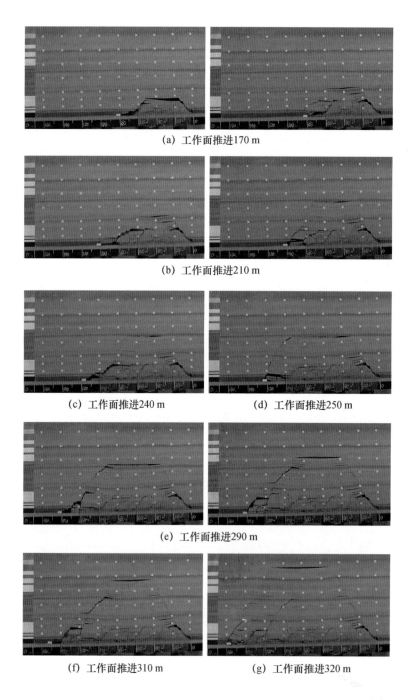

(a) 工作面推进170 m

(b) 工作面推进210 m

(c) 工作面推进240 m　　(d) 工作面推进250 m

(e) 工作面推进290 m

(f) 工作面推进310 m　　(g) 工作面推进320 m

图 5－15　采厚为 9 m 时组合短悬臂梁－铰接岩梁结构演化过程

如图 5 - 15e 至图 5 - 15g 所示，工作面的第三次和第四次周期来压又分别经历了一次组合短悬臂梁 - 铰接岩梁转化式和组合短悬臂梁 - 直接垮落式。工作面第三次周期来压后组合短悬臂梁结构的岩层厚度又一次转变为 17.8 m，第四次周期来压过后则变为 35.8 m，即工作面存在大小周期来压现象。大周期来压过后组合短悬臂梁岩层厚度增大，小周期来压过后组合短悬臂梁岩层厚度减小。

组合短悬臂梁 - 直接垮落式和组合短悬臂梁 - 铰接岩梁转化式的交替出现是导致综放开采出现大小周期来压的主要原因，即组合短悬臂梁结构单独断裂回转产生小周期来压，铰接岩梁破断引起组合短悬臂梁同时回转产生大周期来压。

当采厚为 18 m 时，直至工作面推进至 320 m 时顶板岩层才形成组合短悬臂梁 - 铰接岩梁结构，而且组合短悬臂梁结构的岩层厚度很大。较大厚度的组合短悬臂梁结构失稳必然使工作面压力急剧增强，要求支架的支护强度必然很大，所以从模拟结果看，综放开采一次采全厚是有上限的。采厚 18 m 时综放开采顶板演化过程如图 5 - 16 所示。

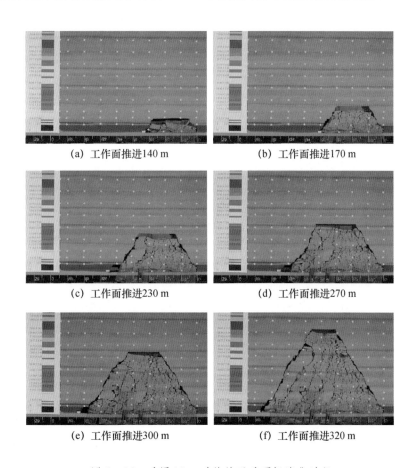

(a) 工作面推进140 m　　(b) 工作面推进170 m　　(c) 工作面推进230 m　　(d) 工作面推进270 m　　(e) 工作面推进300 m　　(f) 工作面推进320 m

图 5 - 16　采厚18 m 时综放开采顶板演化过程

通过以上分析可知：相同采高不同采厚的前提下，综放开采顶板岩层虽然最终都将形成组合短悬臂梁－铰接岩梁结构，但不同采厚将引起不同的垮落形式，具体表现为组合短悬臂梁－铰接岩梁的运动形式不同，引起来压后形成的组合短悬臂梁岩层厚度不同，体现在矿压上即是否存在大小周期来压和矿压显现强烈与否。通过前文分析得知：周期来压过后组合短悬臂梁结构岩层厚度越大，则说明其带来的矿压显现越强烈。因此有必要对各方案最终形成的组合短悬臂梁的岩层厚度进行对比分析，具体如图 5－17 至图 5－19 所示。

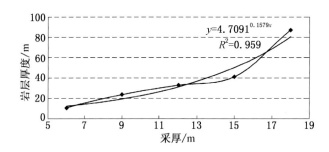

图 5－17　小周期来压过后组合短悬臂梁岩层厚度拟合曲线

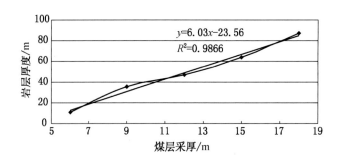

图 5－18　大周期来压过后组合短悬臂梁岩层厚度拟合曲线

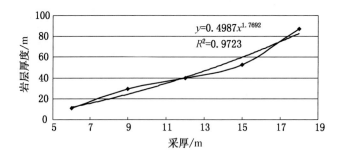

图 5－19　组合短悬臂梁加权平均厚度拟合曲线

由图 5－17 至图 5－19 可知，特厚煤层综放开采的采厚并不能无限的增大，当采厚达到一定极限后，组合短悬臂梁－铰接岩梁结构中组合短悬臂梁部分的岩层厚度过大将导致来压强度加大，而支架支护强度并不能无限增大，所以特厚煤层采厚是有上限的。

采厚对综放工作面超前支承压力分布也有影响。当采高固定为4.5m时，不同采厚与综放工作面超前支承压力的关系如图5-20至图5-22所示。随着采厚的增大，超前支承压力峰值呈线性减小的趋势。与之相反，超前支承压力峰值距煤壁的距离及支承压力显著影响范围随着采厚的增大而增加。支承压力分布出现这种特征的主要原因是采高一定时，随着采厚的增加顶煤厚度增大，顶煤吸收上覆岩层施加的载荷能力增强，支承压力的峰值随采厚的增加而减小；采厚增大，工作面围岩活动范围必然增大，支承压力峰值点前移。

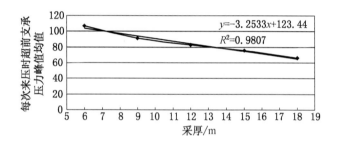

图5-20　采厚与顶板每次来压时超前支承压力峰值均值的关系曲线

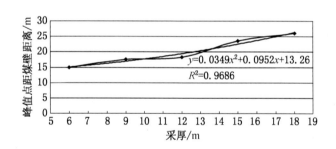

图5-21　采厚与超前支承压力峰值点距煤壁距离的关系曲线

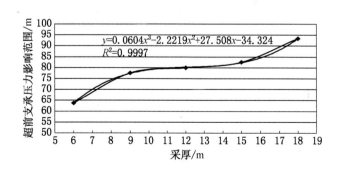

图5-22　采厚与超前支承压力影响范围的关系曲线

5.5　组合短悬臂梁－铰接岩梁结构的割煤高度效应

相同割煤高度、不同采厚对综放开采顶板组合短悬臂梁－铰接岩梁结构的演化影响较大，那么相同采厚、不同割煤高度对综放开采顶板组合短悬臂梁－铰接岩梁结构和超前支承压力影响情况如何，本节将以采厚 15 m 不变，割煤高度分别为 2.5 m、3.5 m、4.5 m、5.5 m 及 6.5 m 等五种方案进行模拟研究。

如图 5－23 所示，采厚一定，割煤高度加大，煤炭的损失率必然减小，但相对减小的幅度并不大，且顶板活动范围有所增加，但增加的幅度并不十分明显。

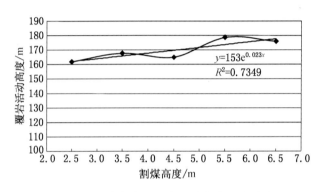

图 5－23　割煤高度与覆岩活动高度的关系曲线

通过模拟可知：采厚为 15 m 时，不同割煤高度条件下工作面经过初次垮落后顶板均形成了组合短悬臂梁－铰接岩梁结构，且同样存在着大小周期来压现象。图 5－24 至图 5－28 分别为不同采高条件下工作面经过大小周期来压后组合短悬臂梁－铰接岩梁的结构形态。

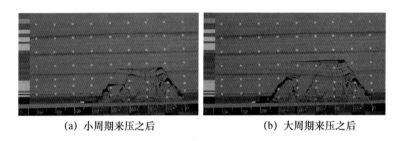

(a) 小周期来压之后　　　　　　　　(b) 大周期来压之后

图 5－24　割煤高度为 2.5 m 时组合短悬臂梁－铰接岩梁结构形态

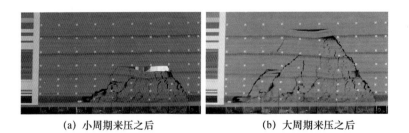

(a) 小周期来压之后　　　　　　　　(b) 大周期来压之后

图 5－25　割煤高度为 3.5 m 时组合短悬臂梁－铰接岩梁结构形态

（1）不同埋深时，覆岩活动均经历三个阶段，即初次来压之前、初次来压后至覆岩活动高度贯通基岩之前阶段、覆岩活动高度超过基岩后阶段，各阶段覆岩分别以悬臂梁－固支梁、组合短悬臂梁－铰接岩梁、组合短悬臂梁－铰接岩梁－拱的结构存在。

（2）埋深为 250 m 时，综放工作面存在小大周期来压现象，而埋深为 200 m 和 150 m 时并不存在这种现象。出现这一区别的主要原因是随着埋深的增加，顶煤及直接顶所受静载增加，以悬臂梁结构形式存在的直接顶岩层在较大超前支承压力的作用下可能在铰接岩梁失稳前提前破断；而当埋深较小时，悬臂梁结构提前破断的可能性较小，只能在铰接岩梁失稳作用下同时回转。当埋深增大时，综放工作面可能存在小周期来压现象，其将导致埋深较大时平均来压步距较小。相似模拟结果与现场矿压规律监测结果相符。

（3）工作面周期来压步距随着埋深的增大而呈减小趋势。

6.2.2　综放工作面覆岩运移规律的埋深效应

相似模拟研究表明：在基岩厚度和采深相同的情况下，正常回采期间覆岩均以组合短悬臂梁－铰接岩梁－拱的形式存在。但采深的变化会带来顶板运移的变化。因此采用经纬仪对模型覆岩位移进行了观测。所有测点均以工作面开切眼为标准点，测点位于工作面推进反方向时，其位移为负值；测点位于工作面推进方向时，其位移为正值。测点布置图如图 6 - 13 所示。

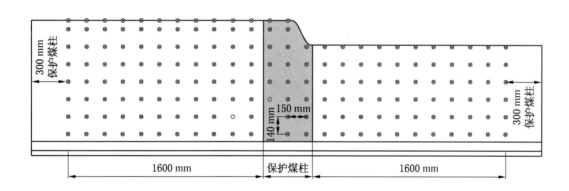

图 6 - 13　埋深 150 m、200 m 时测点布置图

6.2.2.1　埋深 250 m 时综放工作面覆岩运移规律

埋深 250 m 时综放工作面覆岩运移规律如图 6 - 14 至图 6 - 17 所示。

工作面推进至 170 m 时，距煤层顶板 40 m 范围内的覆岩均产生移动，距煤层顶板 12 m 的测线最大下沉量约为 6.2 m。在距煤层顶板 40 m 和 68 m 的测线之间产生离层，最大离层量为 6 m，距煤层顶板 40 m 范围内覆岩垮落，而距煤层顶板 68 m 以外的岩层几乎没有发生移动，结合前述内容可知，在距煤层顶板 68 m 之上岩层存在铰接岩梁结构。

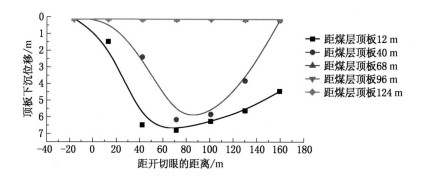

图 6 - 14　工作面推进至 170 m 时顶板下沉位移

工作面推进至 240 m 时，距煤层顶板 12 m 的测线最大下沉量为 6.8 m。距煤层顶板 12 m 的测线在工作面上方就已产生下沉，随着工作面推进及时跨落；距煤层顶板 40 m、68 m 的测线在工作面后方 25 m 之内位移下降急速增大，始动点分别距工作面约 10 m、25 m，说明这部分岩层将以悬臂梁的结构形式存在。结合工作面推进至 170 m 时岩层以铰接岩梁结构形式存在，说明随着工作面的充分采动，覆岩活动范围进一步扩大，原来以铰接岩梁结构形式存在的基本顶岩层将转化为以组合短悬臂梁形成存在的直接顶岩层。而距煤层顶板 124 m 的测线位移几乎没变，这可以间接说明覆岩中存在组合短悬臂梁 - 铰接岩梁结构。

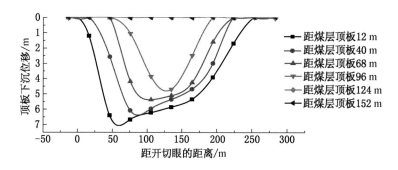

图 6 - 15　工作面推进至 240 m 时顶板下沉位移

由图 6 - 16 可知：工作面推进至 300 m 时，距煤层顶板 12 m 的测线所在岩层最大下沉位移为 6.9 m，与工作面推进至 240 m 时最大下沉位移基本没有发生变化，说明工作面已进入充分开采阶段，但此时覆岩活动范围并未发展至地表。通过测点位移同样可以说明覆岩中存在组合短悬臂梁 - 铰接岩梁结构。

工作面继续推进至 315 m 时覆岩活动范围发展到地表，此时地表最大下沉位移为 3.2 m，滞后于工作面约 162 m，如图 6 - 17 所示。

6.2.2.2　埋深 200 m 时综放工作面覆岩运移规律

埋深 200 m 时综放工作面覆岩运移规律如图 6 - 18 至图 6 - 20 所示。

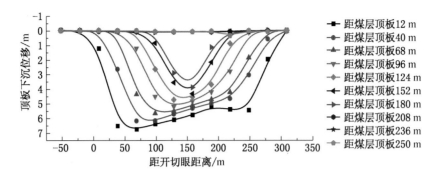

图 6 – 16　工作面推进至 300 m 时顶板下沉位移

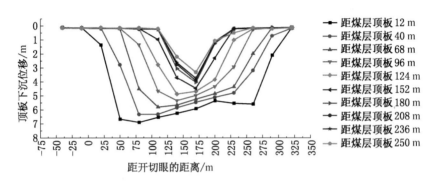

图 6 – 17　工作面推进至 315 m 时顶板下沉位移

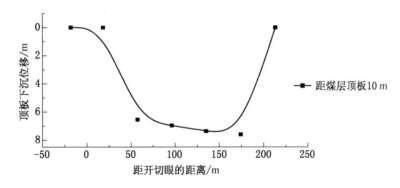

图 6 – 18　工作面推进至 170 m 时顶板下沉位移

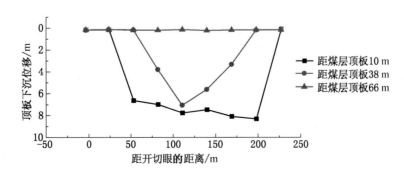

图 6 – 19　工作面推进至 200 m 时顶板下沉位移

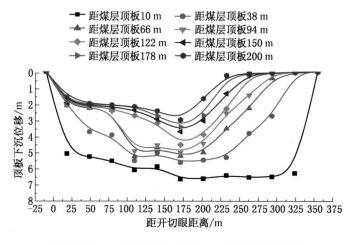

图 6－20　工作面推进至 310 m 时顶板下沉位移

工作面推进至 170 m 时（图 6－18），距煤层顶板 10 m 范围内的覆岩垮落。当工作面推进至 200 m 时，距煤层顶板 10 m 范围内的覆岩垮落，其垮落形式及垮落程度与工作面推进至 170 m 时差别不大，即煤层顶板 10 m 内岩体是随采随落。距煤层顶板 38 m 的测线，其所在层位移动曲线呈 V 字形分布，其最大下沉量滞后工作面约 80 m。距煤层顶板 38 m 与 66 m 的两条测线所在岩层之间产生离层，最大离层量约为 6.9 m（图 6－19）。

由图 6－20 可知：工作面推进至 310 m 时，距煤层顶板 10 m 范围内的岩层能够随采随冒；距煤层顶板 38 m 的测线最大下沉量约 5.8 m，距煤层顶板 66 m 的测线最大下沉量约为 5 m，距煤层顶板 94 m 的测线最大下沉量约为 4.8 m，距煤层顶板 94 m 以上的覆岩同步下沉，直至地表，其下沉形状呈 V 字形分布，地表最大下沉位移约为 2.9 m，滞后于工作面约 150 m。

6.2.2.3　埋深 150 m 时综放工作面覆岩运移规律

埋深 150 m 时综放工作面覆岩运移规律如图 6－21 至图 6－23 所示。

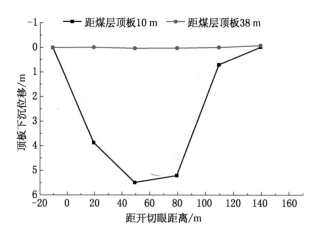

图 6－21　工作面推进至 140 m 时顶板下沉位移

工作面推进至 140 m 时，距煤层顶板 10 m 的测线最大下沉量为 5.7 m，当工作面推进至 170 m 时，距煤层顶板 10 m 的测线最大下沉量为 5.7 m，距煤层顶板 38 m 的测线最大下沉量约为 4.6 m，结合模拟结果可知是因为在顶板中组合短悬臂梁滞后垮落所致。

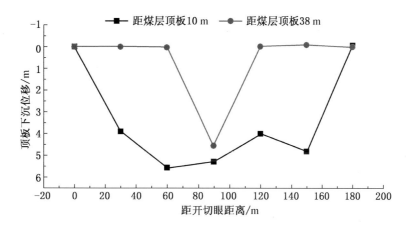

图 6 - 22　工作面推进至 170 m 时顶板下沉位移

由图 6 - 23 可知，工作面推进至 260 m 时，距煤层顶板 10 m 的测线最大下沉量约为 5.8 m，距煤层顶板 38 m 的测线最大下沉量约为 5 m，距煤层顶板 66 m 的测线最大下沉量约为 4.5 m。距煤层顶板 66 m 的测线及其之上覆岩同步下沉，其形状呈碗口状。地表最大下沉量为 1.8 m，滞后于工作面约 130 m。

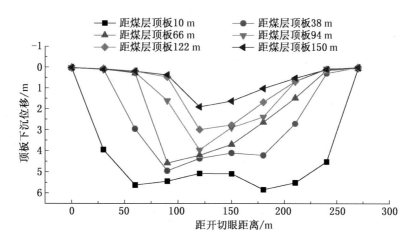

图 6 - 23　工作面推进至 260 m 时顶板下沉位移

6.2.2.4　小结

通过对基岩厚度和采厚相同、煤层埋深不同覆岩运动规律研究，得出如下结论：

（1）回采过程中各岩层均出现离层，位移曲线呈现碗口状或 V 字状。

（2）地表最大下沉量和地表最大下沉量位置均与煤层埋深的增加呈正相关关系。造成上述结果的主要原因是工作面覆岩中存在稳定结构，其有效维护了覆岩的稳定。由于覆岩破坏及运移具有时效性，所以随着埋深的增大，地表最大下沉点距工作面的水平距离增大。

（3）埋深不同但形成稳定结构的层位相同，埋深越大，静载越大，对垮落带的压实程度越高，因此导致地表最大下沉量随埋深增大而增加。

6.3 综放工作面覆岩活动规律的采厚效应

千树塔煤矿11305综放工作面煤层相对稳定。但为了使综放开采在榆神矿区乃至神东、榆横矿区的类似赋存条件得到推广，本节研究埋深和基岩厚度相同，采厚为6 m（试验编号为2-1）、9 m（试验编号为3-2）、12 m（试验编号为4-1）、15 m（试验编号为3-1）情况下综放工作面覆岩结构的动态演化规律。

图6-24是埋深、基岩厚度相同、采厚不同开挖前的初始模型图，所有模型均从右向左开挖。

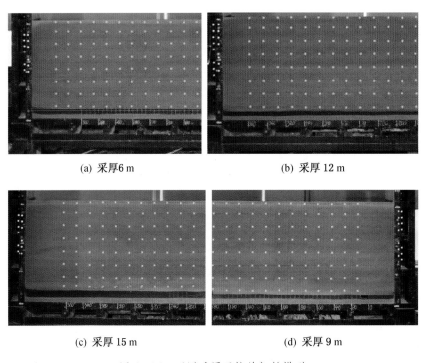

(a) 采厚6 m   (b) 采厚12 m

(c) 采厚15 m   (d) 采厚9 m

图6-24　不同采厚开挖前初始模型

6.3.1 综放工作面覆岩结构动态演化规律的采厚效应

6.3.1.1 初采期间覆岩结构动态演化规律

图6-25和图6-26为不同采厚情况下初采期间覆岩垮落特征。

分析图可以得出：综放工作面初采期间，随着工作面推进，直接顶首先垮落，垮落的矸石不能充填采空区，与上覆岩层之间形成空洞空间，随着工作面的继续推进，上覆岩层垮落向上位发展。虽然各模型的采厚不同，但在初次来压之前，下位直接顶经初次垮落后均可随采随冒，而其上覆岩层以固支梁的形式存在。

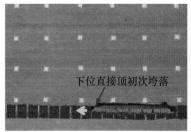 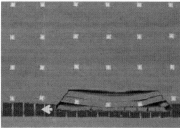

(a) 采厚 6 m

 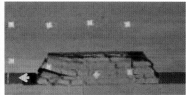

(b) 采厚 9 m

(c) 采厚 15 m

图 6 – 25　不同采厚时初采期间覆岩垮落特征

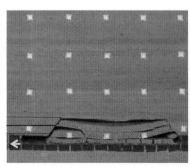 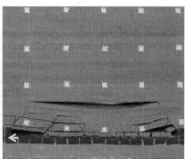

(a) 采厚 6 m

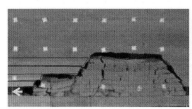 

(b) 采厚 9 m

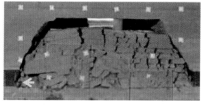

(c) 采厚 15 m

图 6 - 26　不同采厚工作面初次来压前后覆岩垮落特征

当综放工作面开挖至第 17 次时，采厚为 6 m 和 9 m 的模型发生了初次来压。当综放工作面开挖至第 16 次时，采厚为 12 m 和 15 m 的模型发生了初次来压。初次来压后各模型覆岩结构特征表现出不同形式。

（1）采厚为 6 m 时，初次来压后覆岩形成铰接岩梁结构。

（2）采厚为 9 m 时，初次来压后覆岩形成组合短悬臂梁－铰接岩梁结构。

（3）采厚为 12 m 时，初次来压后覆岩形成组合短悬臂梁－铰接岩梁结构。

（4）采厚为 15 m 时，初次来压后覆岩形成组合短悬臂梁－固支梁结构。

6.3.1.2　采厚 9 m 时综放工作面初次来压后覆岩结构动态演化规律

当开挖至第 17 次时发生第一次周期来压（图 6 - 27a），周期来压前工作面覆岩以组合短悬臂梁－铰接岩梁的结构形式存在，周期来压是由铰接岩梁失稳引起悬臂梁同时回转引起的。

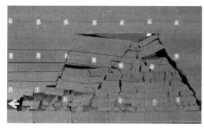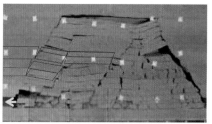

(a) 工作面第一次周期来压前后覆岩垮落特征

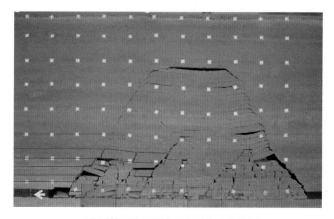

(b) 工作面第五次周期来压前覆岩垮落特征

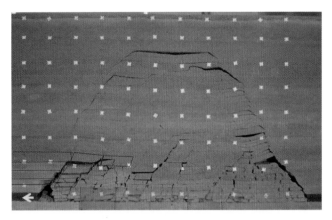

(c) 工作面第五次周期来压时覆岩垮落特征

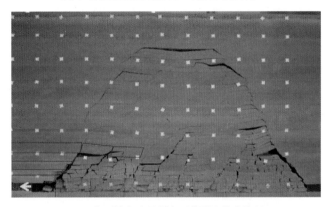

(d) 工作面第六次周期来压前覆岩垮落特征

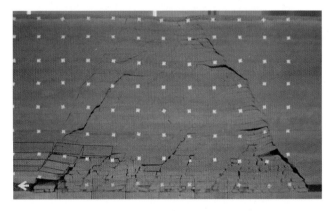

(e) 工作面第六次周期来压时覆岩垮落特征

图 6-27 采厚 9 m 时工作面初次来压后覆岩结构动态演化规律

由图 6-27 可知，基岩中存在组合短悬臂梁-铰接岩梁结构，该结构随着工作面的向前推进周期性失稳而来压。模型的平均周期来压步距为 2.67 次开挖步距。

6.3.1.3 采厚 12 m 时综放工作面初次来压后覆岩结构动态演化规律

采厚 12 m 时，结合前述内容可知综放工作面覆岩活动经历三种结构形式，即组合短悬臂梁－固支梁、组合短悬臂梁－铰接岩梁和组合短悬臂梁－铰接岩梁－拱，即工作面充分采动后覆岩以组合短悬臂梁－铰接岩梁－拱的结构形式发生周期性失稳而导致工作面来压，模型的平均周期来压步距为 2.67 次开挖步距。

6.3.1.4 采厚 15 m 时综放工作面初次来压后覆岩结构动态演化规律

由于采厚较大，采空区短时间内不能得到有效充填，所以工作面初次来压时组合短悬臂梁以切落式垮落，该垮落方式对工作面的安全极其不利。随着工作面的继续推进，覆岩活动范围向上发展，悬臂梁结构的岩层数量增多，在覆岩破坏高度贯穿基岩之前，覆岩以组合短悬臂梁－固定梁的结构存在，而周期来压由组合短悬臂梁周期折断失稳形成。当覆岩破坏高度贯通基岩之后，覆岩以大组合短悬臂梁结构形式存在，直至地表，如图 6 - 28 和图 6 - 29 所示。

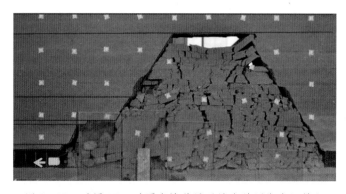

图 6 - 28　采厚 15 m 时覆岩垮落贯通地表前周期来压特征

图 6 - 29　采厚 15 m 时覆岩垮落贯通至地表后周期来压特征

因此，可以认为采厚 15 m 时覆岩垮落也经历了三个阶段，即初次来压之前、初次来压后至覆岩活动高度贯通基岩之前、覆岩活动高度贯通基岩之后，各阶段覆岩分别以组合短悬臂梁－固支梁、组合短悬臂梁－固支梁和大组合短悬臂梁的结构存在。模型的平均周期来压步距为 2.33 次开挖步距。

6.3.1.5 小结

总体来讲，初采期间覆岩动态演化相同，经过初次来压后，采厚不同，导致覆岩结构随之变化。当采厚为 6 m 时，直接顶随采随冒，基本顶形成稳定的铰接岩梁结构；当采厚为 9 m 时，覆岩以组合短悬臂梁 - 铰接岩梁的形式存在；当采厚为 12 m 时，覆岩将形成组合短悬臂梁 - 铰接岩梁 - 拱结构；当采厚为 15 m 时，工作面整个回采期间均未形成稳定结构，覆岩极易发生大组合短悬臂梁整体切落。周期来压步距随着采厚的增加而减小。

6.3.2 综放工作面覆岩运移规律的采厚效应

6.3.2.1 采厚为 9 m 时综放工作面覆岩运移规律

采厚 9 m 时不同推进位置覆岩运移规律如图 6 - 30 至图 6 - 34 所示。由图 6 - 30 和图 6 - 31 可知：距煤层顶板 8 m 以内的岩层随采随冒。距煤层顶板 36 m 之上的岩层并未产生明显的下沉。当工作面推进至 180 m 时，距煤层顶板 8 m 以内的岩层随采随冒，其移动形状呈碗口状；距煤层顶板 36 m 的测线开始下沉，但其始动点滞后于工作面约 38 m；距煤层顶板 64 m 以上的覆岩没有产生明显的下沉，即在距煤层顶板 36 m 与 64 m 的顶板岩层之间产生了离层，最大离层量约为 7.5 m。

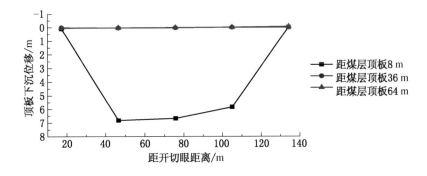

图 6 - 30 采厚 9 m 时工作面推进至 130 m 时的顶板下沉位移

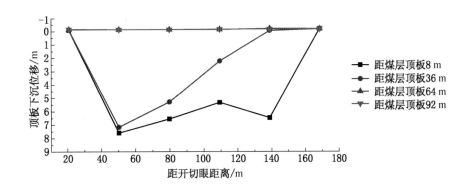

图 6 - 31 采厚 9 m 时工作面推进至 180 m 时的顶板下沉位移

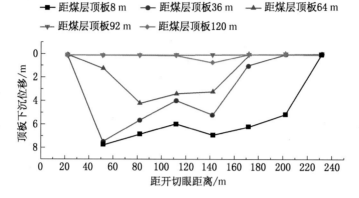

图 6－32　采厚 9 m 时工作面推进至 230 m 时的顶板下沉位移

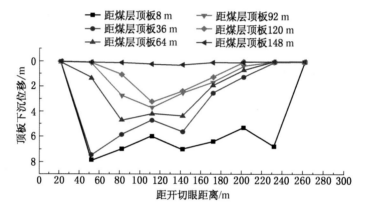

图 6－33　采厚 9 m 时工作面推进至 260 m 时的顶板下沉位移

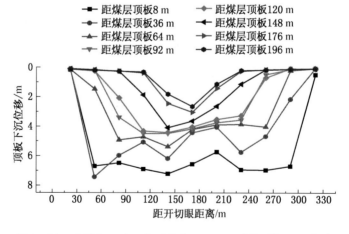

图 6－34　采厚 9 m 时工作面推进至 330 m 时的顶板下沉位移

由图 6－32 可知，距煤层顶板 8 m 以内的岩层随采随冒，但距煤层顶板 36 m 的测线所在岩层滞后于工作面 50 m 发生破断，而距煤层顶板 64 m 的测线最大下沉量约为 4 m。结合前文分析可知：在基岩层中存在组合短悬臂梁－铰接岩梁结构。

结合图 6-33 和图 6-34 可知：随着工作面的继续推进，距煤层顶板 8 m 以内的岩层随采随冒；距煤层顶板 38 m 的测线所在岩层发生剧烈沉降，最大下沉量达到了 7 m，其下沉曲线与距煤层顶板 8 m 的测线几乎相同，但其滞后于工作面约 20 m。这主要因为距煤层顶板 8 m 及 38 m 之间某一层位岩体产生悬臂结构。距煤层顶板 64 m 以上覆岩下沉曲线一致，层位之间并没有明显的离层现象，主要原因是在此范围内存在稳定结构，能够控制其上覆岩层同步下沉。地表最大下沉量约为 2.5 m，滞后于工作面约 155 m。

6.3.2.2 采厚为 12 m 时综放工作面覆岩运移规律

采厚为 12 m 时覆岩运移规律已在前文叙述，在此不再详述。由图 6-35 可知：工作面推进至 310 m 时，距煤层顶板 10 m 范围内的岩层能够随采随冒；距煤层顶板 38 m 的测线最大下沉量约 5.8 m，距煤层顶板 66 m 的测线最大下沉量约为 5 m，距煤层顶板 94 m 的测线最大下沉量约为 4.8 m。距煤层顶板 94 m 以上的覆岩同步下沉，直至地表，其下沉形状呈 V 字形分布，地表最大下沉量约为 2.9 m，滞后于工作面约 150 m。

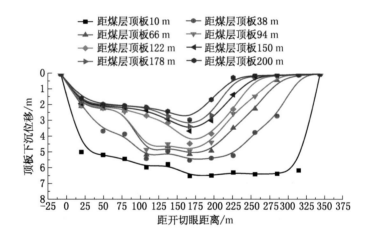

图 6-35 采厚为 12 m 时工作面推进至 310 m 时的顶板下沉位移

6.3.2.3 采厚为 15 m 时综放工作面覆岩运移规律

由图 6-36 可知：距煤层顶板 11 m 的测线所在岩体垮落，最大下沉量为 8.62 m；距煤层顶板 35 m 的测线最大下沉量为 7.7 m。在距煤层顶板 35 m 与 64 m 两条测线之间产生了离层，说明覆岩活动并未达到稳定。

由图 6-37 可知：工作面推进至 210 m 时，距煤层顶板 92 m 的测线所在岩层及其下部岩层均发生了剧烈的下降。距煤层顶板 11 m 的测线最大下沉量达到 8.68 m，距煤层顶板 35 m 的测线最大下沉量达到 8.14 m，距煤层顶板 64 m 的测线最大下沉量达到 7.98 m。各测线下沉始动点均滞后于工作面约 20 m，这主要是因为这部分覆岩中必然以悬臂梁结构存在。悬臂梁结构随着工作面的推进，当达到其极限强度时发生破断，此时其下沉量会突然增大。

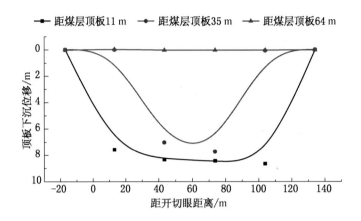

图 6－36　采厚 15 m 时工作面推进至 140 m 时的顶板下沉位移

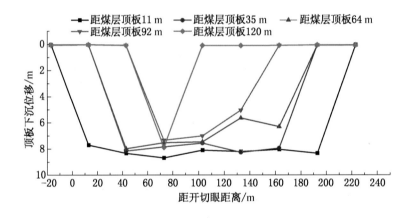

图 6－37　采厚 15 m 时工作面推进至 210 m 时的顶板下沉位移

如图 6－38 所示，工作面推进至 260 m 时，覆岩发生剧烈的沉降。距煤层顶板 196 m 的测线滞后工作面 125 m 处的最大下沉量达 7 m 左右，而其他测线下沉量与工作面推进至 210 m 差别不大。此时煤层回采之所以对地面的影响这么剧烈，主要是因为覆岩中并未形成铰接岩梁结构，而是形成了大组合短悬臂梁结构，伴随着工作面的推进，大组合短悬臂梁整体切落直至地表。因此在此结构条件下地表下沉量会比其他模拟方案大。

6.3.2.4　小结

埋深及基岩层厚度相同、采厚不同时覆岩结构会发生变化，其将会从一种结构转向另一种结构。采厚越大，地表下沉量越大，地表最大下沉量滞后于工作面的距离随采厚的增加而减小。

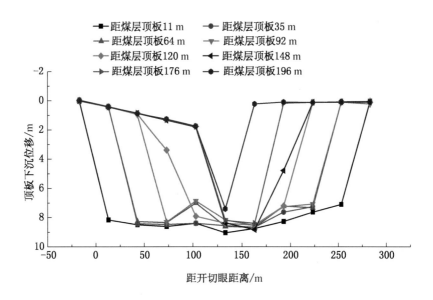

图6-38 采厚15 m时工作面推进至260 m时的顶板下沉位移

6.4 综放工作面覆岩活动规律的基岩厚度效应

基于沉积岩的成因，对于同一煤矿的同一工作面，基岩厚度也不是一成不变的，同一矿区更是如此。为了更为全面掌握千树塔煤矿覆岩运移特征，对相同埋深和采厚、不同基岩厚度情况下综放工作面覆岩结构的动态演化过程进行分析。相似模拟设计见表6-3，试验编号分别为1-1、4-1及2-2。

图6-39是相同埋深、相同煤层厚度、不同基岩厚度的开挖前初始模型图。其中基岩厚度为120 m的模型从左往右开挖，其他模型均从右往左回采。

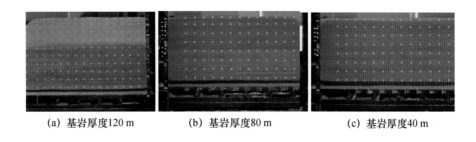

(a) 基岩厚度120 m   (b) 基岩厚度80 m   (c) 基岩厚度40 m

图6-39 不同基岩厚度开挖前初始模型

6.4.1 综放工作面覆岩结构动态演化规律的基岩厚度效应

6.4.1.1 初采期间覆岩结构动态演化规律

图6-40为不同基岩厚度初采期间的覆岩运动特征。由图可知：综放工作面初采期

间由于覆岩活动范围较小，虽然基岩厚度不同，但基本都是在下位直接顶岩层经初次垮落后随采随冒，而其上岩层以固支梁的形式存在。

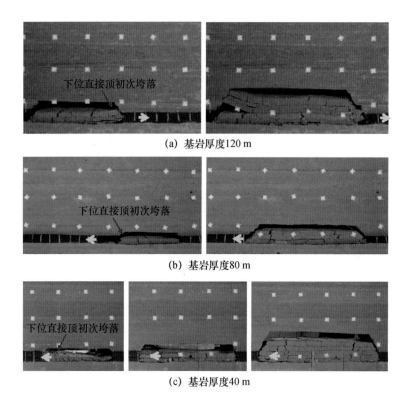

(a) 基岩厚度120 m

(b) 基岩厚度80 m

(c) 基岩厚度40 m

图6-40 不同基岩厚度初采期间覆岩垮落特征

当第17次开挖时，基岩厚度为120 m的模型发生基本顶的初次垮落，即原来随采随冒岩层上方的固支梁破断形成铰接结构，如图6-41a所示。

基岩厚度80 m的模型，当开挖至第16次时也发生了基本顶的初次垮落，如图6-41b所示。

以上两模型经过基本顶初次来压后随着综放工作面的继续推进，覆岩均形成了组合短悬臂梁－铰接岩梁结构。但由于铰接的岩体与其上岩层之间存在较大的空洞，随着工作面的继续推进，覆岩活动范围必将向上发展，初始的基本顶岩层必然转化为以悬臂梁形式存在的直接顶岩层。

基岩厚度为40 m的模型开挖至第16次时，覆岩活动范围突然向上发展，活动范围增大，此时可以认为是综放工作面的来压，但此时覆岩活动范围仍未超出40 m的基岩厚度范围，且覆岩垮落后仍然为组合短悬臂梁－固支梁结构。所以此次来压可以认为是工作面的一次大面积来压，也可以认为是工作面基本顶的初次来压。本书将其记为综放工作面基本顶的初次来压。

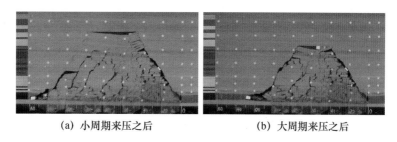

(a) 小周期来压之后　　　　　　　　　(b) 大周期来压之后

图 5 - 26　割煤高度为 4.5 m 时组合短悬臂梁 - 铰接岩梁结构形态

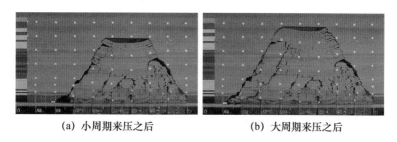

(a) 小周期来压之后　　　　　　　　　(b) 大周期来压之后

图 5 - 27　割煤高度为 5.5 m 时组合短悬臂梁 - 铰接岩梁结构形态

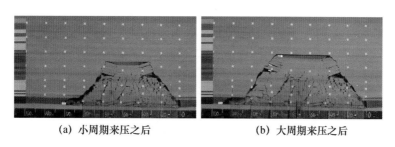

(a) 小周期来压之后　　　　　　　　　(b) 大周期来压之后

图 5 - 28　割煤高度为 6.5 m 时组合短悬臂梁 - 铰接岩梁结构形态

通过对比分析各个试验结果得出了大小周期来压过后组合短悬臂梁岩层厚度的拟合曲线、组合短悬臂梁加权平均厚度曲线（图 5 - 29 至图 5 - 31），拟合曲线的相关系数分别为 0.9035、0.9094 及 0.9678，说明组合短悬臂梁的加权平均厚度与割煤高度有着很好的对数关系。

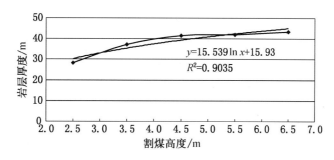

图 5 - 29　小周期来压过后组合短悬臂梁岩层厚度拟合曲线

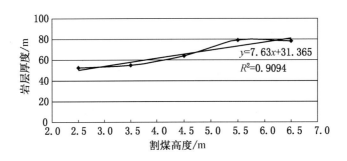

图5-30　大周期来压过后组合短悬臂梁岩层厚度拟合曲线

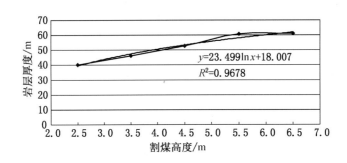

图5-31　组合短悬臂梁加权平均厚度拟合曲线

　　通过分析采厚、割煤高度对组合短悬臂梁－铰接岩梁结构形态的影响程度可知：采厚与组合短悬臂梁岩层的加权平均厚度呈指数关系，而割煤高度与组合短悬臂梁岩层的加权平均厚度呈对数关系，即采厚远大于采高对组合短悬臂梁岩层厚度的影响。

　　当采厚一定时，割煤高度对综放工作面超前支承压力的影响如图5-32至图5-34所示。随着割煤高度的增加，超前支承压力的峰值不断增大，当割煤高度达到4.5 m后，峰值大小的变化既无规律，又不太明显；与之对应的超前支承压力峰值点距煤壁的距离却随着采高的增加而呈现总体增大的趋势。出现这种现象的原因是随着割煤高度的

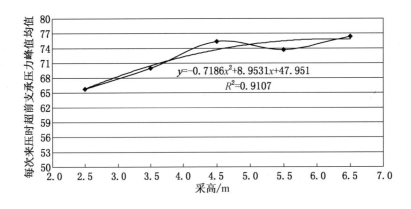

图5-32　割煤高度与顶板每次来压时超前支承压力峰值均值的关系曲线

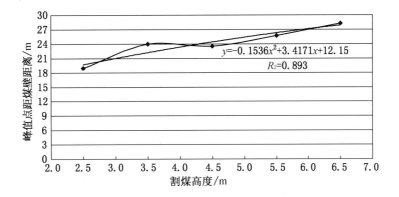

图 5 - 33 割煤高度与超前支承压力峰值点距煤壁距离的关系曲线

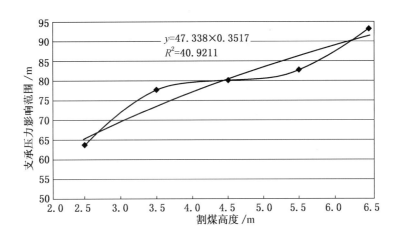

图 5 - 34 割煤高度与超前支承压力影响范围的关系曲线

增加，顶煤厚度相应减少，致使上覆岩层施加给煤体的载荷增大，而超前支承压力峰值点即为煤岩体弹性区和塑性区的分界点。随着采高的增加，超前支承压力应该有一最大值，当超前支承压力的峰值达到这一最大值后，随着顶板施加载荷的增加，峰值将不会再次增加，但工作面的采动应力将会向煤壁的内部转移，因此超前支承压力的峰值点距离煤壁的距离会呈现出逐渐增大的趋势。

5.6 小结

本章采用相似模拟的手段验证了综放开采顶板组合短悬臂梁－铰接岩梁结构的存在，分析了组合短悬臂梁－铰接岩梁结构的动态演化过程及其对矿压的影响，分析了组合短悬臂梁－铰接岩梁结构和工作面超前支承压力的采厚、割煤高度效应，得出了以下认识：

（1）综放工作面初采期间顶板以固支梁的形式存在，当基本顶经历初次垮落、工作面进入正常回采后，顶板岩层形成组合短悬臂梁－铰接岩梁结构。

（2）综放工作面顶板岩层组合短悬臂梁－铰接岩梁结构中的组合短悬臂梁结构存在五种基本运动形式，即组合短悬臂梁－直接垮落式、组合短悬臂梁－铰接岩梁转化式、组合短悬臂梁－铰接岩梁交替式、组合短悬臂梁－搭桥—反向回转式及组合短悬臂梁－搭桥－直接垮落式。各种基本运动形式对矿压的影响如下：组合短悬臂梁－直接垮落式促使综放工作面来压时持续的长度加大且矿压显现强烈。组合短悬臂梁－铰接岩梁转化式仅是组合短悬臂梁结构的单独运动，顶板活动范围和强度较小，是工作面小周期来压的主要原因之一。组合短悬臂梁－铰接岩梁交替式多发生在较薄厚煤层综放工作面，矿压显现不明显。组合短悬臂梁－搭桥－反向回转式当工作面支架工作阻力较小时，矿压显现明显；当工作面支架工作阻力满足现场支护要求时，矿压显现不明显，此时很难从现场观测得到的支架工作阻力曲线中得出工作面的来压情况。组合短悬臂梁－搭桥－直接垮落式多发生于工作面支架支护强度高、下部直接顶冒落效果好的综放工作面，现场表现为工作面来压不明显。

（3）综放工作面产生大小周期来压的实质是：组合短悬臂梁结构单独断裂回转引起小周期来压，小周期来压时组合短悬臂梁结构断裂回转可能发生组合短悬臂梁－铰接岩梁转化式，当工作面支架能够满足支护要求时还可能发生组合短悬臂梁－搭桥－反向回转式和组合短悬臂梁－搭桥－直接垮落式；铰接岩梁结构破断回转同时引起组合短悬臂梁结构断裂回转引起大周期来压，此时组合短悬臂梁结构运动形式多为组合短悬臂梁－直接垮落式。

（4）采厚与割煤高度对综放开采顶板岩层最终形成组合短悬臂梁－铰接岩梁结构无影响，但不同采厚将引起组合短悬臂梁－铰接岩梁结构不同的垮落形式，体现在矿压上即工作面是否存在大小周期来压、矿压显现持续时间长短和强烈与否。

（5）采厚与组合短悬臂梁岩层的加权平均厚度呈指数关系，而采高与组合短悬臂梁岩层的加权平均厚度呈对数关系，即采厚远大于采高对组合短悬臂梁岩层厚度的影响。

（6）割煤高度一定，随着采厚的增大，工作面超前支承压力峰值呈线性减小；峰值点距煤壁的距离及工作面围岩活动范围随着采厚的增加而增大。

（7）采厚一定，随着割煤高度的增加，超前支承压力的峰值不断增大；当割煤高度达到4.5 m后，峰值大小的变化既无规律，也不太明显；与之对应的超前支承压力峰值点距煤壁的距离却随着割煤高度的增加而呈现增大的趋势；顶板活动范围的变化幅度并不大。

6　榆神矿区综放开采相似模拟研究

千树塔煤矿是榆林、鄂尔多斯地区典型的厚煤层矿井。这部分地区具有以下特征：

（1）埋藏深度相对较浅，大部分煤层埋深小于 250 m 且变化较大。千树塔煤矿 3 号特厚煤层埋深变化如图 6-1 所示。

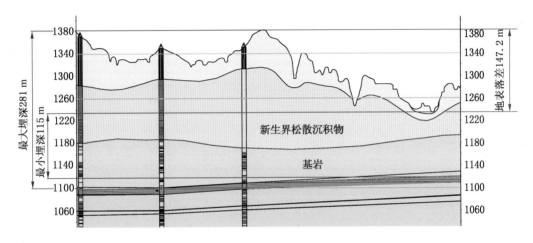

图 6-1　千树塔煤矿 3 号特厚煤层埋深变化图

（2）基岩薄，厚度变化大。千树塔煤矿 3 号特厚煤层基岩厚度等值线如图 6-2 所示，柳巷煤矿 3 号特厚煤层基岩厚度变化如图 6-3 所示。

（3）煤层厚度大，煤层倾角小，构造简单。

（4）地表大部分被新生界松散沉积物所覆盖，地貌以黄土梁峁区为主，局部为沙漠滩地区，如图 6-4 所示。图 6-5 为榆林榆神矿区一期规划图，表 6-1 为该地区部分典型矿井煤层赋存情况。

表 6-1　榆林、鄂尔多斯地区厚煤层赋存条件

矿井名称	煤层厚度/m	煤层倾角/(°)	埋深/m	基岩厚度/m	地表最大落差/m
杭来湾	4.85 ~ 11.90	0.50	116 ~ 268	52.9 ~ 235	156
柳巷	10.20 ~ 11.65	0.30	207 ~ 270	43.4 ~ 120	126
麻黄梁	7.55 ~ 10.36	0.59	160 ~ 241	7.6 ~ 40	136
双山	8.16 ~ 11.38	0.36	154 ~ 187	50.3 ~ 130	94
千树塔	9.75 ~ 12.21	1.00	147 ~ 271	32.8 ~ 105	184
柳塔	3 ~ 8.5	0 ~ 3	158 ~ 233	100	143
酸刺沟	5.73 ~ 16.82	0 ~ 5	135 ~ 245	99 ~ 233	151

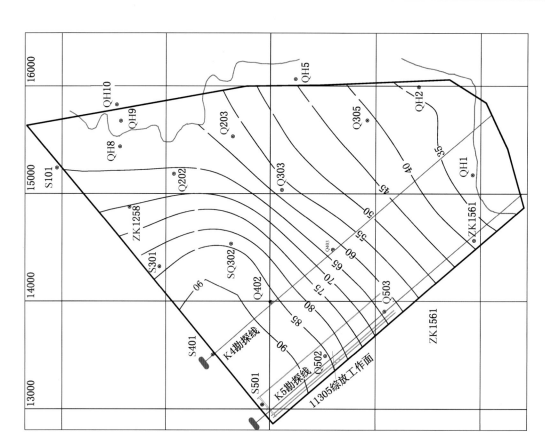

图6-2 千树塔煤矿基岩等值线

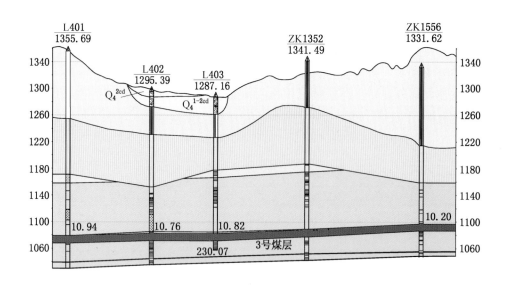

图6-3 柳巷煤矿3号特厚煤层基岩厚度变化图

图6-4 榆林、鄂尔多斯地区地表黄土梁峁区覆盖

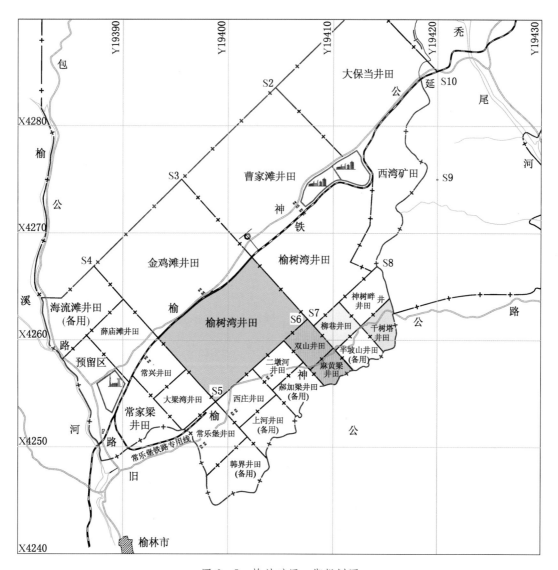

图6-5 榆神矿区一期规划图

由表6－1得知：同一煤矿其埋深、基岩厚度和地表落差变化较大，即使同一矿井的同一工作面也是如此。如千树塔煤矿（图6－1），沿同一工作面推进方向埋深115～281 m，基岩厚度为35～90 m，地表最大落差为147.2 m。

本章以千树塔煤矿3号煤层赋存条件为背景，采用相似材料模拟试验手段，全面深入研究不同煤层赋存条件下（不同埋深、不同采厚、不同基岩厚度、不同基采比）综放工作面覆岩活动规律。

6.1 相似模拟试验模型的建立

相似模拟试验同样采用了中国矿业大学(北京)的二维相似模拟试验台，试验台尺寸为4200 mm × 220 mm(长 × 宽)。各方案均以千树塔煤矿11305工作面Q502钻孔资料为基础，在高度方向直接建至地表，Q502钻孔柱状图如图6－6所示。设几何相似比$\alpha_L = 200:1$，容重比$\alpha_\gamma = 1.6:1$，要求模拟与实体所有各对应点的运动情况相似，即要求各对应点的速度、加速度、运动时间等都成一定的比例。所以要求时间比为常数，即$\alpha_t = \sqrt{\alpha_L} = 14.14$（$\alpha_t$为时间相似比）。岩石强度指标$\alpha_\sigma = \alpha_L \alpha_\gamma = 320$。原型与模型之间强度参数的关系满足公式$[\sigma_c]_M = \dfrac{[\sigma_c]}{\alpha_\sigma}$，其中$[\sigma_c]_M$为模型单轴抗压强度，$[\sigma_c]$为原型单轴抗压强度。

根据几何相似比、容重比、原型与模型之间的强度转化式可求出模型模拟的各层岩层厚度、煤层及不同顶板岩层模型的抗压强度及容重。岩性参数及配比号见表6－2，相似模拟方案见表6－3。

表6－2 岩 性 配 比

岩 性	实际容重/(g·cm⁻³)	模型容重/(g·cm⁻³)	实际抗压强度/MPa	模型抗压强度/MPa	配比号
黏土	1.25	0.78	5.2	0.02	9:8:2
长石砂岩	2.41	1.51	26.42	0.08	7:5:5
粉砂质泥岩	2.52	1.58	29.34	0.09	8:6:4
泥岩	2.42	1.51	27.63	0.09	8:7:3
粉砂岩	2.51	1.57	43.52	0.14	8:6:4
砂岩	2.47	1.54	39.12	0.12	8:5:5
煤	1.21	0.76	25.71	0.07	8:7:3

相似模拟所用的材料主要由骨料和胶结料组成。本试验骨料采用细砂，胶结料采用石灰和石膏。

柱状	层序号	累深/m	层厚/m	采取率/%	岩 性 描 述
	C16	27.47	27.47	0	离石黄土，灰黄色亚黏土，亚黏土
	C15	116.00	88.53	0	紫红色亚黏土
	C14	125.26	9.26	64.8	灰黄色中厚层状粉砂质泥岩，水平层理，与下层明显接触
	C13	127.73	2.47	95.1	灰黄色中厚层状细粒长石砂岩，与下层过渡接触
	C12	131.13	3.40	95.3	灰黄色中厚层状中粒长石砂岩，与下层明显接触
	C11	133.27	2.14	93.5	灰色中厚层状粉砂岩，与下层过渡接触
	C10	137.28	4.01	93.0	灰白色中厚层状中粒长石砂岩，波状层理发育，与下层明显接触
	C9	143.86	6.58	92.6	深灰色中厚层状粉砂质泥岩，水平层理较发育，与下层过渡接触
	C8	148.01	4.15	91.6	深灰色中厚层状泥岩，水平层理较发育，与下层明显接触
	C7	151.87	3.86	94.6	灰白色中厚层状细粒长石砂岩，波状层理发育，与下层过渡接触
	C6	158.56	6.69	85.7	灰色中厚层状泥质粉砂岩，与下层过渡接触
	C5	165.90	7.34	86.5	深灰色中厚层状粉砂岩，水平层理，与下层过渡接触
	C4	175.60	9.70	93.4	灰白色中厚层状砂岩，与下层明显接触
	C3	201.40	25.80	93.2	灰白色中厚层状中粒长石砂岩，交错层发育，呈长柱状
	C2	204.12	2.72	93.4	深灰色中厚层状粉砂质泥岩，水平层理发育，与下层过渡接触
	C1	204.99	0.87	100	深灰色中厚层状泥岩，水平层理，与下层明显接触
	C0	216.20	11.21	80.9	黑色半光亮型煤，与顶底板明显接触，以柱状为主，少量短柱、碎块状
	D1	220.37	4.17	89.9	深灰色中厚层状粉砂质泥岩，水平层理

图 6-6 千树塔煤矿 Q502 钻孔柱状图

表 6-3 相似模拟试验方案 　　　　　　　　　　　　　　　　　　m

序　号	埋　深	基 岩 厚 度	煤层厚度（采厚）
1-1	200	120	12
1-2	250	80	12
2-1	200	80	6
2-2	200	40	12
3-1	200	80	15
3-2	200	80	9
4-1	200	80	12
4-2	150	80	12

6.2 综放工作面覆岩活动规律的埋深效应

本节采用相似模拟试验对煤层埋深 250 m（试验编号为 1－2）、200 m（试验编号为 4－1）、150 m（试验编号为 4－2）时综放工作面回采过程中覆岩活动规律进行研究。图 6－7 为不同埋深开挖前初始模型图，模型开挖均从右往左进行。

图 6－7　不同埋深开挖前初始模型

6.2.1 综放工作面覆岩结构动态演化规律的埋深效应

6.2.1.1 初采期间覆岩结构动态演化规律

图 6－8 为不同埋深初采期间的覆岩运动特征。由图可知：综放工作面初采期间虽然埋深不同，但下位直接顶初次垮落后均可随采随冒，而其上岩层以固支梁的形式存在。

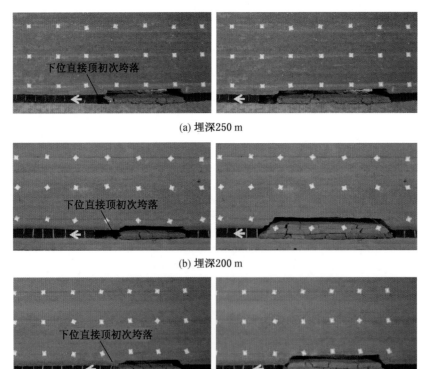

(a) 埋深250 m

(b) 埋深200 m

(c) 埋深150 m

图 6－8　不同埋深初采期间的覆岩运动特征

当第 13 ~ 14 次开挖时，各模型均发生了基本顶的初次来压，即原来随采随冒直接顶岩层上方的固支梁破断形成铰接结构，如图 6 - 9 所示。基本顶初次断裂后，随着综放工作面的继续推进，顶板岩层以组合短悬臂梁 - 铰接岩梁的结构形式存在。由于铰接的岩体与其上岩层之间存在较大的离层，随着工作面的继续推进，覆岩活动范围必将向上发展，初始的基本顶岩层必然转化为以组合短悬臂梁形式存在的直接顶岩层。

(a) 埋深250 m   (b) 埋深200 m   (c) 埋深150 m

图 6 - 9   不同埋深初次来压时覆岩垮落特征

6.2.1.2   埋深 250 m 时综放工作面初次来压后覆岩结构动态演化规律

当综放工作面第 16 次开挖时，以铰接岩梁形式存在的岩层没有破断失稳，而其下部以悬臂梁形式存在的岩层单独破断回转。随着综放工作面开挖至第 19 次时，覆岩活动范围增大，铰接岩梁回转间接引起悬臂梁同时失稳。如果认为第 19 次开挖是综放工作面的大周期来压，则第 16 次开挖时覆岩仅悬臂梁破断回转可认为是综放工作面的小周期来压，即埋深 250 m 时综放工作面存在小大周期来压现象。综放工作面小大周期来压的动态演化如图 6 - 10 所示。随着综放工作面的继续推进，覆岩活动范围逐渐扩大，且悬臂梁单独失稳及其与组合短悬臂梁 - 铰接岩梁同时失稳交替出现。当综放工作面第

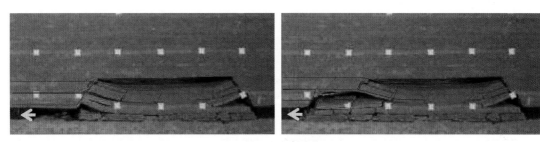

(a) 第一次小周期来压

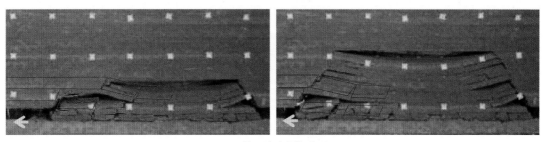

(b) 第一次大周期来压

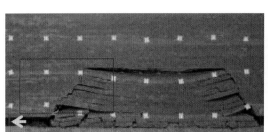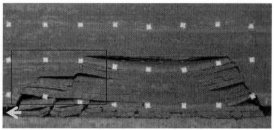

(c) 第二次小周期来压

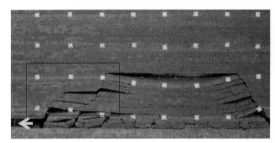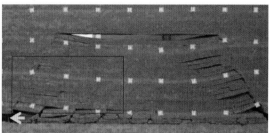

(d) 第二次大周期来压

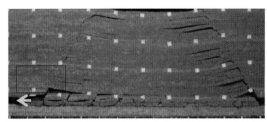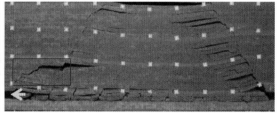

(e) 第三次小周期来压

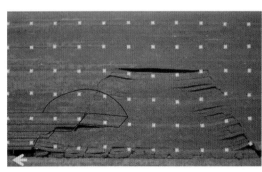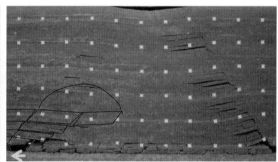

(f) 第三次大周期来压

图 6 – 10　埋深 250 m 时综放工作面周期大小来压的动态演化

34 次开挖时，工作面发生第三次大周期来压时，覆岩活动范围超出基岩的范围。此时失稳的铰接岩梁上方的随动层和松散层将形成稳定的平衡拱结构，进而可减缓松散层对综放工作面支架的间接作用力，即综放工作面充分采动后覆岩形成组合短悬臂梁 – 铰接岩梁 – 拱结构。

　　研究得出：埋深 250 m 时，综放工作面经过初次来压后顶板以组合短悬臂梁 – 铰接岩梁的形式存在；随着综放工作面的继续推进，覆岩活动范围的进一步扩大，当基岩全部进入裂隙带，松散层参与运动并同时进入裂隙带后，综放工作面将形成组合短悬臂梁 – 铰接岩梁 – 拱结构，如图 6 – 10f 所示。

6.2.1.3　埋深 200 m 时综放工作面初次来压后覆岩结构动态演化规律

综放工作面第 20 次开挖时，铰接岩梁回转引起悬臂梁同时失稳，综放工作面周期来压。随着综放工作面的继续推进，覆岩活动范围随之增加。开挖至第 24 次、28 次和 32 次时，综放工作面均发生了周期来压，如图 6 – 11 所示。第 32 次开挖后，覆岩直接垮落至地表，此时覆岩结构同埋深 250 m 时一样，也出现了组合短悬臂梁 – 铰接岩梁 – 拱结构，如图 6 – 11d 所示。

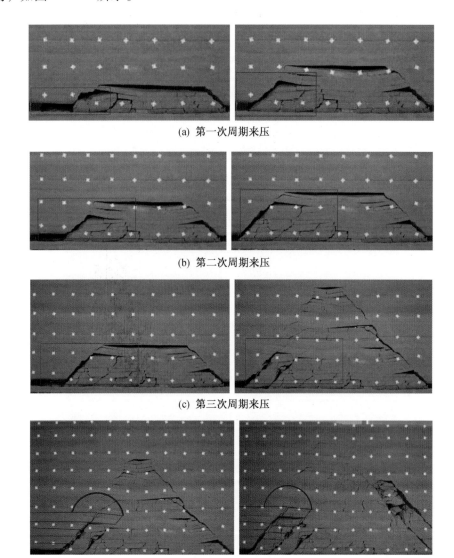

(a) 第一次周期来压

(b) 第二次周期来压

(c) 第三次周期来压

(d) 第四次周期来压

图 6 – 11　埋深 200 m 时综放工作面周期来压情况

6.2.1.4 埋深150 m时综放工作面初次来压后覆岩结构动态演化规律

综放工作面第18次开挖时，组合短悬臂梁 – 铰接岩梁同时失稳，综放工作面周期来压，如图6 – 12a所示。随着综放工作面的继续推进，覆岩活动范围继续增加，开挖至第22次、26次和31次时，综放工作面均发生了周期来压，如图6 – 12b至图6 – 12d所示。第24次开挖后覆岩活动达到地表，此后随着综放工作面的继续推进，覆岩将以组合短悬臂梁 – 铰接岩梁 – 拱结构存在，如图6 – 12c和图6 – 12d所示。

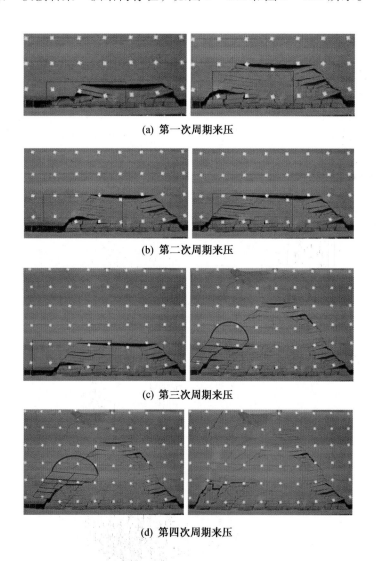

(a) 第一次周期来压

(b) 第二次周期来压

(c) 第三次周期来压

(d) 第四次周期来压

图6 – 12 埋深150 m时综放工作面周期来压情况

6.2.1.5 小结

基于千树塔煤矿煤层基本赋存条件，采用相似模拟试验研究了采厚、基岩厚度不变、埋深不同时覆岩结构，得出如下结论：

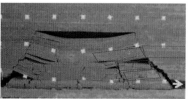

(a) 基岩厚度120m

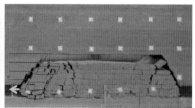

(b) 基岩厚度80m

图6-41 不同基岩厚度初次来压时覆岩垮落特征

6.4.1.2 基岩厚度120 m时覆岩结构动态演化规律

综放工作面经过初次来压后，随着工作面的继续推进，覆岩活动范围逐渐向上发展，但覆岩结构基本未发生变化，均以组合短悬臂梁-铰接岩梁结构存在，该结构的周期性失稳产生周期来压。由于基岩厚度较大，铰接岩梁之上的岩层仍然存在硬岩层，其滞后于铰接岩梁关键块的失稳而回转。所以当基岩厚度为120 m时，顶板岩层以组合短悬臂梁-铰接岩梁结构的形式存在，如图6-42所示。从图6-42c可以看出，当工作面发生第三次周期来压时，覆岩活动高度为110 m，该处岩层仍有离层。随着工作面的继续推进，覆岩活动范围必然将向上发展，但由于离层中心线的位置滞后工作面距离较远（远落后于铰接岩梁的两个关键块），所以即便后期覆岩垮落至地表也不会对工作面的来压产生较大影响。

6.4.1.3 基岩厚度80 m时覆岩结构动态演化规律

基岩厚度为80 m时综放工作面覆岩活动规律在前文有详细的分析，即覆岩以组合短悬臂梁-铰接岩梁-拱结构的形式存在。

6.4.1.4 基岩厚度40 m时覆岩结构动态演化规律

如前所述，基岩厚度为40 m时，综放工作面第16次开挖时虽然覆岩没有形成稳定结构，但也可以认为是工作面基本顶的初次来压，此时基岩没有全部破坏。经过初次来压后，随着工作面的继续推进，覆岩活动范围逐渐向上发展，当第18次开挖时，基岩组合短悬臂梁-固支梁结构突然整体破断导致上覆松散层随之垮落。作为松散层的黄土虽然仍有一定的自承能力，破断后形成小块体，在高处可形成拱结构以减缓工作面压力，但由于基岩整体突然破断导致覆岩活动范围增大，瞬间无法形成平衡拱结构，所以此时如果不采取有效措施，综放工作面必将出现压架等矿压显现剧烈的现象，如图6-43所示。

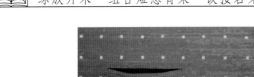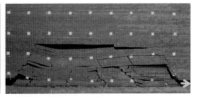

(a) 第一次周期来压覆岩垮落特征

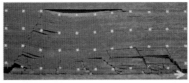

(b) 第二次周期来压覆岩垮落特征

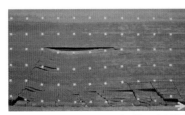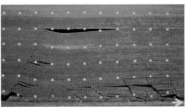

(c) 第三次周期来压覆岩垮落特征

图 6－42　基岩厚度 120 m 时覆岩结构动态演化规律

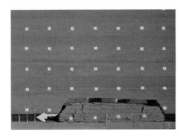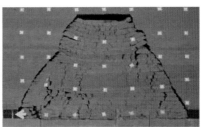

图 6－43　基岩厚度 40 m 时第一次周期来压覆岩垮落特征

基岩全部破断后，基岩层全部以组合短悬臂梁的形式存在。随着综放工作面继续开挖至第 21 次、23 次时，基岩组合短悬臂梁均发生破断，上覆松散层也随之垮落，即工作面发生周期来压。由于此时虽然覆岩仅是组合短悬臂梁结构，但覆岩活动的范围已超出基岩范围，上覆松散层作为随动层随之垮落，因此可以称此时的组合短悬臂梁为大组合短悬臂梁。由于作为松散层的黄土有一定的强度，因此来压前部分随动层在高处形成了挤压结构，能够减缓工作面矿压显现强度，如图 6－44 所示。

当第 26 次开挖时，覆岩活动范围达到地表，地表滞后工作面 85 m 出现下沉。但由于覆岩中大组合短悬臂梁结构上覆部分随动层跨落挤压成拱结构，有效减缓了工作面矿压显现强度，如图 6－45a 和图 6－45b 所示。如果工作面支护阻力不足，覆岩中大组合短悬臂梁结构周期性失稳时，其前端将直接断裂至地表进而将支架压垮，如图 6-45c 和图 6-45d 所示。

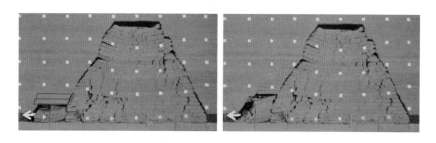

图 6-44 基岩厚度 40 m 时第三次周期来压覆岩垮落特征

6.4.1.5 小结

总体来讲，当煤层采厚、埋深不变的前提下，基岩厚度不同对覆岩运移规律及其所成结构影响较大，即工作面周期来压步距随基岩厚度的增加而增大。基岩厚度为 120 m 时，覆岩形成稳定的组合短悬臂梁-铰接岩梁结构。由于试验条件的限制，该模型推进至边界（360 m）时覆岩仍未垮落至地表，此时覆岩活动高度为 119 m，虽然该处仍有

(a) 第四次周期来压前覆岩垮落特征

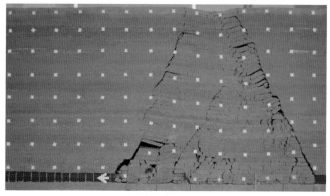

(b) 第四次周期来压时覆岩垮落特征

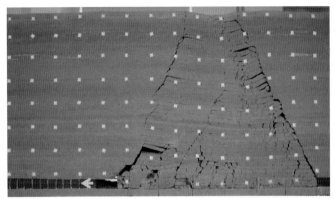

(c) 第五次周期来压前覆岩垮落特征

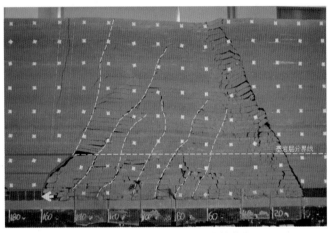

(d) 第五次周期来压时覆岩垮落特征

图 6-45 基岩厚度 40 m 时覆岩结构动态演化规律

离层，但其中心线的位置滞后工作面距离较远，所以即便后期覆岩垮落至地表也不会对工作面的来压产生较大影响。基岩厚度为 80 m 时，覆岩形成组合短悬臂梁－铰接岩梁－拱结构，维护了工作面的稳定。当基岩厚度为 40 m 时，基岩厚度破断时是以组合短悬臂梁－固支梁的形式突然破断，矿压显现异常剧烈，此时现场必须采取有效措施以减缓压力；当基岩经历全厚度破断后，覆岩将形成稳定的大组合短悬臂梁结构。所以，当千树塔煤矿后续某一综放工作面基岩厚度较薄时，初次来压前后需采取有效措施，确保工作面实现安全高效回采。例如，降低放煤高度，初采期间强制放顶，待工作面经过初次来压后再连续观察几个周期来压，如果矿压显现不剧烈，则可逐渐增大放煤高度，进行正常回采。

6.4.2 综放工作面覆岩运移规律的基岩厚度效应

6.4.2.1 基岩厚度为 120 m 时覆岩运动规律

由图 6-46 可知：工作面推进至 190 m 时，距煤层顶板 12 m 的测线随工作面推过后急速下沉，测线所在岩层最大下沉位移为 7.5 m；距煤层顶板 40 m 的测线所在岩层最大下沉位移约为 6 m，滞后工作面约 30 m 急速下沉。由两条测线的结果可知：覆岩中存在悬臂梁结构。

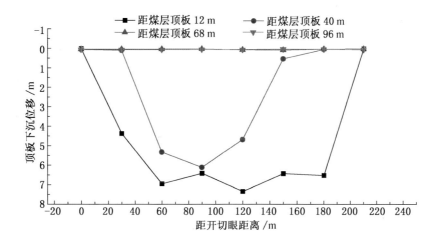

图 6-46 基岩厚度为 120 m 时工作面推进至 190 m 时的顶板下沉位移

结合图 6-47 可知：工作面推进至 250 m 时，距煤层顶板 12 m 的测线所在岩层最大下沉量为 7.6 m；距煤层顶板 40 m 的测线最大下沉量为 6.6 m，其下部岩层运动位移形状为碗口状；距煤层顶板 68 m 的测线之上岩层运动位移呈现 V 字形分布。距煤层顶板 124 m 的测线下沉不明显，其形状分布呈现直线形。由此可判断，在距煤层顶板 96 m 与 124 m 的覆岩之间产生了离层空间。

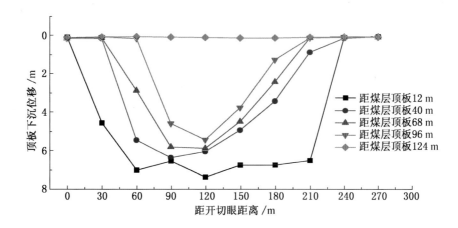

图 6-47 基岩厚度为 120 m 时工作面推进至 250 m 时的顶板下沉位移

结合图 6-48 可知：工作面推进至 320 m 时，其覆岩运移与工作面推进至 250 m 时并没有明显差别，距煤层顶板 40 m 范围内覆岩运动位移形状为碗口状，距煤层顶板 68 m 以外岩层运动位移呈 V 字形分布。距煤层顶板 152 m 以外的覆岩基本没有明显的下沉。

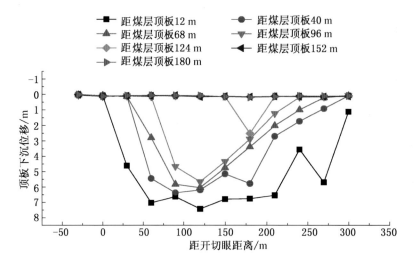

图 6-48　基岩厚度为 120 m 时工作面推进至 320 m 时的顶板下沉位移

6.4.2.2　基岩厚度为 80 m 时覆岩运动规律

采厚为 12 m 时工作面推进一定距离时覆岩运动规律已经在前文叙述过，在此不再详细的叙述。总体来讲：工作面推进至 310 m 时，距煤层顶板 10 m 范围内的岩层能够随采随冒；距煤层顶板 38 m 的测线最大下沉量约 5.8 m，距煤层顶板 66 m 的测线最大下沉量约为 5 m，距煤层顶板 94 m 的测线最大下沉量约为 4.8 m。距煤层顶板 94 m 以上的覆岩同步下沉，直至地表，其下沉形状呈 V 字形分布，地表最大下沉位移约为 2.9 m，滞后于工作面约 150 m。

6.4.2.3　基岩厚度为 40 m 时覆岩运动规律

由图 6-49 可知：距煤层顶板 14 m 的测线最大下沉量达 9.1 m，其下沉呈现碗口状；距煤层顶板 70 m 的测线下沉不明显。

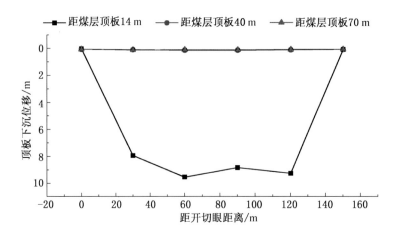

图 6-49　基岩厚度为 40 m 时工作面推进至 140 m 时的顶板下沉位移

由图 6-50 可知：当工作面推进至 184 m 时，距煤层顶板 40 m 范围内岩层几乎同步下沉；距煤层顶板 40 m 和 14 m 的测线最大下沉量几乎一样，最大下沉量达 9.3 m，由此可知在基岩部位并未形成铰接结构。

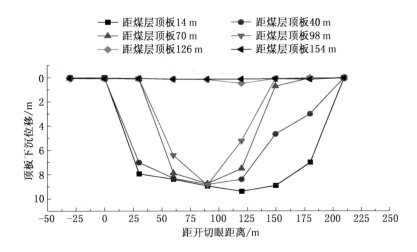

图 6-50　基岩厚度为 40 m 时工作面推进至 184 m 时的顶板下沉位移

由图 6-51 可知：当工作面推进 254 m 时，距煤层顶板 40 m 范围内岩层同步下沉；距煤层顶板 14 m 的测线急速下沉点滞后工作面 8 m，距煤层顶板 40 m 的测线急速下沉点滞后工作面约 15 m。因此，可以说明基岩部位形成了悬臂梁结构。而基岩上部松散层各测线的下沉量呈 V 字形分布，地表处松散层最大下沉距离达到 3.5 m，但滞后于工作面 80 m 范围内松散层并没有呈现明显的岩层移动现象，这进一步反映出覆岩中必将存在稳定结构，结合前文分析可知覆岩中存在大组合短悬臂梁结构。

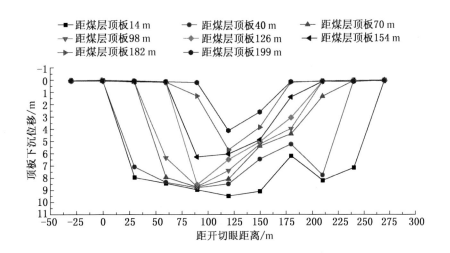

图 6-51　基岩厚度为 40 m 时工作面推进至 254 m 时的顶板下沉位移

由图 6-52 可知：工作面推进至 320 m 后，其基岩的运动情况与推进至 254 m 时相差不大，而基岩以上松散层最大下沉量增大，从岩层移动的情况分析，覆岩中仍然存在大组合短悬臂梁结构。

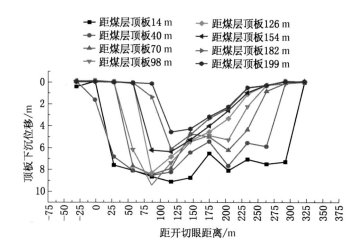

图6－52 基岩厚度为40 m时工作面推进至320 m时的顶板下沉位移

6.4.2.4 小结

埋深和采厚相同的情况下，随着基岩厚度的减小，地表的下沉量增加；随基岩厚度的增大，最大下沉量位置滞后工作面煤壁的距离增大。基岩厚度为120 m时，煤层的回采对覆岩松散层部位的影响较小。这主要是因为基岩较厚，上部松散层厚度相对较小，上覆岩层形成铰接结构，能够较好的承载上部岩层，因此松散层的下沉较小。基岩厚度为80 m时，松散层和基岩呈现同步下沉，这主要是因为覆岩以组合短悬臂梁－铰接岩梁－拱结构存在，上部松散层是该结构的组成部分，其上部松散层不能形成结构，必将随着工作面的推进与基岩同步下沉。基岩厚度为40 m时，基岩不足以形成铰接承载结构，而是形成了大组合短悬臂梁结构。

6.5 综放工作面覆岩活动规律的基采比效应

通过前文分析可知：千树塔煤矿11305综放工作面煤层埋深虽然对工作面周期来压步距、动载系数及地表滞后下沉距离有一定的影响，但其对覆岩所成结构基本没有影响。而煤层厚度及基岩厚度变化对覆岩结构的影响均较大，所以有必要对不同基采比（基岩厚度与采厚的比值）对综放工作面覆岩运动特征的影响进行分析。

6.5.1 综放工作面覆岩结构模型的基岩厚度效应

通过整理、分析可以得出不同基采比对应的覆岩结构模型，见表6－4。从表中可以看出：不同基采比情况下，在初采期间，覆岩结构均以悬臂梁－固支梁结构形式存在；在充分采动期间，基采比越大，覆岩自稳能力越强，越易形成稳定结构；相反，基采比越小，覆岩结构稳定性越差。

表6-4 覆岩结构与基采比关系

实验序号	埋深/m	基岩厚度/m	煤层厚度/m	基采比	初采期间	初次来压后至覆岩活动高度贯通基岩层前	覆岩活动高度贯通基岩层后
2-1	200	80	6	13.33	悬臂梁-固支梁	铰接岩梁	铰接岩梁
1-1	200	120	12	10			组合短悬臂梁-铰接岩梁
3-2	200	80	9	8.89		组合短悬臂梁-铰接岩梁	
1-2	250	80	12	6.67			组合短悬臂梁-铰接岩梁-拱
4-1	200	80	12	6.67			
4-2	150	80	12	6.67			
3-1	200	80	15	5.53			大组合短悬臂梁
2-2	200	40	12	3.33			

6.5.2 综放工作面覆岩运移规律的基采比效应

不同基采比条件下，工作面推进至 150 m、330 m 时，距煤层顶板 12 m 的测线所在岩层运移规律如图 6-53 和图 6-54 所示。

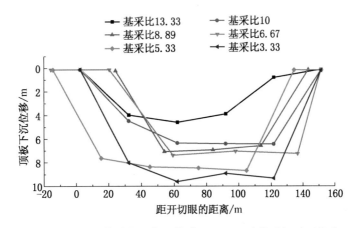

图 6-53 不同基采比工作面推进至 150 m 时的顶板下沉位移

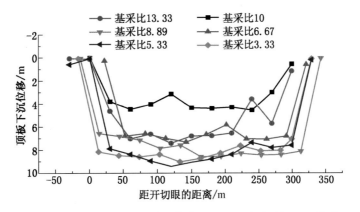

图 6-54 不同基采比工作面推进至 330 m 时的顶板下沉位移

根据图可知：工作面推进相同距离时，随着基采比的减小，其覆岩下沉位移逐渐变大。该结果说明基采比越大，覆岩中所形成的结构越稳定，越易控制覆岩的下沉。

6.6　小结

本章主要采用相似模拟试验，研究了不同煤层赋存条件下覆岩结构动态演化规律。

（1）覆岩结构的影响因素有采厚、基岩厚度和埋深，但主要影响因素是基岩厚度与采厚的比值，即基采比。

（2）不同煤层赋存条件下，初采期间覆岩均以悬臂梁－固支梁结构存在。

（3）工作面充分采动后，覆岩结构随着基采比的增大而趋于稳定，而埋深对覆岩结构影响不大。当基采比≥13.33时，为铰接岩梁结构，当8.89≤基采比＜13.33时为组合短悬臂梁－铰接岩梁结构，当6.67≤基采比＜8.89时为组合短悬臂梁－铰接岩梁－拱结构，当基采比＜6.67时为大组合短悬臂梁结构。

（4）周期来压步距与基采比无明显相关关系，周期来压步距随埋深增加而减小，随采厚增加而减小，随基岩厚度增加而增加。

（5）地表最大下沉量和最大下沉量位置与基采比无明显相关关系。当基岩厚度和煤层厚度相同时，地表最大下沉量和位置随着埋深的增大而呈正相关关系。这是由于基岩厚度和采厚相同时，松散层越厚，支架载荷越大，且容易整体切落，对采空区压实程度高导致；当埋深和基岩厚度相同时，随着采厚的增加，地表最大下沉量增加，而最大下沉量位置随着采厚增加而减小，即越靠近工作面煤壁；当埋深和采厚相同时，最大地表下沉量随着基岩厚度的增加而减小，最大下沉量位置随着基岩厚度的增加而距煤壁距离增大。

7　基于综放开采顶板结构特征的支架
工作阻力的确定

前文采用相似模拟方法分别研究了普通埋深条件下采厚与割煤高度对综放采场覆岩所成结构及其对顶板活动规律的影响，得出了综放开采顶板以组合短悬臂梁－铰接岩梁的结构形式存在；研究了埋深、采厚、基岩厚度、基采比等单因素变化对榆神矿区综放工作面覆岩运移规律的影响，得出了不同条件下的覆岩动态演化、运移规律、破坏及应力分布特征，提出了相应的覆岩结构模型。

本章在前文研究结果的基础上，采用材料力学、土力学等知识，研究综放工作面支架工作阻力下限值的计算方法，为综放工作面安全高效回采提供合理的支架选型依据。

7.1　综放工作面直接顶、基本顶新概念

7.1.1　综放工作面覆岩力学模型

对于普通埋深综放工作面，其覆岩结构均以组合短悬臂梁－铰接岩梁结构形式存在。而榆神矿区综放工作面覆岩结构与基采比（基岩层厚度与煤层厚度的比值）密切相关，是覆岩活动规律最主要的影响因素。通过整理、分析可以得出综放工作面充分采动期间不同基采比对应的覆岩力学模型，见表 7-1、图 7-1 至图 7-4。从表 7-1 中可以看出：在埋深一定的情况下，基采比越大，覆岩自稳能力越强，越易形成稳定结构。

表 7-1　基采比对覆岩力学模型的影响

序号	埋深/m	基岩厚度/m	煤层厚度/m	基采比	覆岩力学模型
1-1	200	120	12	10	组合短悬臂梁－铰接岩梁
3-2	200	80	9	8.89	组合短悬臂梁－铰接岩梁
4-1	200	80	12	6.67	组合短悬臂梁－铰接岩梁－拱
4-2	150	80	12	6.67	组合短悬臂梁－铰接岩梁－拱
1-2	250	80	12	6.67	组合短悬臂梁－铰接岩梁－拱
3-1	200	80	15	5.33	大组合短悬臂梁
2-2	200	40	12	3.33	大组合短悬臂梁

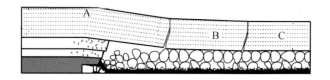

图7－1　覆岩铰接岩梁结构

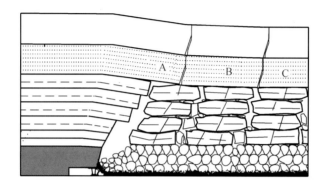

图7－2　覆岩组合短悬臂梁－铰接岩梁结构

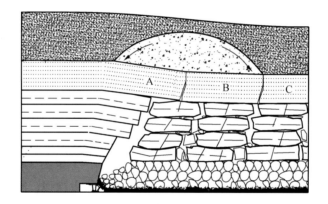

图7－3　覆岩组合短悬臂梁－铰接岩梁－拱结构

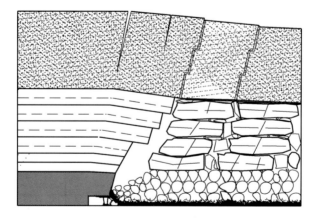

图7－4　覆岩大组合短悬臂梁结构

根据前文分析得知：榆神矿区的特定条件下，基采比越大，覆岩中所形成的结构越稳定、越易控制覆岩的下沉。因此，结合表 7-1 可以得出基采比与覆岩稳定性、支架阻力关系的定性曲线，如图 7-5 所示。

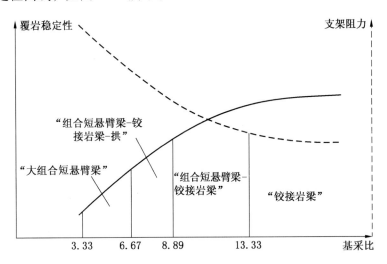

图 7-5　支架工作阻力与覆岩结构关系曲线

7.1.2　综放工作面直接顶、基本顶新概念及判定

传统意义上直接顶的定义是位于煤层上方的一层或几层性质相近，能够随采随冒的顶板岩层；位于直接顶之上对工作面矿山压力直接造成影响的厚而坚硬的岩层称为基本顶，基本顶初次断裂后以砌体梁的结构形式存在。由于综放开采一次采出厚度大，围岩活动范围增大，顶煤放出后在短时间内煤矸不可能充填满采空区，传统意义中的基本顶不能够形成稳定的铰接结构，而是以悬臂梁的结构形式存在，所以有必要对综放工作面直接顶和基本顶的概念进行重新定义。

垮落前难以触矸的顶板岩层为需控岩层，以悬臂梁结构形式存在，定义为直接顶；位于悬臂梁之上能够触矸的岩层定义为基本顶岩层，呈铰接岩梁结构。判断条件为

$$\Delta = \Delta_j - \Delta_m$$

$$\Delta_j = h - \frac{ql^2}{kh[\sigma_c]}$$

$$[\sigma_c] = (0.3 \sim 0.35)R_c$$

$$\Delta_m = (h_m + h_f)(1 - p_1) - (K_P - 1)\sum_{i=1}^{m} h_z$$

式中　Δ_j——极限下沉量；

$\quad\quad\Delta_m$——可能下沉量；

$\quad\quad h$——所分析岩层的厚度，m；

$\quad\quad k$——无量纲系数；

$\quad\quad R_c$——抗压强度，MPa；

q——线载荷，N/m；

l——所分析岩层的断裂步距，m；

p_1——煤炭损失率；

h_m——割煤高度，m；

h_f——放煤高度，m；

K_P——碎胀系数；

$\sum_{i=1}^{m} h_z$——第 $1 \sim m$ 层直接顶岩层累厚，m。

$\Delta \leqslant 0$ 的顶板岩层为直接顶岩层，$\Delta > 0$ 的顶板岩层为基本顶岩层。

7.1.3 综放工作面直接顶岩层厚度增大的必然性

根据直接顶的新定义可知：满足 $\Delta_j - \Delta_m \leqslant 0$ 的顶板岩层为直接顶岩层，其中 Δ_j 是一个特征值，对于某一具体的开采条件，直接顶岩层的厚度、岩体强度、层位等都是确定的，所以极限下沉量 Δ_j 是个属性值。可能下沉量 Δ_m 是随煤层采厚、煤炭损失率、岩层碎胀系数、冒落直接顶厚度变化的值，对于特定开采工艺及地质条件，在煤炭损失率、岩层碎胀系数一定的前提下，随着煤层采厚的增大，可能下沉量 Δ_m 的值必然加大，使得满足判定式 $\Delta_j - \Delta_m \leqslant 0$ 的可能性增大，因此特厚煤层随着采空空间的加大，围岩活动范围必然增加，直接顶与基本顶岩层范围明显加大，即在综放工作面的纵向、横向围岩活动范围明显加大，此结论与前文相似模拟的结果完全吻合。如图 7 - 6 所示，随着煤层采出总厚度的增加，阴影部分的面积加大，即直接顶岩层的范围明显加大。

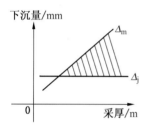

图 7 - 6 直接顶岩层范围确定示意图

7.1.4 综放工作面顶板作用下顶煤体的变形特征

综放开采发展以后，较为普遍的看法是：支架上方待放出的顶煤实际上成为支架和顶板岩层之间的"垫层"。支架上方的顶煤可能完成从连续介质向可放出的散体介质的转化，因而形成了支架和顶煤之间的塑性"垫层"（也有人认为是损伤体）。但如果将顶煤视为塑性"垫层"或损伤体进行分析，那么计算过程较复杂且参数的选取很难。位于综放支架控顶区范围内的顶煤，其三面都是实体煤，上部为顶板岩层，下部为综放液压支架，邻近采空区一侧是自由面，其垂直工作面的剖面受力情况如图 7 - 7 所示。

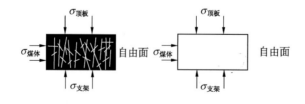

图 7 - 7 支架控顶区内顶煤受力示意图

7.1.5 有变形压力岩层和无变形压力岩层概念及其判断

综放开采采出厚度加大，必然导致顶板活动范围的增加。随着综放工作面的向前推进，呈组合短悬臂梁结构的直接顶岩层与铰接岩梁结构平衡的基本顶岩层产生下沉运动，顶板岩层的变形对顶煤产生压力作用。随着顶板岩层变形量的逐渐增大，顶煤的围压也逐渐加大，强度逐渐增高，压缩变形、水平位移逐渐增大，表现在垂直方向的压缩和水平方向的位移。当顶煤中的空隙量全部被压密时，顶煤就变成了可传递顶板变形压力的似刚性顶煤，因此，从顶板岩层对控顶区内顶煤的作用效果来看，上覆顶板岩层中有一部分岩层的变形效果促使了顶煤的压缩和位移，使其成为了似刚性顶煤，这部分直接顶岩层对于支架所受顶板的压力来讲可称为无变形压力岩层。而其上的直接顶岩层、基本顶岩层的变形所产生的压力则通过似刚性顶煤传递到综放液压支架，这部分岩层称为有变形压力岩层。这些认识将为我们分析计算综放支架工作阻力奠定基础。

无变形压力岩层的极限下沉量之和等于控顶区顶煤总的变形量，即 $\sum_{i=1}^{n}(\Delta_j)_i = \Delta_d$，$\Delta_d$ 为控顶区内顶煤的总变形量，$\Delta_d = \eta h_d(1+\lambda)$，其中，$\eta$ 为孔隙度，$\eta = (1 - \gamma_d/\gamma) \times 100\%$，$\gamma_d$ 为煤层干容重，γ 为煤层容重，λ 为侧压系数，h_d 为控顶区高度。

顶煤体总压缩量随着孔隙度的增加而增大，而顶煤体压缩量受其本身硬度影响，即硬度越大，煤岩体的压缩系数越小。因此，顶煤体越硬，其总压缩量越小，所需促使其成为"似刚性顶煤体"的"无变形压力岩层"越薄，在同一赋存条件下"有变形压力岩层"越厚，传递到支架上的压力越大。

7.2 综放支架工作阻力下限值计算

7.2.1 综放开采组合短悬臂梁 – 铰接岩梁结构模型

通过大量的现场实测、实验室相似模拟实验，建立了综放开采上位岩层普遍的组合短悬臂梁 – 铰接岩梁结构模型，如图 7 – 8 所示。

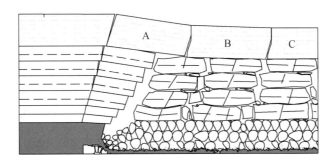

图 7 – 8 综放开采普遍的"组合短悬臂梁 – 铰接岩梁"结构模型

其结构模型具有以下特点：

（1）直接顶以组合悬臂梁结构存在，垮落时难以触矸，其每层的悬顶步距有所不同，且从下向上呈倒台阶型，其步距的大小主要受岩层厚度、抗拉强度、层位影响。

（2）直接顶的组合层总厚度主要受采高、组合层强度、支架与基本顶岩层作用力所影响。

（3）基本顶岩层形成铰接平衡结构，这种结构在采空区触及冒落的矸石体，矸石体给予其反支撑力，其力的大小主要受矸石体的支撑面积、刚度系数所影响。

（4）基本顶岩层的铰接结构在煤壁前方受煤壁支撑，控顶区受直接顶支撑，采空区受冒落矸石支撑，在这些力的共同作用下形成相对平衡。

（5）直接顶冒落产生工作面的小周期来压，基本顶下沉并促使直接顶冒落时工作面产生大周期来压。

7.2.2 "组合短悬臂梁－铰接岩梁"结构模型下支架所受载荷计算

综放支架所受载荷为顶煤重量和顶板岩层变形压力两部分。顶板变形压力分为直接顶和基本顶两部分的变形压力，有变形压力的直接顶岩层受力分析如图 7-9 所示，基本顶岩块受力如图 7-10 所示。

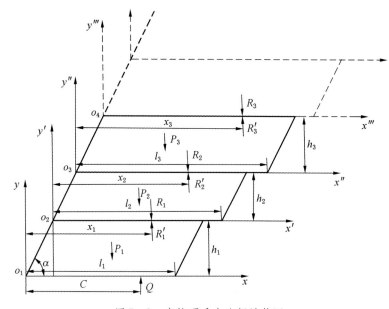

图 7-9 直接顶受力分析计算图

1. 对有变形压力的直接顶进行分析

根据 $\sum M_{oi} = 0 (i = 1, 2, 3, \cdots, j)$ 得

$$P_1\left(\frac{l_1}{2} + \frac{1}{2}h_1\cot\alpha\right) + R_1 x_1 - Qc = 0$$

$$P_2\left(\frac{l_2}{2} + \frac{1}{2}h_2\cot\alpha\right) + R_2 x_2 - R'_1(x_1 - h_1\cot\alpha) = 0$$

$$P_3\left(\frac{l_3}{2} + \frac{1}{2}h_3\cot\alpha\right) + R_3 x_3 - R'_2(x_2 - h_2\cot\alpha) = 0$$

$$\cdots$$

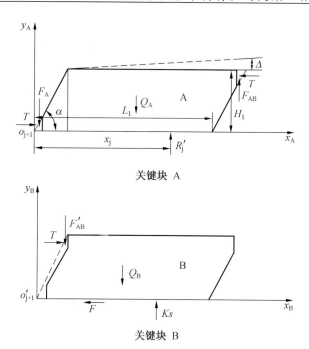

图 7 - 10 基本顶岩块受力分析图

$$P_j\left(\frac{l_j}{2} + \frac{1}{2}h_j\cot\alpha\right) + R_jx_j - R'_{j-1}(x_{j-1} - h_{j-1}\cot\alpha) = 0$$

将以上 j 个公式联立得

$$Qc = \frac{1}{2}\sum_{i=1}^{j}P_i(l_i + h_i\cot\alpha) + \sum_{i=1}^{j-1}R_ih_i\cot\alpha + R_jx_j \qquad (7-1)$$

式中　　Q——支架所受的变形压力，kN；

c——支架合力作用点距煤壁的距离，m；

P_i——第 i 层有变形压力的直接顶岩块重量，kN；

h_i、l_i——分别为第 i 层变形压力的直接顶岩块厚度和岩块长度，m；

α_j——岩层裂隙倾角，（°）；

R_j——上位岩层的附加力，kN；

x_j——上位岩层附加力距第 j 层直接顶垮落点的距离，m。

分析顶板大结构时，有变形压力的直接顶可看作一个整体，其内部各岩层间的作用力可忽略，所以式（7-1）可简化为

$$Qc = \frac{1}{2}\sum_{i=1}^{j}P_i(l_i + h_i\cot\alpha) + R_jx_j \qquad (7-2)$$

2. 对有变形压力的基本顶岩块 A 进行分析

对基本顶岩块 A 进行分析时，假设基本顶 A 超前直接顶 P_j 破断距为 $h_j\cot\alpha$，由

$\sum M_{j+1} = 0$ 得

$$R_j x_j = Q_A \left(\frac{L}{2} + \frac{1}{2} H \cot\alpha \right) - T(H - \Delta) - F_{AB}(L + H\cot\alpha) \qquad (7-3)$$

式中　　Q_A——有变形压力的基本顶岩块 A 的重量，kN；

　　　　T——岩块间的挤压力，kN；

　　H、L——分别为有变形压力的基本顶岩层厚度与断裂步距，m；

　　　　Δ——有变形压力的基本顶岩块 A 的下沉量，m；

　　　　F_{AB}——块体 A 和 B 之间的摩擦力，kN。

将式（7-2）代入（7-3）式，得

$$Qc = \frac{1}{2} \sum_{i=1}^{j} P_i(l_i + h_i \cot\alpha) + Q_A \left(\frac{L}{2} + \frac{1}{2} H\cot\alpha \right) - T(H - \Delta) - F_{AB}(L + H\cot\alpha)$$

设 $Q_A = P_{i+1}$，$L = l_{j+1}$，$H = h_{j+1}$，将上式化简得

$$Qc = \frac{1}{2} \sum_{i=1}^{j+1} P_i(l_i + h_i \cot\alpha) - T(h_{j+1} - \Delta) - F_{AB}(l_{i+1} + h_{j+1}\cot\alpha) \qquad (7-4)$$

3. 对基本顶 B 块进行分析

垂直方向受力平衡：

$$F'_{AB} = Ks - Q_B$$

$$F_{AB}{}' = Tf \qquad F_{AB}{}' = F_{AB} \qquad (7-5)$$

由式（7-5）可知

$$T = \frac{Ks - Q_B}{f} \qquad (7-6)$$

式中　K——采空区矸石的刚度，N/m；

　　　s——采空区矸石的压缩量，m，（$s = (k_1 - k_2) \sum_{i=1}^{j} h_i$，其中 k_1 为碎胀系数，k_2 为

　　　残余碎胀系数）；

　　　f——岩块间的摩擦系数；

　　　Q_B——基本顶关键块 B 的重量（这里取 $Q_B = Q_A$），kN。

将式（7-6）代入式（7-4），得

$$Q = \frac{f \sum_{i=1}^{j+1} P_i(l_i + h_i\cot\alpha) - 2(Ks - Q_B)(h_{j+1} + fl_{i+1} + fh_{i+1}\cot\alpha - \Delta)}{2cf} \qquad (7-7)$$

7.2.3　综放支架工作阻力的下限值计算

支架工作阻力的下限值就是指对于特定的综放工作面开采地质条件和开采技术条件，综放液压支架在顶板临界失稳状态下所计算得出的作用于支架上的外载荷，也就是液压支架应具备的维持综放开采上位顶板平衡结构的最低工作阻力值。这是液压支架要保证工作面顶板安全的最小值，否则顶板平衡结构将失稳，产生切顶或压裂性失稳，影响工作面的安全。

对于组合短悬臂梁–铰接岩梁结构的综放开采顶板力学模型所计算得出的综放支架

的外载为

$$P_z = K_d B (G_d + Q)$$

$$= K_d B \left[L_d h_d \gamma_m + \frac{f \sum_{i=1}^{j+1} P_i (l_i + h_i \cot\alpha) - 2(Ks - Q_B)(h_{j+1} + f l_{i+1} + f h_{i+1} \cot\alpha - \Delta)}{2cf} \right]$$

$$(7-8)$$

式中 P_z——综放支架工作阻力，kN；

K_d——动载系数；

G_d——顶煤的重量，kN；

B——支架中心距，m；

L_d——工作面控顶距，m；

h_d——顶煤的厚度，m；

γ_m——顶煤容重，kN/m³。

7.3 其他特殊综放开采顶板结构支架工作阻力的计算

7.3.1 "铰接岩梁"条件下支架工作阻力下限值

综放采场覆岩以"铰接岩梁"的结构形式存在时，支架主要受顶煤和直接顶的重量以及基本顶"铰接岩梁"的回转作用力。基本顶"铰接岩梁"及其关键块的受力分析如图 7-11 和图 7-12 所示。

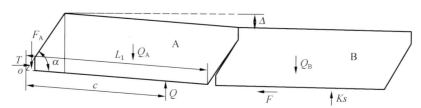

图 7-11 覆岩"铰接岩梁"结构受力分析

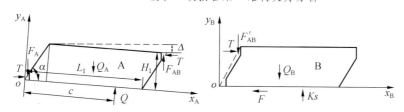

图 7-12 覆岩"铰接岩梁"关键块受力分析

1. 对基本顶关键块 A 进行受力分析

对基本顶关键块 A 进行分析时，根据 $\sum M_o = 0$，得

$$Qc = Q_A \left(\frac{L_1}{2} + \frac{1}{2} H_1 \cot\alpha \right) - T(H_1 - \Delta) - F_{AB}(L_1 + H_1 \cot\alpha) \qquad (7-9)$$

式中　　　Q_A——基本顶关键块 A 的重量，kN；

H_1、L_1——分别为基本顶岩层的厚度和断裂步距，m；

Δ——基本顶关键块 A 的下沉量，m。

2. 对基本顶关键块 B 进行受力分析

垂直方向的受力平衡：

$$F'_{AB} = Ks - Q_B \qquad (7-10)$$

$$F'_{AB} = F_{AB}$$

将式（7－6）、式（7－1）代入式（7－9），得

$$Qc = Q_A\left(\frac{L_1}{2} + \frac{1}{2}H_1\cot\alpha\right) - \frac{Ks - Q_B}{f}\left[\,(H_1 - \Delta) - f(L_1 + H_1\cot\alpha)\,\right] \qquad (7-11)$$

当综放采场覆岩以"铰接岩梁"的结构形式存在时，综放支架的工作阻力计算解析式如下：

$$P_z = K_d B(G_d + G_z + Q)$$

$$= K_d B\left[L_d h_d \gamma_m + L_d h_z \gamma_z + \frac{Q_A\left(\dfrac{L_1}{2} + \dfrac{H_1}{2}\cot\alpha\right) - 2c(Ks - Q_B)(H_1 + fL_1 + fH_1\cot\alpha - \Delta)}{2cf}\right]$$

$$(7-12)$$

式中　G_z——直接顶重量，kN；

h_z——直接顶厚度，m；

γ_z——顶煤容重，kN/m^3。

7.3.2　"组合短悬臂梁－铰接岩梁－拱"条件下支架工作阻力下限值

通过对松散层自然平衡拱、基本顶"铰接岩梁"关键块和直接顶"悬臂梁"结构稳定性分析，可得出综放支架工作阻力的下限值。

1. 确定自然平衡拱轨迹方程

综放采场顶板"铰－拱"结构受力如图 7－13 所示。首先建立"铰接岩梁"结构关键块 A 上松散层自然平衡拱的轨迹方程，对松散层自然平衡拱进行受力分析，其受力示意如图 7－14 所示。

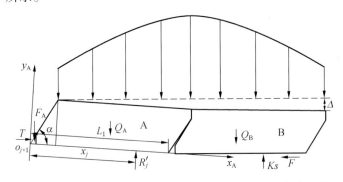

图 7－13　综放采场覆岩结构中"铰接岩梁－拱"结构受力

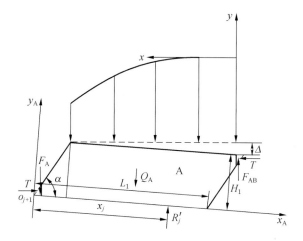

图 7 - 14 "铰接岩梁"关键块 A 受力分析

建立笛卡儿直角坐标系如图 7 - 14 所示，假设上部载荷为 q：

$$q = -a_1 x^2 + a_2 \qquad (7-13)$$

其中，系数 a_1、a_2 由坐标系下的抛物线即应力拱线两端端点确定。

由普式拱理论，假设拱高：

$$H = \frac{L}{2}$$

式中　H——平衡拱高度，m；

　　　L——平衡拱跨度，m。

则由力学公式，在 $x = 0$ 处有：

$$q = \gamma_{\text{黏}} H + \sum_{i=j+2}^{n} \gamma_i h_i = a_2 \left(\sum_{i=j+2}^{n} \gamma_i h \text{ 为随动基岩层线载荷}, i = j+2, j+3, \cdots, n \right)$$

在 $x = \dfrac{L}{2}$ 处有：

$$q = \sum_{i=j+2}^{n} \gamma_i h_i = -a_1 \frac{L^2}{4} + a_2$$

可得

$$\frac{L^2}{4} a_1 = \frac{L}{2} \gamma_{\text{黏}}$$

即

$$\begin{cases} a_1 = \dfrac{2}{L} \gamma_{\text{黏}} \\[2mm] a_2 = \gamma_{\text{黏}} H + \sum_{i=j+2}^{n} \gamma_i h_i \end{cases}$$

2. 对"铰接岩梁"关键岩块 A 进行分析

对基本顶岩块 A 进行分析时，由 $\sum M_{j+1} = 0$ 得

$$\int_0^{L_1} (-a_1 x^2 + a_2)(L_1 - x)\, dx = 0$$

整理得

$$\frac{1}{2} L_1^2 \sum_{i=j+2}^{n} \gamma_i h_i + \frac{5}{12}\gamma_{\text{黏}} L_1^3 = T(H - \Delta) + F_{AB}(L_1 + H_1 \cot\alpha) + R'_j x_j - Q_A\left(\frac{L}{2} + \frac{1}{2}H\cot\alpha\right)$$

$$(7-14)$$

式中　Δ——铰接岩梁关键块 A 的下沉量，m；

　　　$\gamma_{\text{黏}}$——黄土容重，kN/m^3。

对于有变形压力的直接顶进行受力分析可得

$$Qc = \frac{1}{2}\sum_{i=1}^{j} P_i(l_i + h_i \cot\alpha) + R_j x_j \qquad (7-15)$$

将式（7-15）代入式（7-14），得

$$Qc = \frac{1}{2}\sum_{i=1}^{j} P_i(l_i + h_i \cot\alpha) + \frac{1}{2}L_1^2 \sum_{i=j+2}^{n} \gamma_i h_i + \frac{5}{12}\gamma_{\text{黏}} L_1^3 - T(H - \Delta) -$$

$$F_{AB}(L_1 + H_1 \cot\alpha) + Q_A\left(\frac{L}{2} + \frac{1}{2}H\cot\alpha\right) \qquad (7-16)$$

设 $Q_A = P_{i+1}$，$L_1 = l_{j+1}$，$H = h_{j+1}$，将式（7-16）化简得

$$Qc = \frac{1}{2}\sum_{i=1}^{j+1} P_i(l_i + h_i \cot\alpha) + \frac{1}{2}l_{j+1}^2 \sum_{i=j+2}^{n} \gamma_i h_i + \frac{5}{12}\gamma_{\text{黏}} l_{j+1}^3 -$$

$$T(h_{j+1} - \Delta) - F_{AB}(l_{j+1} + h_{j+1} \cot\alpha) \qquad (7-17)$$

3. 对"铰接岩梁"关键岩块 B 进行分析（图 7-15）

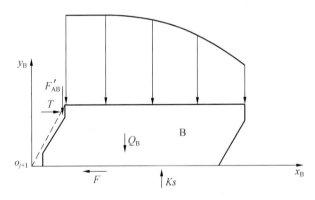

图 7-15　铰接岩梁关键块 B 受力分析

垂直方向受力平衡：

$$F'_{AB} = Ks - Q_B - \int_0^{l_{j+1}} (-a_1 x^2 + a_2)\, dx$$

即

$$F'_{AB} = Ks - Q_B - \left(l_{j+1} \sum_{i=j+2}^{n} \gamma_i h_i + \frac{2}{3}\gamma_{\text{黏}} l_{j+1}^2\right)$$

将式（7-17）代入式（7-15），得

$$Q = \frac{f\sum_{i=1}^{j+1} P_i(l_i + h_i\cot\alpha) + fl_{j+1}^2\sum_{i=j+2}^{n}\gamma_i h_i + \frac{5}{6}f\gamma_{\text{黏}} l_{j+1}^3}{2cf} -$$

$$\frac{2\left(Ks - Q_B - l_{j+1}\sum_{i=j+2}^{n}\gamma_i h_i - \frac{2}{3}\gamma_{\text{黏}} l_{j+1}^2\right)(h_{j+1} + fl_{j+1} + fh_{j+1}\cot\alpha - \Delta)}{2cf} \tag{7-18}$$

综上，综放支架工作阻力计算解析式如下：

$$P_z = K_d B(G_d + Q)$$

$$= K_d B \left[L_d h_d \gamma_m + \frac{f\sum_{i=1}^{j+1} P_i(l_i + h_i\cot\alpha) + fl_{j+1}^2\sum_{i=j+2}^{n}\gamma_i h_i + \frac{5}{6}f\gamma_{\text{黏}} l_{j+1}^3}{2cf} - \frac{2\left(Ks - Q_B - l_{j+1}\sum_{i=j+2}^{n}\gamma_i h_i - \frac{2}{3}\gamma_{\text{黏}} l_{j+1}^2\right)(h_{j+1} + fl_{j+1} + fh_{j+1}\cot\alpha - \Delta_d)}{2cf} \right] \tag{7-19}$$

7.3.3 "大组合悬臂梁"条件下支架工作阻力下限值

"大组合悬臂梁"结构受力如图7-16所示。

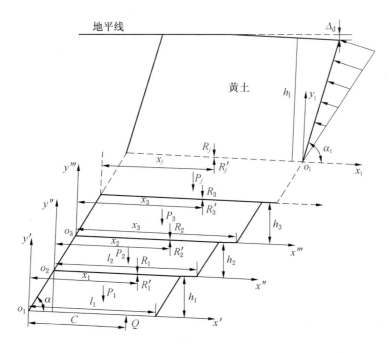

图7-16 "大组合悬臂梁"结构受力分析

根据 $\sum Y = 0$ ，得

$$R_j = \gamma_{黏} h_1 l_j - \int_0^{h_1-\Delta_1} q(y)\cos\alpha_1 \mathrm{d}y \qquad (7-20)$$

将 $q(y) = \dfrac{q}{h_1-\Delta_1}y$ 代入式（7-20），得

$$R_j = \gamma_{黏} h_1 l_j - \frac{1}{2}q\cos\alpha_1(h_i-\Delta_1) \qquad (7-21)$$

R_j 作用点的计算式如下：

$$x_j = \frac{l_j}{2} + \frac{1}{2}h_1\cot\alpha_1 \qquad (7-22)$$

则
$$R_j x_j = \frac{1}{4}\left[2\gamma_{黏} h_1 l_j - q\cos\alpha_1(h_i-\Delta_1)\right](l_j+h_1\cot\alpha_1)$$

将式（7-20）、式（7-21）代入式（7-14），得

$$Qc = \frac{1}{2}\sum_{i=1}^{j}P_i(l_j+h_i\cot\alpha) + \frac{1}{4}\left[2\gamma_{黏} h_1 l_j - q\cos\alpha_1(h_i-\Delta_1)\right](l_j+h_1\cot\alpha_1)$$

$$(7-23)$$

式中　h_c——松散层的厚度，m；

　　　Δ_c——地表下沉量，m；

　　　α_c——松散层的裂隙倾角，（°）；

　　　q——已冒覆岩对松散层的载荷，kPa。

综上，综放支架工作阻力计算解析式如下：

$$P_z = K_d B(G_d + Q)$$

$$= K_d B\left[L_d h_d \gamma_m + \frac{2\sum\limits_{i=1}^{j}p_i(l_i+h_i\cot\alpha) + \left[2\gamma_{黏} h_1 l_j - q\cot\alpha_1(h_i-\Delta_1)\right](l_j+h_1\cot\alpha_1)}{4c}\right]$$

$$(7-24)$$

7.4　综放支架工作阻力影响因素分析

7.4.1　组合短悬臂梁－铰接岩梁条件下支架工作阻力影响因素分析

为了便于分析各参数对综放支架工作阻力的影响程度，将直接顶及基本顶都简化为一层，则

$$P_z = K_d B\left[L_d h_m \gamma_m + \frac{fG_z(l+h_z\cot\alpha) + fQ_A(L+H\cot\alpha) - 2(Ks-Q_B)(H+fL+fH\cot\alpha-\Delta)}{2cf}\right]$$

$$(7-25)$$

由式（7-25）可以看出，综放支架工作阻力的大小主要与 l、h_z、L、H、K、s、α 等因素有关，为了分析各参数之间的关系及其对支架工作阻力的影响程度，现举例来加以说明。

公式计算的初始参数：$K_d = 1.5$，$B = 1.75$ m，$L_d = 6$ m，$h_m = 10.61$ m，$\gamma_m = 14.5 \times$

10^3 N/m^3，$f=0.57$，$l=8$ m，$h_z=7$ m，$L=21$ m，$H=9$ m，岩层容重 $\gamma_y=23\times10^3$ N/m^3，$\alpha=70°$，$K=915$ kN/m，$c=4$ m，$K_P=1.25$，$K_{Pl}=1.1$，则 $s=6$ m，$\Delta=0.63$ m。图7-17 至图7-23分别为支架工作阻力与直接顶岩层长度、直接顶岩层厚度、基本顶断裂步距、基本顶岩层厚度、采空区矸石刚度、岩层破断角及岩石碎胀系数的回归曲线。

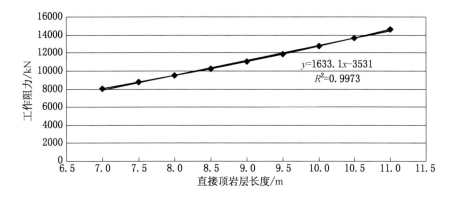

图7-17 直接顶岩层长度与支架工作阻力的关系曲线

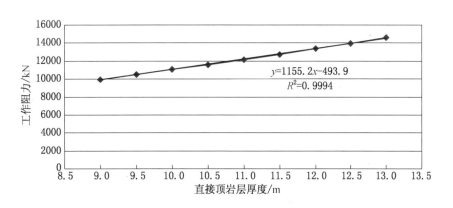

图7-18 直接顶岩层厚度与支架工作阻力的关系曲线

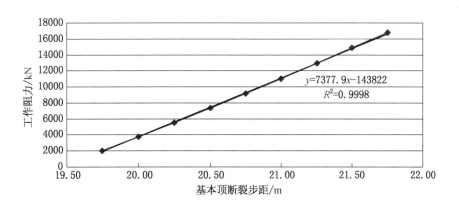

图7-19 基本顶断裂步距与支架工作阻力的关系曲线

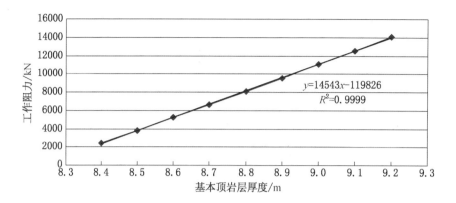

图 7-20　基本顶岩层厚度与支架工作阻力的关系曲线

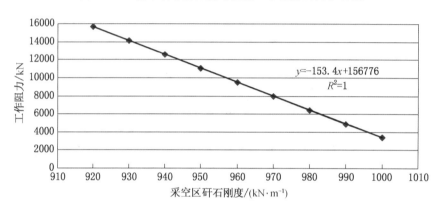

图 7-21　采空区矸石刚度与支架工作阻力的关系曲线

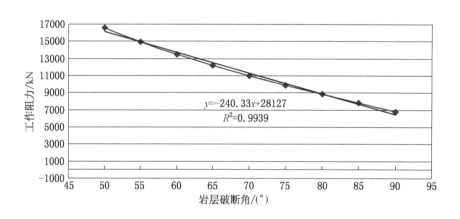

图 7-22　岩层破断角与支架工作阻力的关系曲线

　　从图中可以清晰地看出各影响因素与支架工作阻力呈线性相关的关系，支架工作阻力随着直接顶岩层长度、直接顶岩层厚度、基本顶断裂步距及基本顶岩层厚度的增加而增大，随着采空区矸石刚度、岩层破断角及岩石碎胀系数的增大而减小。由于在特定矿

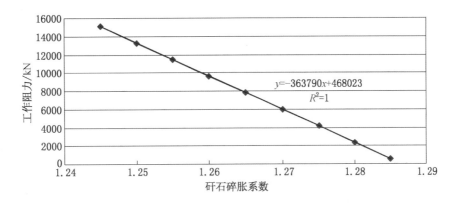

图7-23　矸石碎胀系数与支架工作阻力的关系曲线

井地质条件下采空区矸石刚度、岩层破断角及岩石碎胀系数是属性值，不会因为割煤高度或煤层厚度的增大而改变。因此，此处仅对直接顶岩层长度和厚度、基本顶断裂步距及厚度等与煤层采厚直接相关的影响因素进行分析。

由图可见，直接顶岩层长度与厚度、基本顶断裂步距及厚度与支架工作阻力具有较好的线性关系，拟合曲线的 R^2 分别为 0.9973、0.9994、0.9998 和 0.9999。

假设多元线性回归方程为

$$y = a + b_1 x_1 + b_2 x_2 + b_3 x_3 + b_4 x_4 \qquad (7-26)$$

式中　　　　　　　　y——支架工作阻力，kN；

x_1——直接顶岩层长度，m；

x_2——直接顶岩层厚度，m；

x_3——基本顶断裂步距，m；

x_4——基本顶岩层厚度，m；

a、b_1、b_2、b_3 及 b_4——待定系数。

根据回归方程中因素数为4，试验次数取25，以初始参数为基础，随机选取25组试验数据，见表7-2。

表7-2　试　验　数　据　表

试验号	x_1	x_2	x_3	x_4	y
1	8.00	11.00	33.50	5.30	11596.85
2	8.20	10.80	35.00	5.00	10258.40
3	8.40	10.60	34.00	5.20	11477.33
4	8.60	10.40	20.00	9.70	13189.06
5	8.80	10.20	20.50	9.50	14451.58
6	9.00	10.00	21.00	9.00	11041.29
7	9.20	9.80	21.20	8.80	9647.17

表7-2（续）

试验号	x_1	x_2	x_3	x_4	y
8	9.40	5.50	28.50	6.50	11144.17
9	9.60	9.40	21.80	8.40	8052.89
10	9.80	9.20	22.50	8.20	9801.36
11	10.00	9.00	23.00	8.00	10002.86
12	10.20	8.80	23.50	7.80	10034.35
13	10.40	8.60	24.50	7.60	13134.66
14	10.60	8.40	25.00	7.40	12741.10
15	10.80	8.20	25.50	7.20	12165.81
16	11.00	8.00	26.00	7.00	11405.95
17	11.20	7.80	26.50	6.80	10458.66
18	11.40	7.40	27.00	6.60	9030.98
19	11.60	7.20	28.00	6.40	10502.56
20	11.80	7.00	29.00	6.20	11653.20
21	12.00	6.80	30.00	6.00	12463.82
22	12.20	6.60	31.00	5.80	12915.37
23	12.40	6.40	32.00	5.60	12988.77
24	12.60	6.20	33.00	5.40	12664.95
25	12.80	6.00	34.00	5.20	11924.86

根据最小二乘法求解四元线性回归方程中的系数 a、b_1、b_2、b_3 及 b_4，可得正规方程组，即

$$
\begin{cases}
na + b_1 \sum_{i=1}^{20} x_{1i} + b_2 \sum_{i=1}^{20} x_{2i} + b_3 \sum_{i=1}^{20} x_{3i} + b_4 \sum_{i=1}^{20} x_{4i} = \sum_{i=1}^{20} y_i \\[2mm]
a \sum_{i=1}^{20} x_{1i} + b_1 \sum_{i=1}^{20} x_{1i}^2 + b_2 \sum_{i=1}^{20} x_{1i}x_{2i} + b_3 \sum_{i=1}^{20} x_{1i}x_{3i} + b_4 \sum_{i=1}^{20} x_{1i}x_{4i} = \sum_{i=1}^{20} x_{1i}y_i \\[2mm]
a \sum_{i=1}^{20} x_{2i} + b_1 \sum_{i=1}^{20} x_{1i}x_{2i} + b_2 \sum_{i=1}^{20} x_{2i}^2 + b_3 \sum_{i=1}^{20} x_{2i}x_{3i} + b_4 \sum_{i=1}^{20} x_{2i}x_{4i} = \sum_{i=1}^{20} x_{2i}y_i \\[2mm]
a \sum_{i=1}^{20} x_{3i} + b_1 \sum_{i=1}^{20} x_{1i}x_{3i} + b_2 \sum_{i=1}^{20} x_{2i}x_{3i} + b_3 \sum_{i=1}^{20} x_{3i}^2 + b_4 \sum_{i=1}^{20} x_{3i}x_{4i} = \sum_{i=1}^{20} x_{3i}y_i \\[2mm]
a \sum_{i=1}^{20} x_{4i} + b_1 \sum_{i=1}^{20} x_{1i}x_{4i} + b_2 \sum_{i=1}^{20} x_{2i}x_{4i} + b_3 \sum_{i=1}^{20} x_{3i}x_{4i} + b_4 \sum_{i=1}^{20} x_{4i}^2 = \sum_{i=1}^{20} x_{4i}y_i
\end{cases}
\tag{7-27}
$$

将表7-2中的数据代入上式，得如下矩阵：

$$
\begin{bmatrix}
25 & 260 & 209.8 & 676 & 174.6 \\
260 & 2756 & 2126.1 & 7083.22 & 1795.56 \\
209.3 & 2126.1 & 1817.33 & 5595.13 & 1485.75 \\
676 & 7083.22 & 5595.13 & 18826.68 & 4562.03 \\
174.6 & 1795.56 & 1485.75 & 4562.03 & 1267.56
\end{bmatrix}
\begin{bmatrix} a \\ b_1 \\ b_2 \\ b_3 \\ b_4 \end{bmatrix}
=
\begin{bmatrix}
284748 \\
2970874.5 \\
2374817.5 \\
7727194.1 \\
1985233.2
\end{bmatrix}
\tag{7-28}
$$

解得 $a = -49689.14$，$b_1 = 441.45$，$b_2 = -118.7$，$b_3 = 1122.64$，$b_4 = 3883.96$。

于是四元线性回归方程为

$$y = -49689.14 + 441.45x_1 - 118.7x_2 + 1122.64x_3 + 3883.96x_4$$

采用多元线性回归方程显著性检验的 F 检验法对上式进行显著性检验（表7-3）。

总平方和为

$$SS_T = \sum_{i=1}^{n} (y_i - \overline{y})^2 = 55020452.9$$

回归平方和为

$$SS_R = \sum_{i=1}^{n} (\hat{y}_i - \overline{y})^2 = 22877548$$

残差平方和为

$$SS_e = \sum_{i=1}^{n} (y_i - \hat{y}_i)^2 = 32142904.9$$

表7-3　多元线性回归方差分析表

差异源	SS	df	MS	F
回归平方和	22877548	$m = 4$	5719386.9	3.53
残差平方和	32142904.9	$n - m - 1 = 20$	1620646.0	
总平方和	55020452.9	$n - 1 = 24$		

表7-3中的 F 服从自由度 $(m, n - m - 1)$ 的分布，在显著性水平 $\alpha = 0.05$ 下，由于 $F = 3.53 > F_{0.05}(4, 20) = 2.87$，因此，所建立的回归方程具有非常显著的线性关系。

因为 $b_j (j = 1, 2, 3, 4)$ 的取值受到对应因素的单位和取值的影响，一般情况下 b_j 本身的大小并不能直接反映自变量的相对重要性，所以需要对偏回归系数 b_j 进行标准化。设 b_j 的标准化系数为 $P_j (j = 1, 2, 3, 4)$，则 P_j 的计算结果如下：

$$P_1 = |b_1| \sqrt{\frac{L_{11}}{SS_T}} = 441.45 \sqrt{\frac{52}{55020452.9}} = 0.429$$

$$P_2 = |b_2| \sqrt{\frac{L_{22}}{SS_T}} = 118.7 \sqrt{\frac{65.09}{55020452.9}} = 0.129$$

$$P_3 = |b_3| \sqrt{\frac{L_{33}}{SS_T}} = 1122.64 \sqrt{\frac{547.68}{55020452.9}} = 3.542$$

$$P_4 = |b_4| \sqrt{\frac{L_{44}}{SS_T}} = 3883.96 \sqrt{\frac{48.16}{55020452.9}} = 3.634$$

标准回归系数越大，对应的因素越重要，所以四因素的主次顺序为 $x_4 > x_3 > x_1 > x_2$，即各因素对支架工作阻力的影响程度依次为基本顶岩层厚度>基本顶断裂步距>直接顶岩层长度>直接顶岩层厚度。

以上分析表明，基本顶岩层厚度对支架工作阻力影响最大。随着煤层采厚的增大，直接顶范围加大，且形成铰接岩梁结构的层位增高，而真正对工作面有影响的基本顶是邻近直接顶的第一层能够形成铰接岩梁结构的岩层，即较厚、较硬的岩层及其之上的随动层。基本顶岩层厚度和断裂步距是由天然的煤层赋存地质条件、开采方法和采厚决定的，人为可控因素较少，特别是基本顶岩层厚度是不可控的。所以对于坚硬顶板工作面，为防止初次来压时基本顶断裂步距较长，导致支架"压死"问题，建议初采期间采用切槽爆破或注水软化措施，以减少直接顶及基本顶垮落步距，降低支架工作阻力，保证工作面顺利通过初采期。

7.4.2　组合短悬臂梁－铰接岩梁－拱条件下支架工作阻力影响因素分析

为了便于分析各参数对综放支架工作阻力的影响程度，将直接顶、基本顶、基本顶上随动基岩层均简化为一层，则

$$P_z = K_d B \left[L_d h_m \gamma_m + \frac{G_z(l + h_z \cot\alpha) + Q_A(L + H\cot\alpha) + Q_s L + \frac{5}{6}\gamma_{黏}L^3}{2c} - \right.$$

$$\left. \frac{2(Ks - Q_B - Q_s - \frac{2}{3}\gamma_{黏}L^2)(H + fL + fH\cot\alpha - \Delta_d)}{2cf} \right] \qquad (7-29)$$

式中　Q_s——随动层的重量，kN。

由式（7-29）可以看出，在该覆岩结构条件下由于存在稳定结构，综放支架工作阻力与松散层厚度无关，其主要与直接顶岩层长度和厚度、基本顶断裂步距及厚度、矸石刚度、采空区矸石的压缩量、岩层破断角、支架合力作用点距煤壁的距离等因素有关，为了分析各参数对支架工作阻力的影响程度，现对各因素单独分析。

公式计算初始参数：$K_d = 1.5$，$B = 1.75$ m，$L_d = 6$ m，$h_m = 7.13$ m，$f = 0.3$，$\gamma_m = 12.2 \times 10^3$ N/m³，$l = 10$ m，$h_z = 30$ m，$L = 21$ m，$H = 10$ m，随动层厚度 $H_s = 5$ m，岩层容重 $\gamma_y = 23 \times 10^3$ N/m³，$\gamma_{黏} = 12.5 \times 10^3$ N/m³，$\alpha = 70°$，$K = 2450$ kN/m，$c = 4$ m，$K_P = 1.25$，$K_{P1} = 1.05$，则 $s = 6$ m，$\Delta_d = 2.49$ m。

图 7-24 至图 7-31 分别为支架工作阻力与直接顶岩层长度、直接顶岩层厚度、基本顶断裂步距、基本顶岩层厚度、采空区矸石刚度、岩层破断角、岩石碎胀系数及支架合力作用点距煤壁的距离的回归曲线。由图可以清晰地看出各主要影响因素均与综放支架的工作阻力呈线性相关，综放支架的工作阻力随直接顶岩层长度和厚度、基本顶断裂步距和厚度的增大而线性增加，随采空区矸石刚度、岩层破断角、矸石碎胀系数及支架合力作用点距煤壁的距离的增大而线性减小。在特定的煤层赋存条件下，采空区矸石刚度、碎胀系数及岩层破断角属于属性值，不会因割煤高度或煤层厚度的变化而改变。在具体某一矿井，直接顶岩层厚度、基本顶岩层厚度和断裂步距是由煤层地质赋存条件、煤层及顶板的物理力学性质、采厚决定的，人为可控性差，特别是直接顶岩层厚度和基本顶岩层厚度是不可控的。所以对于特厚煤层综放工作面，由于覆岩活动范围大，特别

是顶板较硬时，为防止初次来压和周期来压时基本顶断裂步距较长导致支架"压死"，建议工作面初采期间采用强制放顶措施，支架已确定但回采时矿压显现剧烈的工作面采用采前预爆破的方式以减少直接顶及基本顶垮落步距，进而降低支架所受外载，保证工作面顺利通过高压区。此外，支架设计阶段，在保证结构稳定的前提下适当增大合力作用点距煤壁的距离更有利于维护覆岩的稳定。

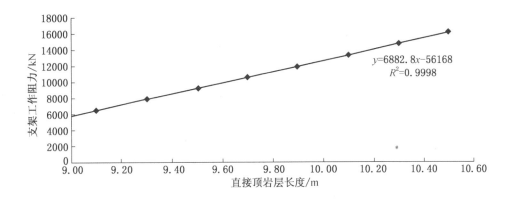

$y=6882.8x-56168$
$R^2=0.9998$

图 7-24 直接顶岩层长度与支架工作阻力的关系曲线

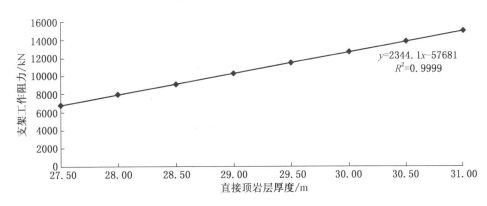

$y=2344.1x-57681$
$R^2=0.9999$

图 7-25 直接顶岩层厚度与支架工作阻力的关系曲线

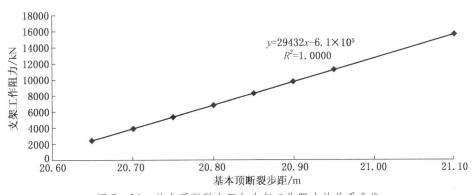

$y=29432x-6.1\times10^5$
$R^2=1.0000$

图 7-26 基本顶断裂步距与支架工作阻力的关系曲线

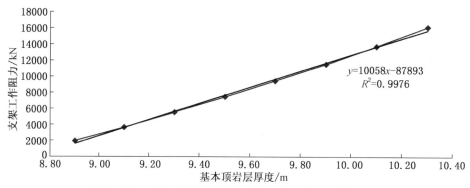

图 7－27 基本顶岩层厚度与支架工作阻力的关系曲线

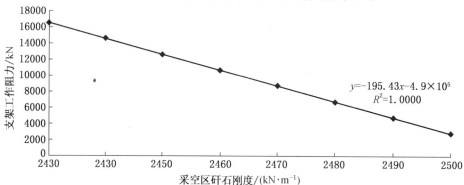

图 7－28 采空区矸石刚度与支架工作阻力的关系曲线

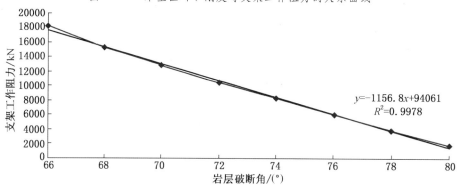

图 7－29 岩层破断角与支架工作阻力的关系曲线

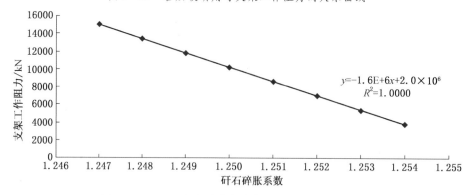

图 7－30 矸石碎胀系数与支架工作阻力的关系曲线

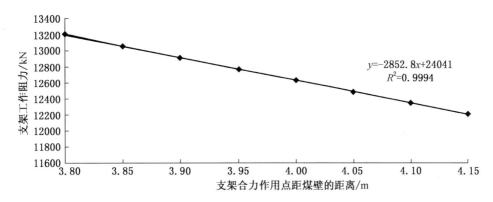

图 7 - 31 支架合力作用点距煤壁的距离与支架工作阻力的关系曲线

7.4.3 大组合短悬臂梁条件下支架工作阻力影响因素分析

为了便于分析各参数对综放支架工作阻力的影响程度，将直接顶简化为一层，则

$$P_z = K_d B \left[L_d h_m \gamma_m + \frac{2 G_z (l + h_z \cot\alpha) [2\gamma_{\text{黏}} h_l l - q\cos\alpha_l (h_z - \Delta_l)](l + h_l \cot\alpha_l)}{4c} \right]$$

$$(7 - 30)$$

由式(7-30)可以看出,综放支架工作阻力主要与直接顶岩层(悬臂梁)长度和厚度、松散层厚度、地表下沉量、岩层破断角、松散层破断角、支架合力作用点距煤壁的距离等因素有关,为了分析各参数对支架工作阻力的影响程度,现对各因素单独分析。

式 (7-30) 计算的初始参数：$K_d = 1.5$, $B = 1.75$ m, $L_d = 6$ m, $h_m = 7.13$ m, $\gamma_m = 12.2 \times 10^3$ N/m³, $l = 12$ m, $h_z = 30$ m, 岩层容重 $\gamma_y = 23 \times 10^3$ N/m³, $\gamma_{\text{黏}} = 12.5 \times 10^3$ N/m³, $\alpha = 70°$, $\alpha_l = 70°$, $c = 4$ m, $\Delta_l = 2.49$ m, $q = 1380$ kPa。

图 7 - 32 至图 7 - 38 分别为支架工作阻力与悬臂梁长度、悬臂梁厚度、悬臂梁破断角、松散层破断角、地表下沉量、松散层厚度及支架合力作用点距煤壁距离的回归曲线。由图可以清晰地看出综放支架工作阻力随组合短悬臂梁长度和厚度、松散层破断角、松散层厚度、地表下沉量的增大呈线性增长,随悬臂梁破断角和支架合力作用点距煤

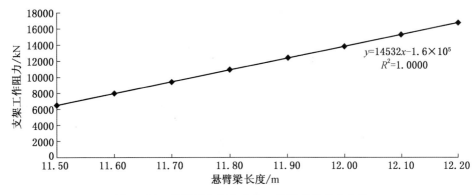

图 7 - 32 悬臂梁长度与支架工作阻力的关系曲线

壁的距离的增大而线性减小。其中松散层破断角增大 1°，支架所受外载增加 8991.37 kN，所以当松散层强度较低时，工作面极易发生压架事故。

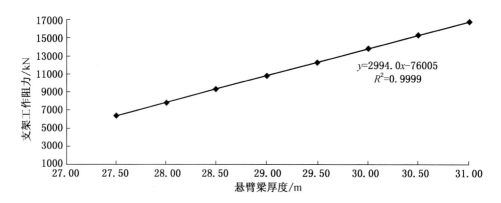

图 7 – 33　悬臂梁厚度与支架工作阻力的关系曲线

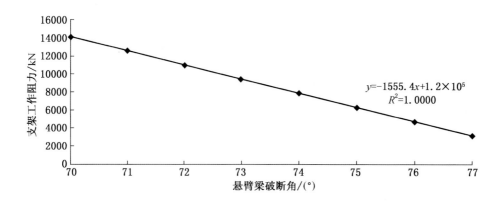

图 7 – 34　悬臂梁破断角与支架工作阻力的关系曲线

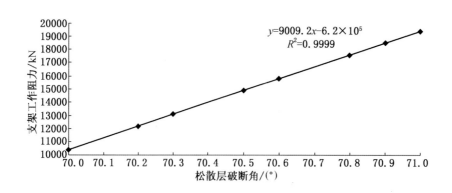

图 7 – 35　松散层破断角与支架工作阻力的关系曲线

综上，在综放工作面覆岩大组合短悬臂梁结构条件下，由于覆岩活动范围大，覆岩又无法形成稳定结构，所以为了维护工作面的安全，一是从控制大组合短悬臂梁关键块长度出发，采用采前预爆破或注水以减少垮落步距，进而降低支架所受外载；二是优化支架设计，增大支架合力作用点距煤壁的距离。

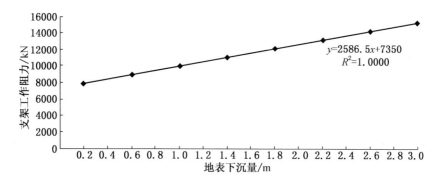

图 7-36　地表下沉量与支架工作阻力的关系曲线

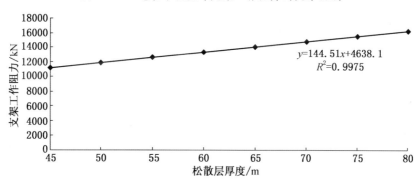

图 7-37　松散层厚度与支架工作阻力的关系曲线

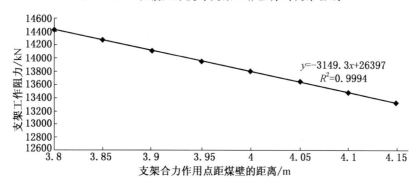

图 7-38　支架合力作用点距煤壁的距离与支架工作阻力的关系曲线

7.5　小结

（1）基于综放开采顶板结构特征，提出了综放采场直接顶、基本顶的新概念及判据，即满足 $\Delta_j - \Delta_m \leqslant 0$ 的顶板岩层为直接顶岩层，满足 $\Delta_j - \Delta_m > 0$ 的顶板岩层为基本顶岩层。

（2）综放采场覆岩存在四种结构，即铰接岩梁、组合短悬臂梁－铰接岩梁、组合短悬臂梁－铰接岩梁－拱、大组合短悬臂梁结构，得到了不同覆岩结构下对应的支架工作阻力下限值解析计算式。

（3）当综放工作面覆岩以组合短悬臂梁－铰接岩梁－拱结构存在时，综放支架工作阻力与松散层厚度无关。

（4）当综放工作面覆岩以大组合短悬臂梁结构存在时，松散层破断角增大 1°，支架所受外载增加 8991.37 kN，所以当松散层强度较低时，工作面极易发生压架事故。

（5）降低综放工作面矿压显现剧烈程度、维护工作面安全的技术途径主要有两种：一是从控制悬臂梁、铰接岩梁（如果存在）关键块长度出发，采用采前强制放顶等措施以减少基岩垮落步距，进而降低支架所受外载；二是优化支架设计，增大支架合力作用点距煤壁的距离。

8　综放支架工作阻力下限值确定的现场应用

8.1　塔山矿 8105 综放工作面的应用

塔山煤矿 8105 特厚煤层综放工作面所采煤层平均厚度 14.81 m，倾角 1°~3°，普氏系数 2.7~3.7，机割煤高度 4.2 m。工作面内魏 1403 钻孔岩层情况见表 5 –1，各岩层主要物理力学指标见表 5 –3。

8.1.1　支架工作阻力的确定

1. 根据直接顶岩层的判断准则进行判断

$$\Delta_{m1} = 10.73 \text{ m}$$

$$\Delta_{j1} = h - \frac{ql^2}{kh[\sigma_c]} = 3.87 \text{ m} < \Delta_{m1}$$

所以 C1 岩层属于直接顶岩层。

……

$$\Delta_{m11} = 1.89 \text{ m}$$

$$\Delta_{j11} = h - \frac{ql^2}{kh[\sigma_c]} = 0.56 \text{ m} < \Delta_{m11}$$

所以 C11 岩层属于直接顶岩层。

$$\Delta_{m12} = 0.63 \text{ m}$$

$$\Delta_{j12} = h - \frac{ql^2}{kh[\sigma_c]} = 4.32 \text{ m} > \Delta_{m12}$$

所以 C12 及以上岩层属于基本顶岩层。

2. 无变形压力岩层的确定

$$\Delta = \eta h_m (1 + \lambda) = 0.3 \times 10.61 \times (1 + 1.5) = 7.96 \text{ m}$$

$$\sum_{i=1}^{4} (\Delta_j)_i = 5.49 \text{ m} < \Delta$$

$$\sum_{i=1}^{5} (\Delta_j)_i = 10.39 \text{ m} > \Delta$$

将 C5 岩层分为两部分，C5 – 1 = 11.96 m，C5 – 2 = 3.71 m。

$$\sum_{i=1}^{5-1} (\Delta_j)_i = \Delta$$

所以 C1 ~ C5 – 1 岩层为无变形压力岩层。

由于基本顶关键块断裂回转受已断裂关键块的水平推力而形成平衡结构，仅是断裂的瞬间对直接顶岩层产生动载，所以

$$P_z = K'_d B\left[L_d h_m \gamma + \frac{f \sum_{i=1}^{j} G_{zi}(l_i + h_{zi}\cot\alpha)}{2cf} \right] \tag{8-1}$$

根据现场矿压观测结果取动载系数为1.6，将C5－2、C6、C7、…、C11的基础数据代入式（8－1）得支架工作阻力为14843.3 kN。

解析法计算认为：塔山矿8105综放工作面通过经验积累选取工作阻力为15000kN的ZF15000/28/52型综放支架能够满足支护要求，但现场实际应用情况如何还需要对其工作阻力进行现场实测，同时也进一步验证解析法确定综放支架工作阻力的实用性。

考虑实践中综放支架常常受到冲击载荷，支架工作阻力又不能一味的提高，为保证工作面的高效安全，ZF15000/28/52型综放支架通过增加旁路安全阀、增大安全阀流量、增大立柱内部缓冲液体体积、减小立柱受冲击时的压缩刚度、选择双伸缩立柱等方法提高立柱的抗冲击能力。

8.1.2 所选架型动态承载特征及适应性分析

8.1.2.1 综放支架动态承载特征

ZF15000/28/52型综放支架某一生产班两相邻支架工作阻力的动态变化特征如图8－1所示。由图8－1可以看出，放煤前后支架前后柱受力均衡，特别是放煤过程中64号支架工作阻力无明显变化，说明顶煤在支架控顶距外冒落且支架具有很高的可靠性。

图8－2为8105综放工作面支架循环末阻力三维变化特征图。由图及现场观测可知，基本顶初次垮落及周期性垮落影响范围都很广，覆盖整个工作面。基本顶初次垮落步距为144.5 m，动载系数为1.55；平均周期来压步距为23.7 m，平均动载系数为1.51。支架正常工作期间平均工作阻力为9073.06 kN，虽然来压期间动载系数较大，但支架几乎不受影响，说明支架的抗冲击性强；来压强度大、支架工作阻力超过额定工作

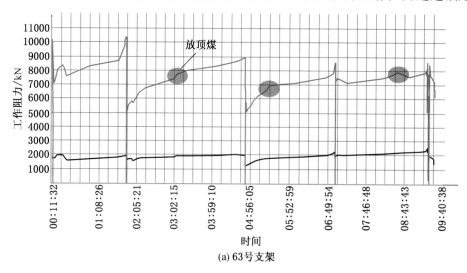

(a) 63号支架

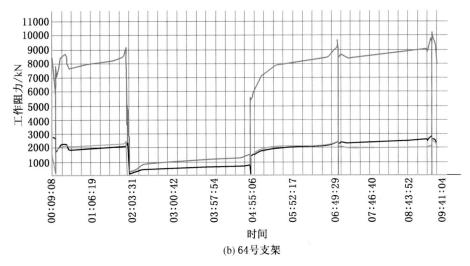

(b) 64号支架

图 8 - 1 8105 综放工作面中部支架 9 月 22 日工作阻力循环曲线图

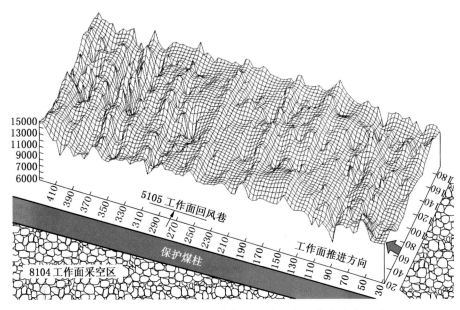

图 8 - 2 8105 综放工作面支架循环末阻力三维变化特征图

阻力时，安全阀都能够及时开启，说明支架的稳定性较好。

8.1.2.2 综放支架工作阻力频率分布

支架合理的工作阻力应为一个正弦波分布形式。按每个区间宽度为 1000 kN 划分若干个区间，再统计支架工作阻力在各区间段占的百分比，对各架不同区间的百分比的平均值以直方图形式表达，如图 8 - 3 所示。从图中可看出，整个工作面液压支架工作阻力分布均较合理，基本呈现正弦波的分布形式；支架工作阻力绝大部分分布于 9000 ~ 13000 kN 区间。

综上，工作面综放支架工作阻力比较合理，利用率高，对工作面的顶板条件适应性较好。

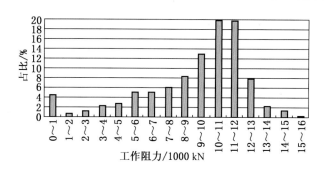

图 8-3 支架平均工作阻力分布直方图

8.1.2.3 初撑力分析

ZF15000/28/52 型综放支架的额定初撑力为 12778 kN,现场观测的初撑力统计结果见表 8-1 和表 8-2。结合表 8-1、表 8-2 及图 8-3 可以看出,支架平均初撑力为 7883.17 kN,初撑力大于 5000 kN 的接近 90%。由此可见,虽然整个工作面支架的初撑力相对较高,但还没有达到额定初撑力的要求,主要有以下几种原因:个别时候泵站压力不够或管路损失过大;工人移架后升架时间短,升柱不到位,支架接顶不充分。

表 8-1 支架平均初撑力   kN

技术参数	20 号支架	21 号支架	63 号支架	64 号支架	95 号支架	96 号支架
平均初撑力	8022.43	7653.12	7848.63	7726.22	7998.15	8050.47
总平均初撑力	7883.17					

表 8-2 支架初撑力频率分布统计表   %

区间/1000 kN	0~1	1~2	2~3	3~4	4~5	5~6	6~7	7~8	8~9	9~10	10~11	11~12
20 号支架	3.49	1.16	3.88	1.94	3.10	13.95	6.59	13.18	10.85	12.40	15.12	14.34
21 号支架	1.31	2.61	3.13	6.27	8.09	11.23	7.05	11.75	10.44	11.49	12.27	14.36
63 号支架	1.46	3.17	1.46	4.88	4.63	9.02	11.95	10.49	10.24	16.34	15.12	11.22
64 号支架	1.61	1.38	2.30	7.60	5.30	8.99	8.29	12.44	11.52	16.13	16.59	7.83
95 号支架	2.87	0.78	3.92	3.39	4.70	8.09	9.66	8.62	11.23	16.45	16.97	13.32
96 号支架	1.64	0.55	1.64	4.38	7.40	11.51	8.22	8.49	10.41	13.42	16.16	16.16

8.1.2.4 支架立柱受力分析

图 8-4 至图 8-7 给出了工作面初次来压、周期来压及其支架前后立柱受力曲线。由图可知:工作面来压期间后柱压力微大于前柱,幅度不大,主要是由于来压期间组合短悬臂梁-铰接岩梁结构的破断回转促使支架合力作用点位置向采空区侧移动所致;正常回采期间前后立柱受力大小相当,相差不大。各支架的立柱循环末阻力的详细统计结果见表 8-3 及图 8-8。

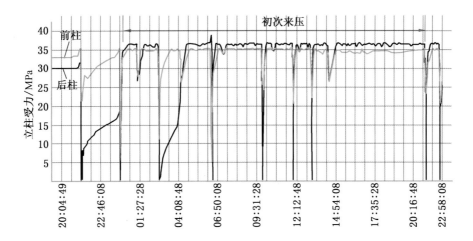

图 8-4 63 号支架初次来压期间立柱受力曲线 (10 月 11 日)

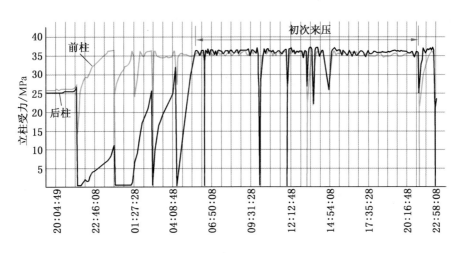

图 8-5 95 号支架初次来压期间立柱受力曲线 (10 月 11 日)

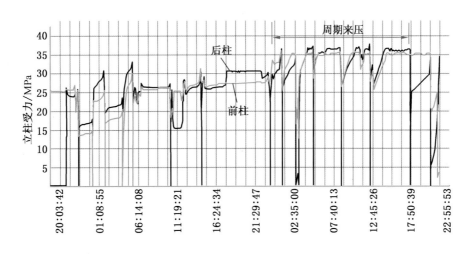

图 8-6 63 号支架周期来压期间立柱受力曲线 (10 月 19 日)

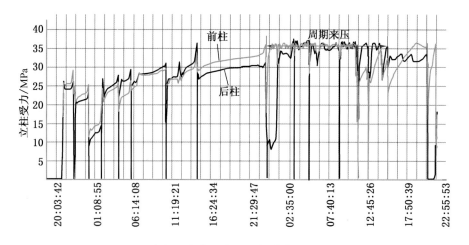

图 8-7 95 号支架周期来压期间立柱受力曲线（10 月 19 日）

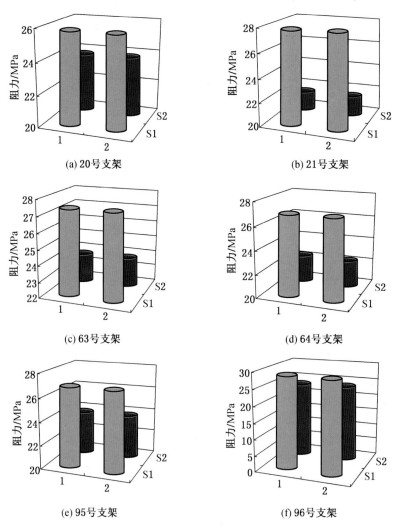

图 8-8 正常回采期间各支架四柱阻力对比图

表8-3 正常回采期间支架前后柱平均循环末阻力统计表

支架		阻力/MPa	阻力与额定阻力的比值/%	前柱与后柱的比值/%
20 号	前柱	25.78	70	107.7
	后柱	23.8	65	
21 号	前柱	27.8	76	128.8
	后柱	21.56	59	
63 号	前柱	27.37	74	113.8
	后柱	23.82	65	
64 号	前柱	26.92	73	119.7
	后柱	22.3	61	
95 号	前柱	26.85	73	112.3
	后柱	23.79	65	
96 号	前柱	28.63	78	121.9
	后柱	23.72	64	

由表8-3及图8-8可以看出,正常回采期间支架前立柱阻力均稍大于后立柱,前后立柱受力较均衡。其中后立柱平均循环末阻力占其额定阻力的63.88%,前立柱平均循环末阻力占其额定阻力的74.78%。

8.2 千树塔煤矿 11305 综放工作面的应用

8.2.1 支架工作阻力的确定

千树塔煤矿 11305 综放工作面存在两种覆岩结构,即组合短悬臂梁 - 铰接岩梁和组合短悬臂梁 - 铰接岩梁 - 拱结构。确定支架工作阻力时取两者中相对稳定性较差的组合短悬臂梁 - 铰接岩梁 - 拱结构进行计算。工作面内 Q503 钻孔基岩层厚度为 65.75 m,与基岩最小厚度 64 m 接近。因此,计算支架工作阻力时可参考 Q503 钻孔,其岩层物理力学指标见表8-4。

1. 根据直接顶岩层的判断准则进行判断

$$\Delta_{m1} = 8.88 \text{ m}$$

$$\Delta_{j1} = h - \frac{ql^2}{kh[\sigma_c]} = 0.41 \text{ m} < \Delta_{m1}$$

所以 C1 岩层属于直接顶岩层。

$$\Delta_{m2} = 8.23 \text{ m}$$

$$\Delta_{j2} = h - \frac{ql^2}{kh[\sigma_c]} = 1.62 \text{ m} < \Delta_{m2}$$

所以 C2 岩层属于直接顶岩层。

$$\Delta_{m3} = 6.81 \text{ m}$$

表 8－4　Q503 钻孔岩层物理力学指标

序号	累厚/m	层厚/m	采出率/%	岩 性 描 述
C10	65.56	65.56	0	灰土黄色砂土、亚黏土，含钙质结核，垂直节理
C9	189.19	123.63	0	紫红色黏土，含钙质结核，半固结状
C8	195.90	6.71	58.1	灰绿色中厚泥岩，水平层理，与下层明显接触
C7	200.44	4.54	70.5	浅土灰色中厚层状细粒长石砂岩，交错层理
C6	210.65	10.21	94.0	灰色中厚层状泥岩，水平层理，与下层明显接触
C5	211.40	0.75	93.3	灰白色中厚层状细粒长石砂岩，交错层理，与下层明显接触
C4	232.67	21.27	91.7	青灰色中厚层状泥岩，水平层理，与下层明显接触
C3	247.10	14.43	94.8	灰白色厚层状中粒长石砂岩，分选性较好，空隙是泥质胶结，交错层理，与下层明显接触
C2	253.35	6.25	84.5	深灰色中厚层状粉砂质泥岩，水平层理
C1	254.94	1.59	81.8	深灰色中厚层状泥岩，水平层理，与下层明显接触
C0	265.51	10.97	91.3	黑色半光亮型煤，与顶底板明显接触
D1	278.20	12.69	99.3	深灰色中厚层状泥岩，水平层理

$$\Delta_{j3} = h - \frac{ql^2}{kh[\sigma_c]} = 3.74 \text{ m} < \Delta_{m3}$$

所以 C3 岩层属于直接顶岩层。

$$\Delta_{m4} = 4.69 \text{ m}$$

$$\Delta_{j4} = h - \frac{ql^2}{kh[\sigma_c]} = 5.51 \text{ m} > \Delta_{m4}$$

所以 C4 及以上岩层属基本顶岩层。

2. 无变形压力岩层的确定

$$\Delta = \eta h_m (1 + \lambda) = 0.17 \times 7.13 \times (1 + 0.87) = 2.27 \text{ m}$$

$$\sum_{i=1}^{2} (\Delta_j)_i = 2.03 \text{ m} < \Delta$$

$$\sum_{i=1}^{3} (\Delta_j)_i = 5.77 \text{ m} > \Delta$$

将 C3 岩层分为两部分，$C3^{-1} = 1.31$ m，$C3^{-2} = 13.12$ m。

$$\sum_{i=1}^{3-1} (\Delta_j)_i = \Delta$$

所以 C1 ~ $C3^{-1}$ 岩层为无变形压力岩层。

根据现场矿压观测结果取动载系数最大值为 1.629，将 C1、C2、…、C3 的基础数据及其他参数代入式（8－1）得支架工作阻力为 15192 kN。

通过解析法计算可知：千树塔煤矿 11305 综放工作面通过经验积累选取工作阻力为 16000 kN 的 ZF16000/24/45 型综放支架能够满足支护要求。为了验证该解析法确定工作阻力的适用性，有必要对现场 ZF16000/24/45 型综放支架的适应性进行分析。

8.2.2　ZF16000/24/45 型综放支架适应性分析

11305 综放工作面推进距离为 662.4～790.4 m（平均埋深 202.4 m，基岩厚度 88.68 m，基采比为 9.815）和 1148.6～1276.6 m（平均埋深 204.7 m，基岩厚度 67.85 m，基采比为 7.509）期间的支架工作阻力分布如图 8-9、图 8-10 及表 8-5 所示。

表 8-5　不同推进距离期间支架工作阻力分布情况

区间/1000 kN	推进距离为 662.4～790.4 m			推进距离为 1148.6～1276.6 m		
	30 号支架	60 号支架	90 号支架	30 号支架	60 号支架	90 号支架
0～1	1.19	1.57	0.56	0.72	1.84	1.45
1～2	4.00	2.57	1.03	1.78	2.34	1.60
2～3	1.90	3.31	1.50	3.29	0.95	1.50
3～4	1.42	1.77	2.33	2.28	3.34	2.62
4～5	2.00	1.70	4.16	2.40	3.12	2.00
5～6	7.71	6.30	11.70	6.17	7.35	9.47
6～7	8.80	10.58	15.03	7.61	10.58	9.20
7～8	17.00	11.69	12.88	13.73	12.42	15.17
8～9	17.41	17.68	15.87	17.05	14.40	15.91
9～10	15.77	17.13	11.65	17.66	13.48	12.00
10～11	6.44	10.33	7.48	13.72	14.65	12.98
11～12	6.89	7.10	8.40	7.12	7.66	9.03
12～13	6.57	4.34	4.67	3.82	4.62	3.96
13～14	1.94	2.47	2.13	1.57	1.67	2.13
14～15	0.84	1.01	0.40	0.84	1.01	0.72
15～16	0.12	0.45	0.21	0.22	0.45	0.21
16～17	—	—	—	0.03	0.12	0.05

通过统计分析，不同推进距离时，支架工作阻力均呈现正弦波分布形式。支架工作阻力主要分布在 5000～13000 kN 之间，支架工作阻力分布比较合理，说明 ZF16000/24/45 型综放支架工作阻力能够满足支护要求。

ZF16000/24/45 型综放支架的设计额定初撑力为 12818 kN，而现场观测结果平均工作阻力小于初撑力，说明整个工作面初撑力较小，无法充分发挥液压支架的工作性能。观

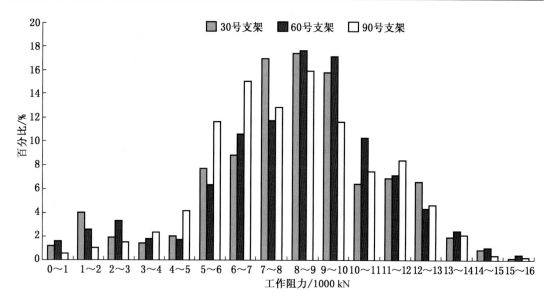

图 8 - 9　推进距离为 662.4 ~ 790.4 m 时支架工作阻力区间分布图

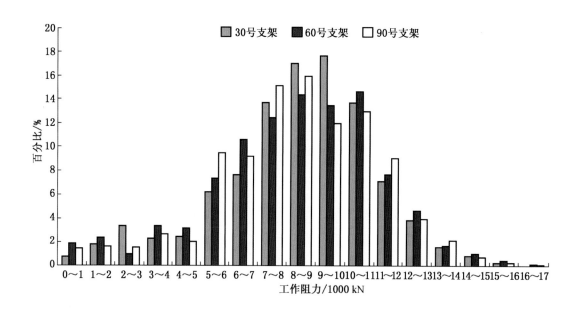

图 8 - 10　推进距离为 1148.6 ~ 1276.6 m 时支架工作阻力区间分布图

测期间支架的初撑力偏低，主要有以下原因：①个别时候泵站压力不够或管路损失过大；②工人移架后升架时间短，升柱不到位，支架接顶不充分。

总体来讲，千树塔煤矿 11305 综放工作面使用的 ZF16000/24/45 型综放支架虽然初撑力偏低，但支架总体适应性较好，能够满足综放开采支护要求。建议以后综放开采过程中提高支架初撑力，以便更好地发挥支架的支持性能，维护工作面的安全生产。

8.2.3 不同基采比情况下矿压显现规律分析

为了验证基采比是覆岩结构主要的影响因素，对矿压显现规律有着显著的影响，本部分通过现场实测研究不同基采比情况下的矿压显现规律，见表 8 - 6 至表 8 - 8、图 8 - 11 至图 8 - 16。

表 8 - 6 推进距离为 662.4 ~ 790.4 m 期间来压情况统计

来压情况	30 号支架		60 号支架		90 号支架	
	来压步距/m	动载系数	来压步距/m	动载系数	来压步距/m	动载系数
第 1 次周期来压	19.00	1.215	15.20	1.187	22.40	1.320
第 2 次周期来压	18.90	1.202	23.60	1.356	18.90	1.188
第 3 次周期来压	22.30	1.237	21.10	1.266	18.70	1.150
第 4 次周期来压	19.20	1.254	21.10	1.258	20.10	1.247
第 5 次周期来压	24.00	1.351	16.90	1.198	24.00	1.238
第 6 次周期来压	18.00	1.184	20.40	1.208	20.70	1.282

表 8 - 7 推进距离为 1148.6 ~ 1276.6 m 期间来压情况统计

来压情况	30 号支架		60 号支架		90 号支架	
	来压步距/m	动载系数	来压步距/m	动载系数	来压步距/m	动载系数
第 1 次周期来压	17.28	1.239	22.95	1.472	16.75	1.296
第 2 次周期来压	21.57	1.475	18.60	1.385	22.17	1.406
第 3 次周期来压	20.25	1.401	18.03	1.404	16.20	1.214
第 4 次周期来压	18.53	1.254	18.02	1.416	17.68	1.304
第 5 次周期来压	17.92	1.399	15.05	1.323	20.27	1.361
第 6 次周期来压	14.95	1.274	14.10	1.251	19.23	1.328

表 8 - 8 不同推进距离情况下来压情况统计

条件	来压情况	30 号支架	60 号支架	90 号支架	平均值
推进距离为 662.4 ~ 790.4 m	平均来压步距/m	20.23	19.72	20.8	20.25
	平均动载系数	1.24	1.246	1.237	1.241
	平均循环末阻力/kN	9211	9313	9361	9295
推进距离为 1148.6 ~ 1276.6 m	平均来压步距/m	18.42	17.79	18.72	18.31
	平均动载系数	1.34	1.375	1.318	1.344
	平均循环末阻力/kN	10194	10987	10837	10673

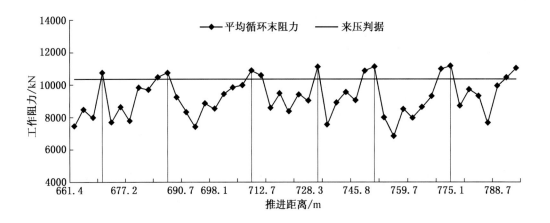

图 8-11 推进距离为 662.4～790.4 m 期间 30 号支架平均循环末阻力曲线

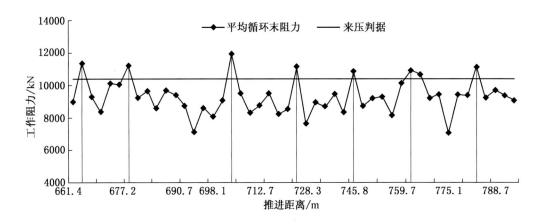

图 8-12 推进距离为 662.4～790.4 m 期间 60 号支架平均循环末阻力曲线

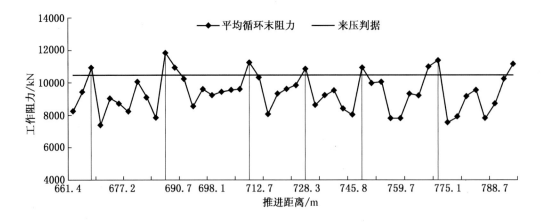

图 8-13 推进距离为 662.4～790.4 m 期间 90 号支架平均循环末阻力曲线

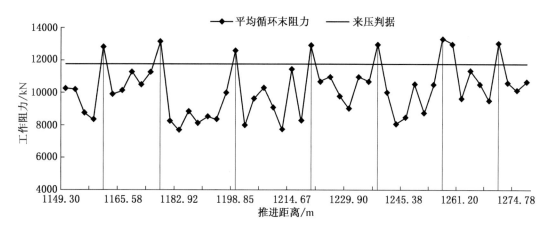

图 8 - 14　推进距离为 1148.6 ~ 1276.6 m 期间 30 号支架平均循环末阻力曲线

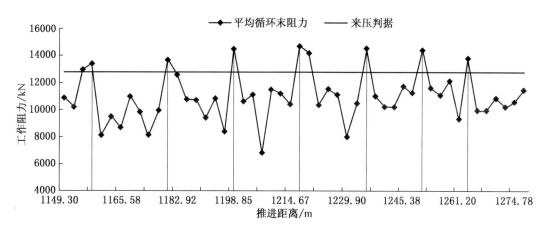

图 8 - 15　推进距离为 1148.6 ~ 1276.6 m 期间 60 号支架平均循环末阻力曲线

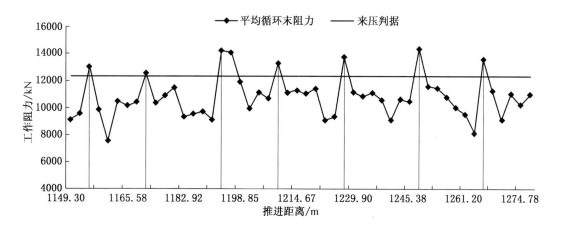

图 8 - 16　推进距离为 1148.6 ~ 1276.6 m 期间 90 号支架平均循环末阻力曲线

　　11305 综放工作面推进距离为 662.4 ~ 790.4 m，期间平均来压步距为 20.25 m，平均动载系数为 1.241，平均循环末阻力为 9295 kN；推进距离为 1148.6 ~ 1276.6 m 期间平均来压步距为 18.31 m，平均动载系数为 1.344，平均循环末阻力为 10673 kN。

现场观测表明：基采比越小，平均来压步距越小，循环末阻力动载系数却较大。矿压显现规律研究结果很好地验证了当基采比越小时覆岩结构稳定性越差的现象。当综放开采基采比小至覆岩结构为组合短悬臂梁－铰接岩梁－拱时，容易造成基岩和上覆松散层同步整体垮落，基岩和上覆松散层同步整体垮落容易对工作面支架形成冲击载荷，因此综放回采期间应加强支架管理，保证初撑力，以充分发挥支架的支护性能，有效控制覆岩结构的稳定性，确保采煤工作面的安全。

8.2.4 支架与围岩相互作用关系的实测分析

归纳不同推进距离下的支架工作阻力，得出不同覆岩结构下的矿压显现规律，见表 8－9 和表 8－10、图 8－17 至图 8－19。

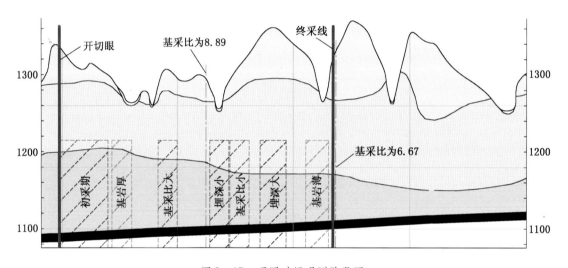

图 8－17 不同矿压观测阶段图

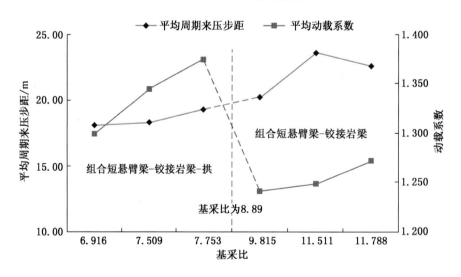

图 8－18 矿压显现规律与基采比关系曲线图

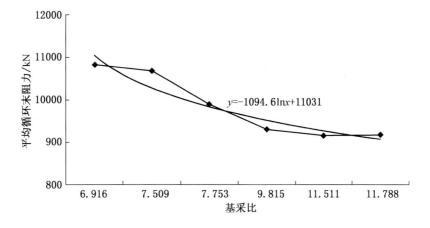

图 8-19 支架平均循环末阻力与基采比关系曲线图

表 8-9 不同煤层赋存条件下矿压显现规律表

推进距离/m	埋深/m	基岩厚/m	松散层/m	支架号	循环末阻力/kN	来压步距/m	平均动载系数
7.9~236	211.30	106.51	104.79	30	8878	23.78	1.268
				60	9430	21.21	1.276
				90	9192	22.73	1.273
349.1~482	179.6	104.1	75.54	30	8605	24.94	1.25
				60	9281	23.08	1.214
				90	9532	22.28	1.282
1642.5~1797.9	180.7	62.49	118.23	30	10281	18.125	1.301
				60	11107	18.49	1.305
				90	11092	17.525	1.291
1351.1~1524.8	279.4	65.42	213.93	30	11865	17.72	1.37
				60	12098	17.39	1.423
				90	11970	17.7	1.415
1012.65~1140.65	152.1	70.05	82	30	9789	19.28	1.366
				60	9810	19.25	1.404
				90	10054	19.3	1.353
662.4~790.4	202.4	88.68	113.69	30	9211	20.23	1.24
				60	9313	19.72	1.246
				90	9361	20.8	1.237
1148.6~1276.6	204.7	67.85	136.87	30	10194	18.42	1.34
				60	10987	17.79	1.375
				90	10837	18.72	1.318

表 8–10   矿压显现规律与基采比的关系

推进距离/m	基采比	平均循环末阻力/kN	平均来压步距/m	平均动载系数
1642.5 ~ 1797.9	6.916	10827	18.05	1.299
1148.6 ~ 1276.6	7.509	10673	18.31	1.344
1012.65 ~ 1140.65	7.753	9884	19.28	1.374
662.4 ~ 790.4	9.815	9295	20.25	1.241
349.1 ~ 482	11.511	9139	23.43	1.249
7.9 ~ 236	11.788	9167	22.57	1.272

分析表和图可以得出如下结论：

（1）随着基采比的增大，支架平均循环末阻力与其呈对数关系减小。

（2）周期来压步距随着基采比的增加而增大，动载系数在相同覆岩结构下也随着基采比的增大而增大，即在组合短悬臂梁–铰接岩梁–拱结构下，动载系数随基采比增大呈线性增加；在组合短悬臂梁–铰接岩梁结构下，动载系数也随基采比的增大而呈线性增加。但组合短悬臂梁–铰接岩梁–拱结构下的动载系数明显大于组合短悬臂梁–铰接岩梁结构下的动载系数。

（3）总体来讲，基采比越大，覆岩结构越稳定。现场实测结果进一步验证了前文研究得出的基采比越大，覆岩结构越稳定的结论。

8.2.5   小结

（1）依据千树塔煤矿 11305 综放工作面煤层赋存条件及煤岩层的物理力学参数，计算了工作面内最不稳定的组合短悬臂梁–铰接岩梁–拱结构下的支架工作阻力；通过现场综放支架工作阻力实测，千树塔煤矿 11305 综放工作面 ZF16000/24/45 型支架的适应性较好。

（2）基采比越小，平均来压步距越小，动载系数越大。但在相同覆岩结构条件下，动载系数随着基采比的增大而增大。

（3）基采比越大，支架平均循环末阻力呈对数关系减小。

（4）基采比越大，覆岩结构越稳定，越有利于保证综放工作面安全。

参 考 文 献

[1] 钱鸣高,石平五.矿山压力与岩层控制[M].徐州:中国矿业大学出版社,2003.

[2] 吴健,张勇.综放采场支架-围岩关系的新概念[J].煤炭学报,2001,26(4):350-356.

[3] 闫少宏,富强.综放开采顶煤顶板活动规律的研究与应用[M].北京:煤炭工业出版社,2003.

[4] 闫少宏.我国厚煤层综放开采技术现状[C]//煤炭科学研究总院北京开采研究所.地下开采现代技术理论与实践.北京:煤炭工业出版社,2002.

[5] 王金华.中国煤矿现代化开采技术装备现状及其展望[J].煤炭科学技术,2011,39(1):1-5.

[6] 闫少宏.我国综放开采八种工艺模式[C]//煤炭科学研究总院北京开采研究所.地下开采现代技术理论与实践新进展.北京:煤炭工业出版社,2007.

[7] 史元伟,宁宇,齐庆新.综采放顶煤工作面岩层控制与工艺参数优选[M].徐州:中国矿业大学出版社,1993.

[8] 樊运策,康立军,康永华,等.综合机械化综放开采技术[M].北京:煤炭工业出版社,2003.

[9] 康立军.长壁综放开采支架与顶煤相互作用关系研究[D].北京:煤炭科学研究总院,2000.

[10] 闫少宏.放顶煤开采顶煤与顶板活动规律研究[D].北京:中国矿业大学(北京),1995.

[11] 宁宇.创新煤炭安全高效开发技术支撑特大型矿井建设[J].煤矿开采,2011,16(3):1-3.

[12] 王家臣.厚煤层开采理论与技术[M].北京:冶金工业出版社,2009.

[13] 毛德兵,康立军.大采高综放开采及其应用可行性分析[J].煤矿开采,2003,8(1):11-14.

[14] 闫少宏.特厚煤层大采高综放开采支架外载的理论研究[J].煤炭学报,2009,34(5):590-593.

[15] 黄炳香,刘长友,牛宏伟.大采高综放开采顶煤放出的煤矸流场特征研究[J].采矿与安全工程学报,2008,25(4):415-419.

[16] 闫少宏.放顶煤开采支架工作阻力的确定[J].煤炭学报,1997,22(1):15-19.

[17] 闫少宏,毛德兵,范韶刚.综放工作面支架工作阻力确定的理论与应用[J].煤炭学报,2002,27(1):64-67.

[18] Yan S H, Fan Y C, Ma J R, et al. Top coal control in the face of soft thick seam in the long wall with top coal caving [C]//9th ISRM Congress, 1999. Paris, France:International Society for Rock Mechanics.

[19] 闫少宏.综放开采围岩活动规律与回收率、含矸率关系研究[C]//中国岩石力学与工程学会.中国岩石力学与工程学会第五次学术大会论文集.北京:中国科学技术出版社,1998.

[20] 孔令海,姜福兴,王存文.特厚煤层综放采场支架合理工作阻力研究[J].岩石力学与工程学报,2010,29(11):2312-2318.

[21] 康天合,柴肇云,李义宝.底层大采高综放全厚开采20 m特厚中硬煤层的物理模拟研究[J].岩石力学与工程学报,2007,26(5):1065-1072.

[22] 闫少宏,等.放顶煤开采顶煤分区的力学方法[J].煤炭科学技术,1995(12).

[23] 尹希文,闫少宏,安宇.大采高综采面煤壁片帮特征分析与应用[J].采矿与安全工程学报,2008,25(2):222-225.

［24］闫少宏．较薄厚煤层综放开采现状与关键技术［J］．煤炭科学术，2000，28（1）：2－6．

［25］闫少宏．综放回收率与煤岩垮落特征关系［J］．矿山压力与顶板管理，1998（4）：57－59．

［26］Yan Shao hong. China long wall mining technology and rock strata control theory［J］. 2 ND ASIAN MINING CONGRESS. 16～19 January 2008 Kolkata，India.

［27］吴健．我国综放开采技术15年回顾［J］．中国煤炭，1999，25（1/2）：9－16．

［28］闫少宏．大采高综放开采煤壁片帮冒顶机理与控制途径研究［J］．煤矿开采，2008，13（4）：5－8．

［29］谢广祥．综放面及围岩宏观应力壳力学特征研究［J］．煤炭学报，2005，30（3）：303－313．

［30］刘长友，钱鸣高，曹胜根．采场直接顶对支架与围岩关系的影响机制［J］．煤炭学报，1997，22（5）：471－476．

［31］曹胜根，钱鸣高，刘长友．采场支架—围岩关系新研究［J］．煤炭学报，1998，23（6）：575－579．

［32］方新秋．综放采场支架—围岩稳定性及控制研究［D］．徐州：中国矿业大学，2002．

［33］闫少宏，张会军，刘全明，等．放煤损失率与冒落矸石堆积特征间量化规律的理论研究［J］．煤炭学报，2009，34（11）：1441－1445．

［34］闫少宏．综放开采矿压显现规律与支架－围岩关系新认识［J］．煤炭科学技术，2013，41（9）：96－99．

［35］闫少宏，尹希文．大采高综放开采几个理论问题的研究［J］．煤炭学报，2008，（5）：481－484．

［36］谢广祥，杨科，刘全明．综放面倾向煤柱支承压力分布规律研究［J］．岩石力学与工程学报，2006，25（3）：545－549．

［37］闫少宏．特厚煤层综放开采顶板运动特征与支架工作阻力确定［C］//天地科技股份有限公司开采设计事业部．综采放顶煤技术理论与实践的创新发展—综放开采30周年科技论文集．北京：煤炭工业出版社，2012．

［38］曹胜根．采场围岩整体力学模型及应用研究［D］．徐州：中国矿业大学，1999．

［39］于雷．大采高综放采场"铰接岩梁"结构稳定性分析［C］//天地科技股份有限公司开采设计事业部．综采放顶煤技术理论与实践的创新发展—综放开采30周年科技论文集．北京：煤炭工业出版社，2012．

［40］S H Yan, Y Ning, L Yu, et al. Movement Regularities of Roof Strata in Extra Thick Coal Seams with Fully－mechanized Mining［C］//49th U. S. Rock Mechanics/Geomechanics Symposium, San Francisco, California：American Rock Mechanics Association, 2015.

［41］Yu Lei, YAN Shaohong, YU Haiyong, et al. Studying of dynamic bear characteristics and adaptability of support in top coal caving with great mining height［J］. Procedia Engineering, 2011, 26：640－646.

［42］于雷，闫少宏，刘全明．特厚煤层综放开采支架工作阻力的确定［J］．煤炭学报，2012，37（5）：737－742．

［43］于雷．综放工作面顶板运移规律的采厚效应［J］．矿业安全与环保，2015，42（1）：94－97．

［44］Lei Yu. Study on abutment pressure distribution law of fully－mechanized sublevel caving face in extra－thickness［J］. Advanced Materials Research. 2015, Vol. 1094：405－409.

［45］刘全明．大采高综放工作面长度的空间效应初探［J］．煤矿开采，2010，15（3）：27－29．

[46] 于雷，闫少宏，尹希文，等. 支护阻力作用下综放开采顶板结构稳定性分析及应用 [J]. 煤矿开采，2012，17（1）：12 - 14.

[47] 闫少宏，尹希文，许红杰，等. 大采高综采顶板短悬臂梁 - 铰接岩梁结构与支架工作阻力的确定 [J]. 煤炭学报，2011，36（11）：1816 - 1820.

[48] 范志忠，于雷，于海湧. 大采高综放开采降低含矸率途径分析 [J]. 中国煤炭，2011，37（2）：59 - 62.

[49] 毛德兵. 大采高综放开采顶煤冒放性及煤壁稳定性研究 [D]. 北京：煤炭科学研究总院，2010.

[50] 刘全明. 浅埋薄基岩综放面矿压显现规律的基岩厚度效应 [J]. 煤矿开采，2016，21（3）：98 - 100.

[51] 刘全明. 浅埋深薄基岩综放工作面超前支承压力分布规律的埋深效应 [J]. 矿业安全与环保，2016，43（2）：76 - 78 + 83.

[52] 祝凌甫，闫少宏. 大采高综放开采顶煤运移规律的数值模拟研究 [J]. 煤矿开采，2011，16（1）：11 - 40.

[53] J. R. 皮凯. 厚煤层综放开采的矿山压力研究. 岩层控制与综采矿压译文集 [C]. 综采矿压分站. 北京：1985.

[54] 邓广哲. 放顶煤采场上覆岩层运动和破坏规律研究 [J]，矿山压力与顶板管理，1994，（2）：23 - 26.

[55] 张顶立. 综合机械化综放开采采场矿山压力控制 [M]. 北京：煤炭工业出版社，1999.

[56] 于雷，闫少宏. 特厚煤层综放开采顶板活动形式及矿压规律研究 [J]. 煤炭科学技术，2015，43（8）：40 - 44.

[57] 毛德兵，姚建国. 大采高综放开采适应性研究 [J]. 煤炭学报，2010，35（11）：1837 - 1841.

[58] 于雷. 割煤高度对综放采场顶煤回收率及矿压的影响 [J]. 煤矿安全，2015，46（7）：228 - 230.

[59] 古全忠，史元伟. 放顶煤采场顶板运动规律的研究 [J]. 煤炭学报，1996，21（1）：45 - 49.

[60] 闫少宏. 用先进适用技术改造中小煤矿 [M]. 北京：煤炭工业出版社，2005.

[61] 姜福兴. 采场覆岩空间结构观点及其应用研究 [J]. 采矿与安全工程学报，2006，23（1）：30 - 33.

[62] 黄侃. 软煤层综放开采支架—围岩系统力学作用及其端面稳定性研究 [D]. 北京：中国矿业大学，2002.

[63] 吴健，闫少宏. 确定综放面支架工作阻力的基本概念 [J]. 矿山压力与顶板管理，1995，3（4）：69 - 71.

[64] 杨培举. 两柱掩护式放顶煤支架与围岩关系及适应性研究 [D]. 徐州：中国矿业大学，2009.

[65] 靳钟铭. 综放开采理论与技术 [M]. 北京：煤炭工业出版社，2001.

[66] 陆明心，郝海金，吴健. 综放开采上位岩层的平衡结构及其对采场矿压显现的影响 [J]. 煤炭学报，2002，27（6）：591 - 595.

[67] 赵士昌. 综采放顶煤采场围岩活动规律研究 [R]. 阳泉综放开采顶煤与顶板活动规律研究鉴定材料之四，1991.

[68] 许家林，鞠金峰．特大采高综采面关键层结构形态及其对矿压显现的影响［J］．岩石力学与工程学报，2011，30（8）：1547 – 1556.

[69] 于雷，闫少宏，毛德兵，等．基于 ARAMIS M/E 微震监测的大采高综放顶板活动规律［J］．煤炭学报，2011，36（S2）：293 – 298.

[70] A. A. 鲍里索夫著，王庆康译，平寿康校．矿山压力原理与计算［M］．北京：煤炭工业出版社，1986.

[71] 贾喜荣，翟英达，杨双锁．放顶煤工作面顶板岩层结构及顶板来压计算［J］．煤炭学报，1998，23（4）：366 – 370.

[72] 史红．综采放顶煤采场厚层坚硬顶板稳定性分析及应用［D］．青岛：山东科技大学，2005.

[73] 刘全明．浅埋深薄基岩综放覆岩运移规律的埋深效应研究［J］．煤炭工程，2016，48（3）：81 – 84.

[74] 康立军．缓倾斜特厚煤层放顶煤采煤法煤岩破断规律和支架—顶煤相互作用关系研究［D］．北京：煤科总院北京开采所，1990.

[75] 刘全明，于雷．浅埋薄基岩综放工作面矿压显现规律埋深效应［J］．煤矿安全，2016，47（2）：55 – 57.

[76] 刘全明，王金华，闫少宏，等．浅埋深厚松散层综放工作面支架工作阻力下限值的确定［J］．煤炭学报，2016，41（S1）：14 – 20.

[77] 于雷．大采高综放开采顶板活动规律与支架工作阻力确定研究［D］．北京：煤炭科学研究总院，2012.

[78] 史元伟．综放工作面围岩动态及液压支架载荷力学模型［J］．煤炭学报，1997，22（3）：253 – 258.

[79] 史红，姜福兴，汪华君．综放采场周期来压阶段顶板结构稳定性与顶煤放出率的关系［J］．岩石力学与工程学报，2005，24（23）：4233 – 4238.

[80] 刘全明．千树塔煤矿特厚煤层综放开采覆岩活动规律研究［D］．北京：煤炭科学研究总院，2015.

[81] 尹希文，闫少宏，安宇．大采高综采面煤壁片帮特征分析与应用［J］．采矿与安全工程学报，2008，25（2）：222 – 225.

[82] 樊运策．国外厚煤层放顶煤采煤法［J］．煤炭科研参考资料．1985，（4）：1 – 7.

后　记

雕刻家们利用自己掌握的美学原理与生活积累并结合实物的特点雕刻出精美的艺术作品，供人们欣赏和享受；主治大夫们利用手中的手术刀，借助自己掌握的医疗知识和对人体规律的认识为人们治愈疾病，使人们获得健康和幸福；同理，采矿科研工作者们根据已掌握的采矿原理并结合具体的采矿工程背景研究揭示开采后围岩运动规律，为安全高效的采矿行为服务。

采矿的目标是赋存于地层中的宝藏，而采矿行为是人们打破了沉积稳定的地层，势必造成围岩运移与应力的重分布、再平衡。由于不同采矿区域岩层赋存组成以及采矿工艺之不同，因此采矿行为导致围岩运动规律各不相同。尽管如此，科研工作者们一直在围岩运动各异的现象中力求寻找一般性规律，以为未来的采矿行为提供指导与支持。从哲学上来讲，就是在大量的特殊性规律中寻找一般性规律，以一般性规律为基础，指导未知开采区域围岩运动规律并提出控制措施，这样由"特殊—一般特殊—一般"周而复始，逐渐深入，使人们对采矿行为后围岩运动规律的认识循序性攀升。

综放开采是针对特厚煤层的一种特殊采煤工艺，对开采后围岩运动规律研究的特殊性在于支撑体系是由基本顶—直接顶—顶煤—综放支架—底板组成，而顶煤介质的特殊性使得围岩活动规律出现与综采不一样的特点，因此对于顶煤在综放开采工艺的变形规律、力学行为进行大量的实测、理论分析研究，在此研究认识之上再研究顶板的运动规律应是综放开采围岩运动规律研究的基础思想。

本书作者正是基于上述基本思想，根据综放开采特点深入对不同开采条件、不同顶煤硬度的顶煤进行了现场实测和理论分析，提出了顶煤运移符合宏观损伤力学之观点并建立了顶煤运移的应力－应变物性方程建立原理与方法，从顶板控制的角度出发，提出并定义了直接顶、基本顶之新概念及判定方法，考虑控顶区顶煤在直接顶、基本顶作用下产生压缩变形，并吸收顶板的部分变形而提出了有变形压力岩层和无变形压力岩层，在此基础之上，建立了综放开采上位岩层运动基本模型，提出并建立了组合短悬臂梁－铰接岩梁顶板结构，提出了综放支架工作阻力下限值的确定式，并分析了影响支架工作阻力下限值的主要因素，同时也给出了综放开采顶板所成结构的平衡条件。这些对于解释综放开采工作面矿压显现现象，深入研究综放开采顶板活动规律奠定了基础。

当然，对于综放开采围岩活动规律仍有许多问题需要深入研究。作者认为以下问题仍然应在后期研究中予以努力：

（1）直接顶形成机理与运动规律。

（2）冒落矸石与基本顶作用规律。

（3）综放支架工作阻力下限值确定式中的参数确定。

这些研究的目的是实现综放开采围岩活运动规律更具实用性，并为综放支架工作阻力下限值确定和岩层控制提供支持。

作者真诚希望有志于此领域研究的伙伴相互努力、相互交流，共同为这一采煤工艺及其岩层控制做出贡献。

Postscript

Sculptors create their work of art with aesthetics and their accumulation of livelihood. Physicians cure patients with their medical knowledge in human bodies. Similarly, mining scholars secure safety and efficiency in mining with their studies on strata movement in mining.

To explore treasure from underground deposits, mining activities break the existing stable strata, make the surrounding rocks move, and come into redistribution and rebalance under mechanical pressure. Surrounding rock movement varies with deposit composition and mining engineering. Researchers are always seeking general regularities from miscellaneous movement phenomena to help future mining. Philosophically, it is just summarizing a general rule from many specials, to guide strata control in an unknown particular mining area in the future. This spiral research cycle of "special – general – special – general" improves people's knowledge on surrounding rock movement regularities after mining activities.

Fully mechanized top coal caving is a special mining technique for ultra – thick coal seams. Its supporting system is particular, composed of "basic roof – immediate roof – top coal – hydraulic supports – floor". The specificity of top coal substrate layer in top coal caving makes the movement of surrounding rocks following different regularities with those in ordinary long wall mining. To study the movement regularities of surrounding rocks in top coal caving mining, focus should be on the study of the regularities of top coal deformation, on the field measurement and analysis of top coal mechanical behavior. Such knowledge will help us in the study roof movement regularities. This should be the basic way in studying surrounding rock movement rule in top coal caving mining.

Following the above thinking, the author measured on field and analyzed top coal in various mining conditions, hardness, and thickness in top coal caving. It is found that top coal movement follows macroscopic damage mechanics. The book also proposes the theory and method of constitutive equation on stress – strain in top coal movement. From the point of view of roof control, the author defines the concept of "basic roof" and "immediate roof" and proposed their judgment methods. The top coal at roof control area will be deformed under compression from immediate roof and basic roof, and it may also be affected by deformation of roof itself. It leads to the concepts of "strata under deformation stress" and "strata without deformation stress". The author then establishes a basic model on top strata movement and proposes a structure of "combined short cantilever rock beams – articulated beams". It presents the determination equation for lower limit of working resistance for top coal caving hydraulic supports, and analyzes the main parameters influencing the lower limit value. It puts forward the balance conditions for the roof structures in top coal caving mining. All the above has laid a foundation for understanding the strata behaviors and roof activity regularities in top coal caving mining.

Still, we are facing many questions on surrounding rock movement regularities in top coal caving. The following are in the list of author's future studies:

(1) The formation mechanism of "combined short cantilever rock beams" in immediate roof and its movement regularities.

(2) Regularities of interactivity between fall rocks and basic roof.

(3) Parameter determination in the equation on working resistance lower limit for top coal caving hydraulic supports.

Once resolved, the regularities of surrounding movement will be applied easily into actual practice, e. g. the determination of working resistance lower limit for hydraulic supports and strata control in top coal caving mining.

The author is looking forward to cooperating and communicating with fellow researchers dedicated to this field, joining hands to make contributions for the technique of top coal caving mining and relative strata control.

图书在版编目（CIP）数据

综放开采"组合短悬臂梁－铰接岩梁结构"形成机理与应用/
闫少宏，于雷，刘全明著．－－北京：煤炭工业出版社，2017

ISBN 978－7－5020－5583－7

Ⅰ．①综…　Ⅱ．①闫…　②于…　③刘…　Ⅲ．①综合机械化掘进—
放顶煤采煤法—研究 ②综合机械化掘进—煤矿开采—顶板压力—研究
Ⅳ．①TD823.4

中国版本图书馆 CIP 数据核字（2016）第 294228 号

综放开采"组合短悬臂梁－铰接岩梁结构"形成机理与应用

著　　者	闫少宏　于　雷　刘全明
责任编辑	徐　武
责任校对	高红勤
封面设计	安德馨

出版发行　煤炭工业出版社（北京市朝阳区芍药居 35 号　100029）
电　　话　010－84657898（总编室）
　　　　　010－64018321（发行部）　010－84657880（读者服务部）
电子信箱　cciph612@126.com
网　　址　www.cciph.com.cn
印　　刷　中国电影出版社印刷厂
经　　销　全国新华书店

开　　本　787mm×1092mm$^1/_{16}$　印张　16　字数　323 千字
版　　次　2017 年 6 月第 1 版　2017 年 6 月第 1 次印刷
社内编号　8446　　　　　　　定价　108.00 元